浙江省“十一五”重点教材建设项目成果
高等职业教育教学改革系列规划教材

公差与测量技术

南秀蓉　编　著

王　宣　潘淑微　副主编

電子工業出版社

Publishing House of Electronics Industry

北京 • BEIJING

内 容 简 介

本书概括了公差、配合与零件测量的主要内容，采用我国公差与配合的最新标准，按照任务驱动项目化教学的理念进行编写，突出技术应用性，注重实训和新技术在长度测量中的应用。主要内容包括：外圆和长度测量、内孔和中心高测量、几何误差检测、表面粗糙度测量、角度与锥度测量、螺纹误差测量、齿轮误差测量、三坐标测量、三维影像测量、零件综合测量 10 个项目内容，每个项目后都附有习题，并在附录中列有各项目的实训操作步骤。

本书可供高职高专院校机械类各专业和机电类专业使用，并可供机械行业的工程技术人员、检验人员作为参考材料。

图书在版编目（CIP）数据

公差与测量技术/南秀蓉编著. —北京：电子工业出版社，2014.8
高等职业教育教学改革系列规划教材
ISBN 978-7-121-23067-7

Ⅰ. ①公…　Ⅱ. ①南…　Ⅲ. ①公差－配合－高等职业教育－教材②技术测量－高等职业教育－教材
Ⅳ. ①TG801

中国版本图书馆 CIP 数据核字（2014）第 081873 号

策划编辑：王艳萍
责任编辑：毕军志
印　　刷：北京季蜂印刷有限公司
装　　订：北京季蜂印刷有限公司
出版发行：电子工业出版社
　　　　　北京市海淀区万寿路 173 信箱　邮编 100036
开　　本：787×1 092　1/16　印张：14.5　字数：371.2 千字
版　　次：2014 年 8 月第 1 版
印　　次：2014 年 8 月第 1 次印刷
印　　数：3 000 册　　定价：31.00 元

凡所购买电子工业出版社图书有缺损问题，请向购买书店调换。若书店售缺，请与本社发行部联系，联系及邮购电话：（010）88254888。

质量投诉请发邮件至 zlts@phei.com.cn，盗版侵权举报请发邮件至 dbqq@phei.com.cn。

服务热线：（010）88258888。

前　言

公差与测量技术是高职高专院校机械类和机电类专业的重要职业基础课，是联系专业课的纽带和桥梁。本书通过任务驱动的项目化学习，使学生获得机械典型零件几何量公差制度知识，掌握通用量具和最新精密测量仪器的测量技术，培养零件测量和产品检测的专业技能，养成“一丝不苟、精益求精”的职业素养，达到适应产品质量检测岗位能力。

本书共有 10 个项目，每个项目的内容均以测量技能训练为主线，按照提出测量任务、介绍公差知识、测量方案确定、得出测量结果及评价的顺序，完全参照企业真实测量环境、机械零件、图纸、检测设备等来设置测量项目。同时，围绕培养技术含量较高的生产第一线实用型和技术应用型专业技术人员的目标，按照“做中学、学中做、教学做一体”的原则，推行理论与实践一体化模式，将公差理论知识全面融入 10 个测量项目中。附录中列有测量项目的实训操作步骤，操作遵循从简单到复杂、被测零件精度从低级到高级、测量任务从单一到综合进行设计，并且凸显机械专业发展的最新成果，将国际先进光电精密检测设备，如三坐标测量机、三维影像测量仪等国际先进精密测量技术引入本书中进行学习。

本书由温州职业技术学院南秀蓉（项目 1、2、3、4、7、10、附录 A）编著，参加编写的还有潘淑微（项目 9）、余键（项目 6）、宋荣（项目 8），阜阳职业技术学院王宣（项目 5），中国水产温州渔业机械公司、高级工程师朱海军担任主审。在此，对他们的辛勤付出表示忠心感谢！

本书已被浙江省教育厅列为浙江省高职高专重点建设教材。本书带有配套的教学资源，包括电子教学课件、习题参考答案等，请有需要的教师登录华信教育资源网（http://www.hxedu.com.cn）免费注册后进行下载，如有问题请在网站留言或与电子工业出版社联系。

限于编者的水平，书中难免存在不足和错误，恳请广大读者批评指正。

编　者

2014 年 5 月

目　录

项目 1　外圆和长度测量

学习情境设计

序　号	情境（学时）	主 要 内 容
1	任务 0.4	1．提出外圆和长度测量任务（根据图 1-1）； 2．分析零件尺寸精度要求； 3．熟悉检测报告文本格式
2	信息 2.5	1．尺寸公差制度知识、互换性概念、车间条件下孔轴尺寸的检测； 2．认识游标、千分尺的规格； 3．游标卡尺的结构、读数原理、使用方法； 4．外径千分尺的结构、读数原理、使用方法
3	计划 0.5	1．根据被测要素，确定检测部位和测量次数； 2．确定测量方案
4	实施 3.5	1．清洁被测零件和计量器具的测量面； 2．选择计量器具的规格，调整与校正计量器具； 3．用游标卡尺或深度游标测量公差值大于 0.02mm 的外圆和长度，用外径千分尺测量公差值小于 0.02mm 的外圆尺寸； 4．记录数据，处理数据
5	检查 0.7	1．任务的完成情况； 2．复查，交叉互检
6	评估 0.4	1．分析整个工作过程，对出现的问题进行修改并优化； 2．判断被测要素的合格性； 3．出具检测报告，资料存档

1.1　任务提出

本项目任务内容如图 1-1 所示。

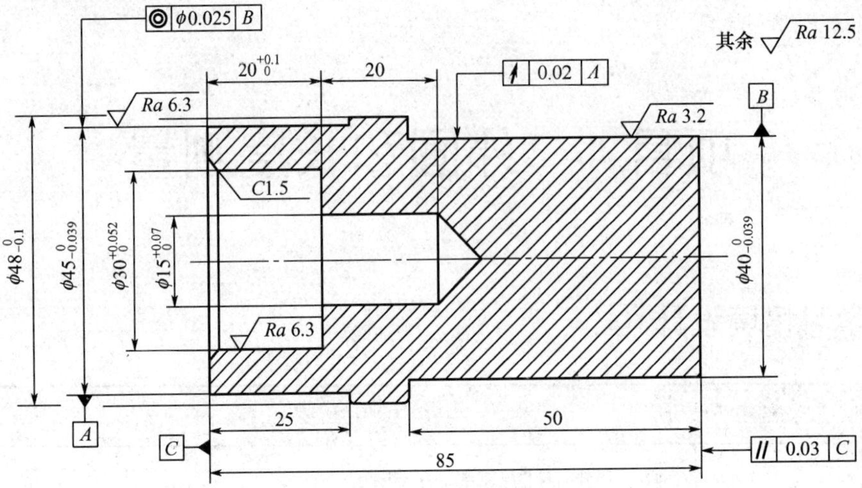

图 1-1　被测零件

1.2　学习目标

如图 1-1 所示是一印刷机中的一个零件，图中有$\phi45^{0}_{-0.039}$、$\phi40^{0}_{-0.039}$和 $20^{+0.1}_{0}$ 等的标注，请同学们从以下几方面进行学习。

（1）分析图纸，搞清楚精度要求。

（2）查阅相关国家计量标准，理解$\phi45^{0}_{-0.039}$、$\phi40^{0}_{-0.039}$、$20^{+0.1}_{0}$ 和 20 等的标注含义。

（3）选择计量器具，确定测量方案。

（4）使用哪些通用计量器具测量零件外圆和长度尺寸误差？

（5）如何对计量器具进行保养与维护？

（6）填写检测报告与处理数据。

1.3　互换性的概念及其应用

任何一台机器的设计，除了运动分析、结构设计、强度和刚度计算外，还要进行精度设计。研究机器的精度时，要处理好机器的使用要求与制造工艺的矛盾。解决的方法是确定合理的公差，并用检测手段保证其质量。由此可见，“公差”在生产中是非常重要的。

1.3.1　互换性的概念

1. 互换性的定义

所谓互换性，是指机械产品中同一规格的一批零件或部件，任取其中一件，不需要做任何挑选、调整或附加加工（如钳工修配）就能装上机器（或部件），并且达到预定使用性能要求的一种特性。

组成现代技术装置和日用机电产品的各种零件，如电灯泡、自行车、手表和缝纫机上的零件，一批规格为 M10-6H 的螺母与 M10-6g 螺栓的自由旋合。在现代化生产中，一般应遵守互换性原则。

2. 互换性的种类

按互换性的程度可分为完全互换性（绝对互换）与不完全互换性（有限互换）。若零件在装配或更换时，不限定互换范围，以零部件装配或更换时不需要任何挑选或修配为条件，则其互换性为完全互换性，如日常生活中所用的电灯泡。因特殊原因，只允许零件在一定范围内互换。例如，机器上某部位精度越高，相配零件精度要求就越高，加工困难，制造成本高，为此，生产中往往把零件的精度适当降低，以便于制造，然后再根据实测尺寸的大小，将完工的相配零件分成若干组，使每组内的尺寸差别比较小，再把相应的零件进行装配。这种仅组内零件可以互换，组与组之间不能互换的互换性，则称为不完全互换性。除此分组互换法外，还有修配法、调整法，主要适用于小批量和单件生产。

1.3.2 互换性在机械制造中的作用

按互换性原则组织生产，是现代生产的重要技术经济原则之一。

从设计方面看，有利于最大限度地采用标准件和通用件，可以大大简化绘图和计算工作，缩短设计周期，并便于计算机辅助设计（CAD），这对发展系列产品十分重要。例如，手表在发展新品种时，采用了具有互换性的机芯，不同品种只需要进行外观的造型设计，使设计与生产周期大大缩短。从制造方面看，有利于组织专业化生产，采用先进工艺和高效率的专用设备，提高生产效率和产品质量，降低生产成本。从使用、维修方面看，可以减少机器的维修时间和费用，保证机器能连续持久地运转，提高了机器的使用寿命。

1.3.3 标准化与互换性

1. 标准与标准化

现代化工业生产的特点是规模大，协作单位多，互换性要求高，为了正确协调各生产部门和准确衔接各生产环节，必须有一种协调手段，使分散的、局部的生产部门和生产环节保持必要的技术统一，成为一个有机的整体，以实现互换性生产。标准与标准化正是联系这种关系的主要途径和手段，是实现互换性的基础。

标准是从事生产、建设和商品流通等工作中共同遵守的一种技术依据，由有关方面协调制定，经一定程序批准后，在一定范围内具有约束力。

技术标准是对产品和工程建设质量、规格及检验等方面所做的技术规定，按不同的级别颁布，我国的技术标准分三级：国家标准（GB）、部门或行业标准（如 JB）和企业标准（如 QB）。标准按适用领域、有效作用范围和发布权力不同，一般分为以下几类：国际标准，如 ISO、IEC 分别为国际标准化组织和国际电工委员会制定的标准；区域标准，如 EN、ANST、DIN 各为欧共体、美国和德国制定的标准；行业标准；地方标准或企业标准。

标准化是指制定、贯彻标准的全过程。它是组织现代化生产的重要手段，是国家现代化水平的重要标志之一。机械制造中的几何量测量公差与检测是建立在标准化基础上的，标准化是实现互换性的前提。

2. 优先数和优先数系

1）优先数

制定公差标准及设计零件的结构参数时，都需要通过数值表示。任何产品的参数值不仅与自身的技术特性有关，还直接或间接地影响与其配套系列产品的参数值。例如，螺母直径数值影响并决定螺钉直径数值，以及丝锥、螺纹量规、钻头等系列产品的直径数值。由于参数值间的关联产生的扩散称为“数值扩散”。为满足不同的需求，产品必然出现不同的规格，形成系列产品。产品数值的杂乱无章会给组织生产、协作配套、使用维修带来困难。故需对数值进行标准化，即为优先数。

2）优先数系

优先数系是一种以公比为$\sqrt[r]{10}$的近似等比数列。我国标准 GB/T321—2005 与国际标准 ISO 推荐 R5、R10、R20、R40 和 R80 系列，前四项为基本系列，R80 为补充系列。r=5、10、20、40 和 80。优先数系基本系列常用值见表 1-1。

表 1-1　优先数系基本系列常用值

R5	R10	R20	R40	R5	R10	R20	R40	R5	R10	R20	R40
1.00	1.00	1.00	1.00			2.24	2.24		5.00	5.00	5.00
			1.06				2.36				5.30
		1.12	1.12	2.50	2.50	2.50	2.50			5.60	5.60
			1.18				2.65				6.00
	1.25	1.25	1.25			2.80	2.80	6.30	6.30	6.30	6.30
			1.32				3.00				6.70
		1.40	1.40		3.15	3.15	3.15			7.10	7.10
			1.50				3.35				7.50
1.60	1.60	1.60	1.60			3.55	3.55		8.00	8.00	8.00
			1.70				3.75				8.50
		1.80	1.80	4.00	4.00	4.00	4.00			9.00	9.00
			1.90				4.25				9.50
	2.00	2.00	2.00			4.50	4.50	10.00	10.00	10.00	10.00
			2.12				4.75				

3. 互换性生产发展简介

互换性标准的建立和发展是随着制造业的发展而逐步完善的。如图 1-2 所示，反映出了互换性生产的百年发展历史。

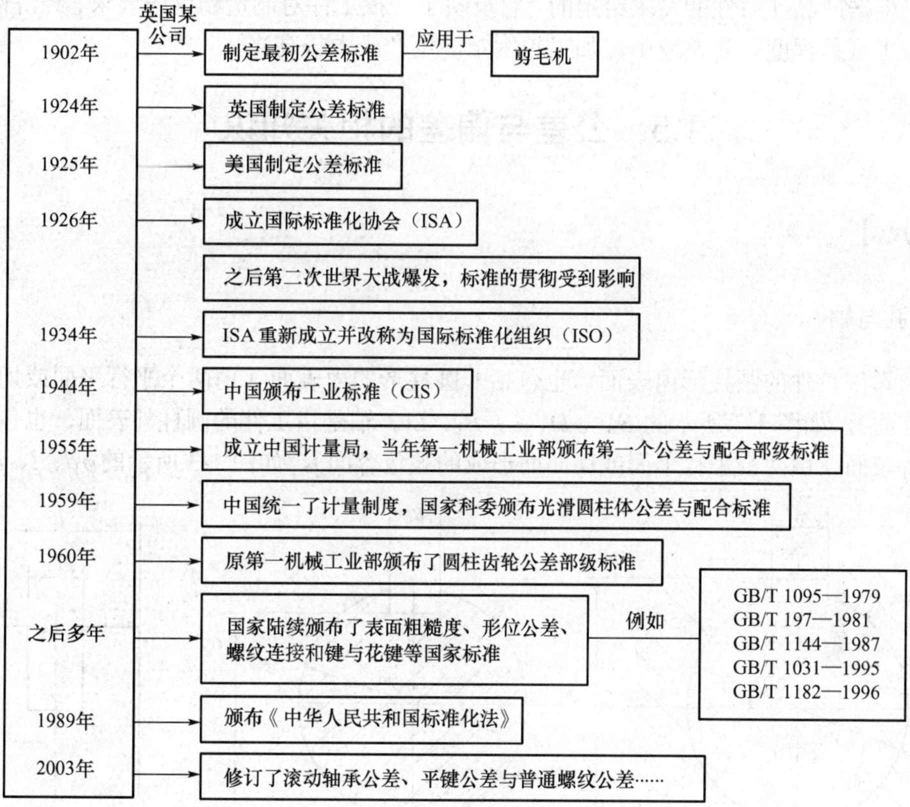

图 1-2　互换性生产的发展史

1.4　零件的加工误差与公差

零件加工时，任何一种加工方法都不可能把工件加工得绝对准确，一批成品工件总存在不同程度的差异。通常，称一批工件的尺寸变动为尺寸误差。随着制造技术水平的提高，可以减小尺寸误差，但永远不能消除尺寸误差。

1. 加工误差

（1）尺寸误差：一批工件的尺寸变动量，即加工后零件的实际尺寸和理想尺寸之差，如直径误差、孔距误差等。

（2）形状误差：加工后零件的实际表面形状对于其理想形状的差异或偏离程度，如圆度、直线度等。

（3）方向、位置和跳动误差：加工后零件的表面、轴线或对称平面之间的相互位置对其理想位置的差异或偏离程度，如同轴度、位置度和圆跳动等。

（4）表面粗糙度：零件加工表面上具有较小间距和峰谷所形成的微观几何形状误差。

2. 公差

公差是指允许尺寸、几何形状和相互位置误差变动的范围，用以限制加工误差。它是由设计人员根据产品使用性能要求给定的。它反映了一批工件对制造精度的要求、经济性要求，并体现加工难易程度。公差越小，加工越困难，生产成本越高。

1.5 公差与偏差的相关知识

1.5.1 尺寸

1. 孔与轴

孔通常指工件的圆柱形内表面，也包括非圆柱形的内表面（由两个平行平面或切面而形成的包容面），如图 1-3 所示的 B、ϕD、L、B_1、L_1。轴是指工件的圆柱外表面，也包括非圆柱形的外表面（由两个平行平面或切面而形成的被包容面），如图 1-3 所示的ϕd、l、l_1。

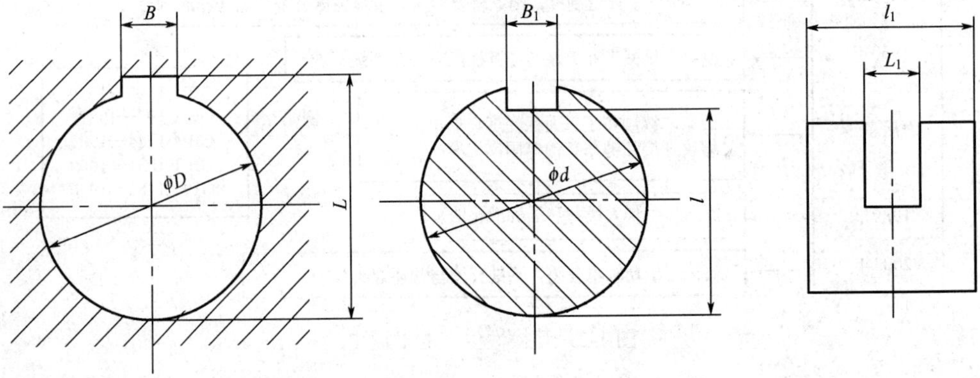

图 1-3 孔与轴

孔的含义是广义的。通常孔是指圆柱形内表面，也包括非圆柱形内表面，即包容面（尺寸之间无材料），在加工过程中，尺寸越加工越大；而轴是圆柱形外表面，也包括非圆柱形外表面，即被包容面（尺寸之间有材料），尺寸越加工越小。

2. 公称尺寸

公称尺寸是设计给定的尺寸。设计时，根据使用要求，一般通过强度和刚度计算或由机械结构等方面的考虑来给定尺寸。公称尺寸一般按照标准尺寸系列选取。常用 D 表示孔的公称尺寸，用 d 表示轴的公称尺寸。

3. 实际（组成）要素

实际（组成）要素是指通过测量所得的尺寸。由于加工误差存在，按同一图纸要求加工的各个零件，其实际（组成）要素往往各不相同。即使是同一工件的不同位置、不同方向的实际（组成）要素也不一定相同，如图 1-4 所示。故实际（组成）要素是零件上某一位置的测量值，并非零件尺寸的真值。常用 D_a 表示孔的实际（组成）要素，用 d_a 表示轴的实际（组成）要素。

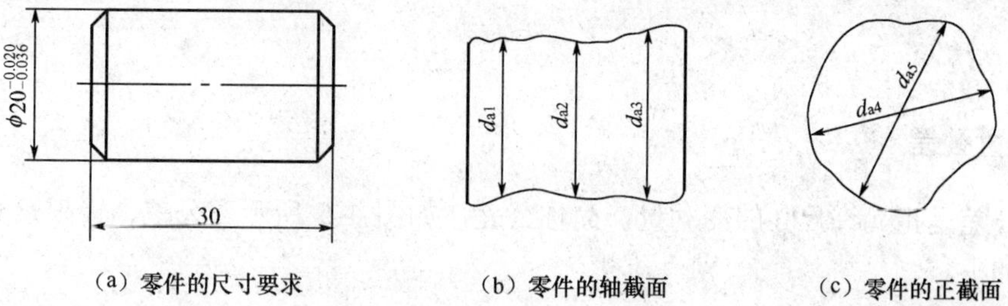

图1-4 几何形状误差

4. 极限尺寸

极限尺寸是指允许尺寸变化的两个界限值。孔或轴允许最大的尺寸称为上极限尺寸，孔或轴允许最小的尺寸称为下极限尺寸。孔的上、下极限尺寸用 D_{max} 和 D_{min} 表示，轴的上、下极限尺寸用 d_{max} 和 d_{min} 表示。

极限尺寸是根据设计要求而确定的，其目的是限制加工零件的尺寸变动范围。若完工的零件，任一位置的实际（组成）要素都在此范围内，即实际（组成）要素小于或等于上极限尺寸，大于或等于下极限尺寸的零件方为合格；否则，为不合格。

1.5.2 偏差

1. 尺寸偏差

某一尺寸减其公称尺寸所得的代数差称为尺寸偏差（简称偏差)。孔用 E 表示，轴用 e 表示。偏差可能为正或负，也可为零。

2. 实际偏差

实际（组成）要素减去其公称尺寸所得的代数差称为实际偏差。孔用 E_a 表示，轴用 e_a 表示。

由于实际（组成）要素可能大于、小于或等于公称尺寸，因此实际偏差也可能为正值、负值或零，不论是书写或计算都必须带上“+”或“−”号（零除外)。

3. 极限偏差

极限尺寸减其公称尺寸所得的代数差称为极限偏差。

上极限尺寸减其公称尺寸所得的代数差称为上极限偏差（ES、es)；下极限尺寸减其公称尺寸所得的代数差称为下极限偏差（EI、ei)。用公式表示为

$$孔：ES=D_{max}-D，EI=D_{min}-D$$

$$轴：es=d_{max}-d，ei=d_{min}-d$$

上、下极限偏差皆可能为正数、负数或零。因为上极限尺寸总是大于下极限尺寸，所以，上极限偏差总是大于下极限偏差。由于在零件图上采用公称尺寸加上、下极限偏差的标注，直观地表示出公差和极限尺寸的大小，如此表达更为简便，因此在实际生产中极限偏差应用较广泛。

注意：标注和计算偏差时极限偏差前面必须加注“+”或“−”号（零除外)。

1.5.3 公差

1. 尺寸公差

尺寸公差是指允许尺寸的变动量，简称公差，如图 1-5 所示。公差、极限尺寸、极限偏差的关系如下。

孔：$T_h=D_{max}-D_{min}$=ES−EI

轴：$T_s=d_{max}-d_{min}$=es−ei

注意： 公差与偏差是两个不同的概念。公差表示制造精度的要求，反映加工的难易程度；偏差表示与公称尺寸的远离程度，表示公差带的位置，影响配合的松紧程度。

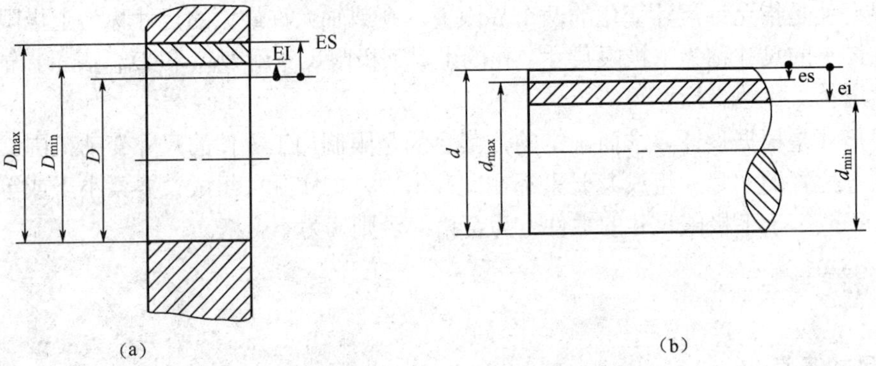

图 1-5　公称尺寸、极限尺寸与极限偏差

2. 尺寸公差带

公差带表示零件的加工尺寸相对其公称尺寸所允许变动的范围。用图所表示的公差带，称为公差带图，如图 1-6 所示。

由于公称尺寸与公差值的大小悬殊，不便于用同一比例在图上表示，此时可以不必画出孔和轴的全形，而采用简单的公差带图表示，用尺寸公差带的高度和相互位置表示公差大小和配合性质，它由零线和公差带组成。

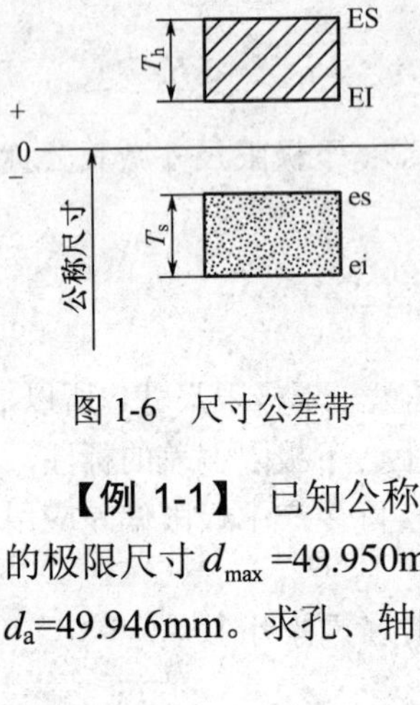

图 1-6　尺寸公差带

1）零线

在公差带图中，零线是确定极限偏差的一条基准线，极限偏差位于零线上方，表示偏差为正；位于零线下方，表示偏差为负；当与零线重合时，表示偏差为零。

2）公差带

上、下极限偏差之间的宽度表示公差带的大小，即公差值。公差带沿零线方向的长度可适当选取。公差带图中，尺寸单位为毫米（mm），偏差及公差的单位也可以用微米（μm）表示，单位省略不写。

【例 1-1】 已知公称尺寸 $D=d$=50mm，孔的极限尺寸 D_{max}=50.025mm，D_{min}=50mm；轴的极限尺寸 d_{max}=49.950mm，d_{min}=49.934mm。现测得孔、轴的实际尺寸分别为 D_a=50.010mm，d_a=49.946mm。求孔、轴的极限偏差、实际偏差及公差。

解：孔的极限偏差：

$$ES=D_{max}-D=50.025-50=+0.025mm$$

$$EI=D_{min}-D=50-50=0$$

轴的极限偏差：

$$es=d_{max}-d=49.950-50=-0.050mm$$

$$ei=d_{min}-d=49.934-50=-0.066mm$$

孔的实际偏差：$E_a=D_a-D=50.010-50=+0.010mm$

轴的实际偏差：$e_a=d_a-d=49.946-50=-0.054mm$

孔的公差：$T_h=D_{max}-D_{min}=ES-EI=0.025mm$

轴的公差：$T_s=d_{max}-d_{min}=es-ei=0.016mm$

1.5.4　孔、轴的公差与国家标准

极限与配合的国家标准中对形成各种孔、轴配合的公差带进行了标准化，它的基本构成是“标准公差系列”和“基本偏差系列”，前者确定了公差带的大小，后者确定了公差带的位置。它们可以构成不同种类的公差带和配合，以满足不同需要。

1. 标准公差系列

标准公差系列是国家标准制定出的一系列标准公差数值，国家标准 GB/T 1800.1—2009 中规定了它的值，用 IT 表示。

1）标准公差因子（公差单位）

标准公差因子是用以确定标准公差的基本单位。在实际生产中，对公称尺寸相同的零件，可按公差大小评定其制造精度的高低，对公称尺寸不同的零件，评定其制造精度时就不能仅看公差大小。实际上，在相同的加工条件下，公称尺寸不同的零件加工后产生的加工误差也不同。为了合理规定公差数值，需建立公差单位。

2）公差等级

确定尺寸精确程度的等级称为公差等级。国家标准设置了 20 个公差等级，各级标准公差的代号为 IT01，IT0，IT1，IT2，…，IT18。IT01 精度最高，其余依次降低，标准公差值依次增大。在公称尺寸≤500mm 的常用尺寸范围内，各级标准公差计算公式见表 1-2。

表 1-2　标准公差的计算公式　　（GB/T 1800.1—2009）单位：μm

公差等级	IT01	IT0	IT1	IT2	IT3	IT4
公差值	0.3+0.008*D*	0.5+0.012*D*	0.8+0.020*D*	—	—	—

公差等级	IT5	IT6	IT7	IT8	IT9	IT10	IT11	IT12	IT13	IT14	IT15	IT16	IT17	IT18
公差值	7i	10i	16i	25i	40i	64i	100i	160i	250i	400i	640i	1000i	1600i	2500i

注：① 式中 *D* 为公称尺寸段几何平均值，单位为 mm；

② IT2、IT3 和 IT4 没有给出计算公式，其标准公差值在 IT1 和 IT5 的数值之间大致按几何级数递增。

3）尺寸分段

为了减少标准公差的数目、统一公差值，国家标准对公称尺寸进行了分段，同一尺寸段内所有的公称尺寸，在相同公差等级下，规定标准公差相同。标准公差数值见表 1-3。

表 1-3 标准公差数值 （GB/T 1800.1—2009）

公称尺寸/mm		公差等级																	
		IT01	IT0	IT1	IT2	IT3	IT4	IT5	IT6	IT7	IT8	IT9	IT10	IT11	IT12	IT13	IT14	IT15	IT16	IT17	IT18
大于	至	μm											mm						
—	3	0.3	0.5	0.8	1.2	2	3	4	6	10	14	25	40	60	0.10	0.14	0.25	0.40	0.60	1.0	1.4
3	6	0.4	0.6	1	1.5	2.5	4	5	8	12	18	30	48	75	0.12	0.18	0.30	0.48	0.75	1.2	1.8
6	10	0.4	0.6	1	1.5	2.5	4	6	9	15	22	36	58	90	0.15	0.22	0.36	0.58	0.90	1.5	2.2
10	18	0.5	0.8	1.2	2	3	5	8	11	18	27	43	70	110	0.18	0.27	0.43	0.70	1.10	1.8	2.7
18	30	0.6	1	1.5	2.5	4	6	9	13	21	33	52	84	130	0.21	0.33	0.52	0.84	1.30	2.1	3.3
30	50	0.6	1	1.5	2.5	4	7	11	16	25	39	62	100	160	0.25	0.39	0.62	1.00	1.60	2.5	3.9
50	80	0.8	1.2	2	3	5	8	13	19	30	46	74	120	190	0.30	0.46	0.74	1.20	1.90	3.0	4.6
80	120	1	1.5	2.5	4	6	10	15	22	35	54	87	140	220	0.35	0.54	0.87	1.40	2.20	3.5	5.4
120	180	1.2	2	3.5	5	8	12	18	25	40	63	100	160	250	0.40	0.63	1.00	1.60	2.50	4.0	6.3
180	250	2	3	4.5	7	10	14	20	29	46	72	115	185	290	0.46	0.72	1.15	1.85	2.90	4.6	7.2
250	315	2.5	4	6	8	12	16	23	32	52	81	130	210	320	0.52	0.81	1.30	2.10	3.20	5.2	8.1
315	400	3	5	7	9	13	18	25	36	57	89	140	230	360	0.57	0.89	1.40	2.30	3.60	5.7	8.9
400	500	4	6	8	10	15	20	27	40	63	97	155	250	400	0.63	0.97	1.55	2.50	4.00	6.3	9.7

注：公称尺寸小于 1mm 时，无 IT14～IT18。

2. 基本偏差系列

基本偏差是指零件公差带靠近零线位置的上极限偏差或下极限偏差。

1）基本偏差代号

基本偏差的代号用拉丁字母表示，小写字母代表轴，大写字母代表孔。以轴为例，其排列顺序从 a 依次到 z，在拉丁字母中，除去 i、l、o、q、w 等 5 个字母，增加了 7 个代号 cd、ef、fg、js、za、zb、zc，组成 28 个基本偏差代号。其排列顺序如图 1-7 所示。孔的 28 个基本偏差代号与轴完全相同，用大写字母表示。

图 1-7 表示公称尺寸相同的 28 种轴、孔基本偏差相对零线的位置。图中基本偏差是“开口”的公差带，这是因为基本偏差只是表示公差带的位置，而不表示公差带的大小，其另一端开口的位置将由公差等级来决定。

2）基本偏差数值

基本偏差数值是经过经验公式计算得到的，实际使用时可查表 1-4 和表 1-5。

从表 1-4、1-5 中可以看到，代号为 H 的孔的基本偏差为下极限偏差，它总是等于零，称为基准孔；代号为 h 的轴的基本偏差为上极限偏差，它总是等于零，称为基准轴。

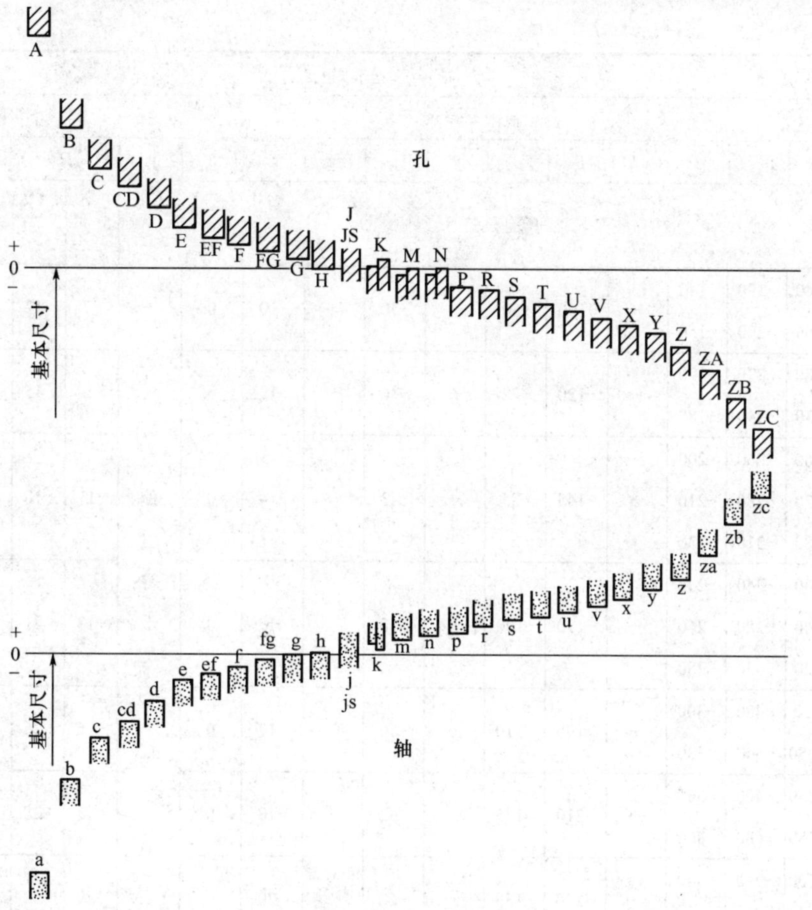

图 1-7　基本偏差

表 1-4　轴的基本偏差数值　　（GB/T 1800.1—2009）单位：μm

公称尺寸/mm	基本偏差															
	上极限偏差 es												下极限偏差 ei			
	a	b	c	cd	d	e	ef	f	fg	g	h	js	j			k
	所有公差等级												5～6	7	8	4～7	≤3 >7
≤3	−270	−140	−60	−34	−20	−14	−10	−6	−4	−2	0	偏差等于 $\pm\frac{IT}{2}$	−2	−4	−6	0	0
>3～6	−270	−140	−70	−46	−30	−20	−14	−10	−6	−4	0		−2	−4	—	+1	0
>6～10	−280	−150	−80	−56	−40	−25	−18	−13	−8	−5	0		−2	−5	—	+1	0
>10～14 >14～18	−290	−150	−95	—	−50	−32	—	−16	—	−6	0		−3	−6	—	+1	0
>18～24 >24～30	−300	−160	−110	—	−65	−40	—	−20	—	−7	0		−4	−8	—	+2	0
>30～40 >40～50	−310 −320	−170 −180	−120 −130	—	−80	−50	—	−25	—	−9	0		−5	−10	−	+2	0

续表

公称尺寸/mm	基本偏差																
	上极限偏差 es												下极限偏差 ei				
	a	b	c	cd	d	e	ef	f	fg	g	h	js	j			k	
	所有公差等级												5～6	7	8	4～7	≤3 >7
>50～65	−340	−190	−140	—	−100	−60	—	−30	—	−10	0	偏差等于 $\pm\frac{IT}{2}$	−7	−12	—	+2	0
>65～80	−360	−200	−150														
>80～100	−380	−220	−170	—	−120	−72	—	−36	—	−12	0		−9	−15	—	+3	0
>100～120	−410	−240	−180														
>120～140	−460	−260	−200	—	−145	−85	—	−43	—	−14	0		−11	−18	—	+3	0
>140～160	−520	−280	−210														
>160～180	−580	−310	−230														
>180～200	−660	−340	−240	—	−170	−100	—	−50	—	−15	0		−13	−21	—	+4	0
>200～225	−740	−380	−260														
>225～250	−820	−420	−280														
>250～280	−920	−480	−300	—	−190	−110	—	−56	—	−17	0		−16	−26	—	+4	0
>280～315	−1050	−540	−330														
>315～355	−1200	−600	−360	—	−210	−125	—	−62	—	−18	0		−18	−28	—	+4	0
>355～400	−1350	−680	−400														
>400～450	−1500	−760	−440	—	−230	−135	—	−68	—	−20	0		−20	−32	—	+5	0
>450～500	−1650	−840	−480														

公称尺寸/mm	基本偏差													
	下极限偏差 ei													
	m	n	p	r	s	t	u	v	x	y	z	za	zb	zc
	所有公差等级													
≤3	+2	+4	+6	+10	+14	—	+18	—	+20	—	+26	+32	+40	+60
>3～6	+4	+8	+12	+15	+19	—	+23	—	+28	—	+35	+42	+50	+80
>6～10	+6	+10	+15	+19	+23	—	+28	—	+34	—	+42	+52	+67	+97
>10～14	+7	+12	+18	+23	+28	—	+33	—	+40	—	+50	+64	+90	+130
>14～18								+39	+45	—	+60	+77	+108	+150
>18～24	+8	+15	+22	+28	+35	—	+41	+47	+54	+63	+73	+98	+136	+188
>24～30						+41	+48	+55	+64	+75	+88	+118	+160	+218
>30～40	+9	+17	+26	+34	+43	+48	+60	+68	+80	+94	+112	+148	+220	+274
>40～50						+54	+70	+81	+97	+114	+136	+180	+242	+325
>50～65	+11	+20	+32	+41	+53	+66	+87	+102	+122	+144	+172	+226	+300	+405
>65～80				+43	+59	+75	+102	+120	+146	+174	+210	+274	+360	+480

续表

公称尺寸/mm	基本偏差													
	下极限偏差 ei													
	m	n	p	r	s	t	u	v	x	y	z	za	zb	zc
	所有公差等级													
>80～100	+13	+23	+37	+51	+71	+91	+124	+146	+178	+214	+258	+335	+445	+585
>100～120				+54	+79	+104	+144	+172	+210	+256	+310	+400	+525	+690
>120～140	+15	+27	+43	+63	+92	+122	+170	+202	+248	+300	+365	+470	+620	+800
>140～160				+65	+100	+134	+190	+228	+280	+340	+415	+535	+700	+900
>160～180				+68	+108	+146	+210	+252	+310	+380	+465	+600	+780	+1000
>180～200	+17	+31	+50	+77	+122	+166	+236	+284	+350	+425	+520	+670	+880	+1150
>200～225				+80	+130	+180	+258	+310	+385	+470	+575	+740	+960	+1250
>225～250				+84	+140	+196	+284	+340	+425	+520	+640	+820	+1050	+1350
>250～280	+20	+34	+56	+94	+158	+218	+315	+385	+475	+580	+710	+920	+1200	+1550
>280～315				+98	+170	+240	+350	+425	+525	+650	+790	+1000	+1300	+1700
>315～355	+21	+37	+62	+108	+190	+268	+390	+475	+590	+730	+900	+1150	+1500	+1900
>355～400				+114	+208	+294	+435	+530	+660	+820	+1000	+1300	+1650	+2100
>400～450	+23	+40	+68	+126	+232	+330	+490	+595	+740	+920	+1100	+1450	+1850	+2400
>450～500				+132	+252	+360	+540	+660	+820	+1000	+1250	+1600	+2100	+2600

注：① 公称尺寸小于 1mm 时，各级的 a 和 b 均不采用；

② js 的数值：对 IT7～IT11，若 IT 的数值（μm）为奇数，则取 js=±（IT*n*−1）/2。

表 1-5　孔的基本偏差数值　　（GB/T 1800.1—2009）单位：μm

公称尺寸/mm	基本偏差																			
	下极限偏差 EI												上极限偏差 ES							
	A	B	C	CD	D	E	EF	F	FG	G	H	JS	J			K		M		
	所有的公差等级												6	7	8	≤8	>8	≤8	>8	
≤3	+270	+140	+60	+34	+20	+14	+10	+6	+4	+2	0	偏差等于 ±$\frac{IT}{2}$	+2	+4	+6	0	0	−2	−2	
>3～6	+270	+140	+70	+36	+30	+20	+14	+10	+6	+4	0		+5	+6	+10	−1+Δ	—	−4+Δ	−4	
>6～10	+280	+150	+80	+56	+40	+25	+18	+13	+8	+5	0		+5	+8	+12	−1+Δ	—	−6+Δ	−6	
>10～14	+290	+150	+95	—	+50	+32	—	+16	—	+6	0		+6	+10	+15	−1+Δ	—	−7+Δ	−7	
>14～18																				
>18～24	+300	+160	+110	—	+65	+40	—	+20	—	+70	0		+8	+12	+20	−2+Δ	—	−8+Δ	−8	
>24～30																				
>30～40	+310	+170	+120	—	+80	+50	—	+25	—	+9	0		+10	+14	+24	−2+Δ	—	−9+Δ	−9	
>40～50	+320	+180	+130																	
>50～65	+340	+190	+140	—	+100	+60	—	+30	—	+10	0		+13	+18	+28	−2+Δ	—	−11+Δ	−11	
>65～80	+360	+200	+150																	

续表

公称尺寸/mm	基本偏差																		
	下极限偏差 EI												上极限偏差 ES						
	A	B	C	CD	D	E	EF	F	FG	G	H	JS	J			K		M	
	所有的公差等级												6	7	8	≤8	>8	≤8	>8
>80～100	+380	+220	+170	—	+120	+72	—	+36	—	+12	0	偏差等于 $\pm\frac{IT}{2}$	+16	+22	+34	−3+Δ	—	−13+Δ	−13
>100～120	+410	+240	+180																
>120～140	+440	+260	+200	—	+145	+85	—	+43	—	+14	0		+18	+26	+41	−3+Δ	—	−15+Δ	−15
>140～160	+520	+280	+210																
>160～180	+580	+310	+230																
>180～200	+660	+340	+240	—	+170	+100	—	+50	—	+15	0		+22	+30	+47	−4+Δ	—	−17+Δ	−17
>200～225	+740	+380	+260																
>225～250	+820	+420	+280																
>250～280	+920	+480	+300	—	+190	+110	—	+56	—	+17	0		+25	+36	+55	−4+Δ	—	−20+Δ	−20
>280～315	+1050	+540	+330																
>315～355	+1200	+600	+360	—	+120	+150	—	+62	—	+18	0		+29	+39	+60	−4+Δ	—	−21+Δ	−21
>355～400	+1350	+680	+400																
>400～450	+1500	+760	+440	—	+230	+135	—	+68	—	+20	0		+33	+43	+66	−5+Δ	—	−23+Δ	−23
>450～500	+1650	+840	+480																

极限尺寸/mm	基本偏差														Δ/μm					
	上极限偏差 ES																			
	N		P～ZC	P	R	S	T	U	V	X	Y	Z	ZA	ZB	ZC					
	≤8	>8	≤7	>7												3	4	5	6	7	8
≤3	−4	−4	在大于7级的相应数值上增加一个Δ值	−6	−10	−14	—	−18	—	−20	—	−26	−32	−40	−60	0					
>3～6	−8+Δ	0		−12	−15	−19	—	−23	—	−28	—	−35	−42	−50	−80	1	1.5	1	3	4	6
>6～10	−10+Δ	0		−15	−19	−23	—	−28	—	−34	—	−42	−52	−67	−97	1	1.5	2	3	6	7
>10～14	−12+Δ	0		−18	−23	−28	—	−33	—	−40	—	−50	−64	−90	−130	1	2	3	3	7	9
>14～18									−39	−45	—	−60	−77	−108	−150						
>18～24	−15+Δ	0		−22	−28	−35	—	−41	−47	−54	−65	−73	−98	−136	−188	1.5	2	3	4	8	12
>24～30							−41	−48	−55	−64	−75	−88	−118	−160	−218						
>30～40	−17+Δ	0		−26	−34	−43	−48	−60	−68	−80	−94	−112	−148	−200	−274	1.5	3	4	5	9	14
>40～50							−54	−70	−81	−95	−114	−136	−180	−242	−325						
>50～65	−20+Δ	0		−32	−41	−53	−66	−87	−102	−122	−144	−172	−226	−300	−400	2	3	5	6	11	16
>65～80					−43	−59	−75	−102	−120	−146	−174	−210	−274	−360	−480						
>80～100	−23+Δ	0		−37	−51	−71	−92	−124	−146	−178	−214	−258	−335	−445	−585	2	4	5	7	13	19
>100～120					−54	−79	−104	−144	−172	−210	−254	−310	−400	−525	−690						

续表

极限尺寸/mm	基本偏差 上极限偏差 ES N		P～ZC	P	R	S	T	U	V	X	Y	Z	ZA	ZB	ZC	Δ/μm					
	≤8	>8	≤7	>7												3	4	5	6	7	8
>120～140	−27+Δ	0	在大于7级的相应数值上增加一个Δ值	−43	−63	−92	−122	−170	−202	−248	−300	−365	−470	−620	−800	3	4	6	7	15	23
>140～160					−65	−100	−134	−190	−228	−280	−340	−415	−535	−700	−900						
>160～180					−68	−108	−146	−210	−252	−310	−380	−465	−600	−780	−1000						
>180～200	−31+Δ	0		−50	−77	−122	−166	−236	−284	−350	−425	−520	−670	−880	−1150	3	4	6	9	17	26
>200～225					−80	−130	−180	−258	−310	−385	−470	−575	−740	−960	−1250						
>225～250					−84	−140	−196	−284	−340	−425	−520	−640	−820	−1050	−1350						
>250～280	−34+Δ	0		−56	−94	−158	−218	−315	−385	−475	−580	−710	−920	−1200	−1500	4	4	7	9	20	29
>280～315					−98	−170	−240	−350	−425	−525	−650	−790	−1000	−1300	−1700						
>315～355	−37+Δ	0		−62	−108	−190	−268	−390	−475	−590	−730	−900	−1150	−1500	−1900	4	5	7	11	21	32
>355～400					−114	−208	−294	−435	−530	−660	−820	−1000	−1300	−1650	−2100						
>400～450	−40+Δ	0		−68	−126	−232	−330	−490	−595	−740	−920	−1100	−1450	−1850	−2400	5	5	7	13	23	34
>450～500					−132	−252	−360	−540	−660	−820	−1000	−1250	−1600	−2100	−2600						

注：① 公称尺寸小于 1mm 时，各级的 A 和 B 及大于 8 级的 N 均不采用；

② JS 的数值，对 IT7～IT11，若 IT 的数值（μm）为奇数，则取 JS=±(ITn−1)/2；

③ 特殊情况：当公称尺寸大于 250mm 而小于 315mm 时，M6 的 ES 等于−9（不等于−11）。

1.5.5　尺寸公差在图纸上的标注

孔、轴公差在零件图上主要标注公称尺寸和极限偏差数值。零件图上尺寸公差的标注方法有三种，如图 1-8 所示。

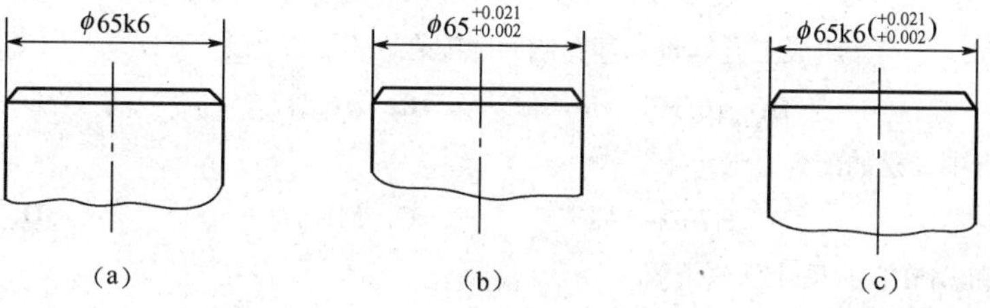

图 1-8　尺寸公差在图纸上的标注

1.5.6　线性尺寸的一般公差

一般公差是指在车间一般加工条件下可以保证的公差，是机床设备在正常维护和操作情况下能达到的经济加工精度。图纸中往往不标注上、下极限偏差的那个尺寸。

国家标准 GB/T 1804—2000 规定了线性尺寸的一般公差等级和极限偏差。一般公差等级分为四级，它们分别是精密级 f、中等级 m、粗糙级 c、最粗级 v。极限偏差全部采用对称偏差值，对适用尺寸也采用了较大的分段，具体数值见表 1-6。

表 1-6 线性尺寸未注极限偏差的数值（摘自 GB/T 1804—2000） 单位：mm

公差等级	尺寸分段							
	0.5～3	>3～6	>6～30	>30～120	>120～400	>400～1000	>1000～2000	>2000～4000
f（精密级）	±0.05	±0.05	±0.1	±0.15	±0.2	±0.3	±0.5	—
m（中等级）	±0.1	±0.1	±0.2	±0.3	±0.5	±0.8	±1.2	±2
c（粗糙级）	±0.2	±0.3	±0.5	±0.8	±1.2	±2	±3	±4
v（最粗级）	—	±0.5	±1	±1.5	±2.5	±4	±6	±8

采用 GB/T 1804—2000 规定的一般公差，在图纸、技术文件或标准中用该标准号和公差等级符号表示。例如，当选用中等级 m 时，可在技术要求中注明：未注公差尺寸按 GB/T 1804—2000—m。

习题

1．判断题：

（1）公称尺寸是设计给定的尺寸，因此零件的实际尺寸越接近公称尺寸，则其精度越高。（ ）

（2）公差，可以说是零件尺寸允许的最大偏差。（ ）

（3）尺寸的基本偏差可正可负，一般都取正值。（ ）

（4）公差值越小的零件，越难加工。（ ）

（5）过渡配合可能具有间隙或过盈，因此过渡配合可能是间隙配合或是过盈配合。（ ）

（6）某孔的实际尺寸小于与其结合的轴的实际尺寸，则形成过盈配合。（ ）

2．选择题：

（1）尺寸ϕ48F6 中，“F”代表（ ）。

A．尺寸公差带代号　B．公差等级代号　C．基本偏差代号　D．配合代号

（2）ϕ30js8 的尺寸公差带图和尺寸零线的关系是（ ）。

A．在零线上方　B．在零线下方　C．对称于零线　D．不确定

（3）ϕ65g6 和（ ）组成工艺等价的基孔制间隙配合。

A．ϕ65H5　B．ϕ65H6　C．ϕ65H7　D．ϕ65G7

（4）下列配合中最松的配合是（ ）。

A．H8/g7　B．H7/r6　C．M8/h7　D．R7/h6

（5）ϕ45F8 和ϕ45H8 的尺寸公差带图（ ）。

A．宽度不一样　B．相对零线的位置不一样

C．宽度和相对零线的位置都不一样　D．宽度和相对零线的位置都一样

（6）通常采用（ ）选择配合类别。

A．计算法　B．试验法　C．类比法

（7）公差带的选用顺序是尽量选择（ ）代号。

A．一般　B．常用　C．优先　D．随便

（8）如图 1-9 所示，尺寸ϕ28 属于（ ）。

A．重要配合尺寸　B．一般配合尺寸　C．一般公差尺寸　D．没有公差要求

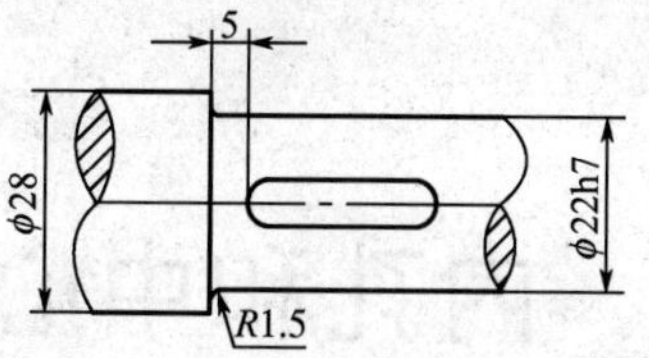

图 1-9

项目 2　内孔和中心高测量

学习情境设计

序　号	情境（课时）	主 要 内 容
1	任务 0.5	1．提出内孔和中心高测量任务； 2．分析零件尺寸精度要求
2	信息 1.3	1．介绍配合制、安全裕度、计量器具的不确定度、验收极限知识； 2．认识杠杆百分表、内径百分表、量块的规格； 3．杠杆百分表、内径百分表的结构、读数原理、使用方法； 4．中心高的测量方法
3	计划 0.5	1．根据被测要素，确定检测部位和测量次数； 2．确定内孔和中心高的测量方案
4	实施 3.2	1．清洁被测零件和计量器具的测量面； 2．选择计量器具的规格，调整与校正计量器具； 3．用量块组合高度； 4．记录数据，处理数据
5	检查 0.3	1．任务的完成情况； 2．复查，交叉互检
6	评估 0.2	1．分析整个工作过程，对出现的问题进行修改并优化； 2．判断长度合格性； 3．出具检测报告，资料存档

2.1　任务提出

如图 2-1 所示是某制药机中的一个轴承支架，如图 2-2 所示为一根轴。

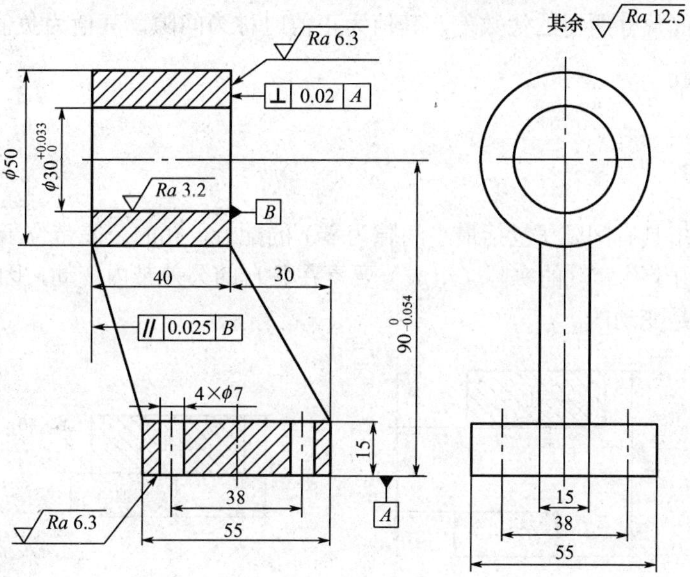

图 2-1　支架

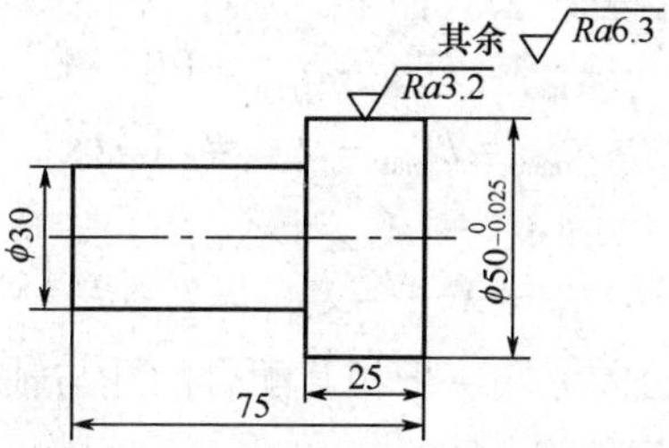

图 2-2　轴

2.2　学习目标

图 2-1 和图 2-2 中有 $\phi 30^{+0.033}_{0}$ 、$\phi 50^{0}_{-0.025}$、$90^{0}_{-0.054}$和 4×ϕ7 等的标注，请同学们从以下几方面进行学习。

（1）分析图纸，清楚精度要求。

（2）查阅相关国家计量标准，理解$\phi 30^{+0.033}_{0}$ 、$\phi 50^{0}_{-0.025}$、$90^{0}_{-0.054}$及 4×ϕ7 等的标注含义，若其他图纸中标有ϕ30g7、ϕ50 Js8 的轴与孔，它们属于什么配合？如何进行装配？

（3）选择计量器具，确定测量方案。

（4）使用哪些计量器具测量零件内孔尺寸和中心高尺寸误差？

（5）如何对计量器具进行保养与维护？

（6）填写检测报告与处理数据。

2.3　配合的基础知识

配合是指公称尺寸相同的，相互结合的孔与轴公差带之间的关系。在孔与轴的配合中，孔的尺寸减去轴的尺寸所得的代数差，其值为正值时称为间隙，其值为负值时称为过盈。

2.3.1 配合类型

1. 间隙配合

间隙配合是指具有间隙（包括最小间隙为零）的配合。孔的公差带位于轴的公差带之上，如图 2-3 所示。由于孔和轴的实际（组成）要素在各自的公差带内变动，因此装配后每对孔、轴间的间隙量也是变动的。

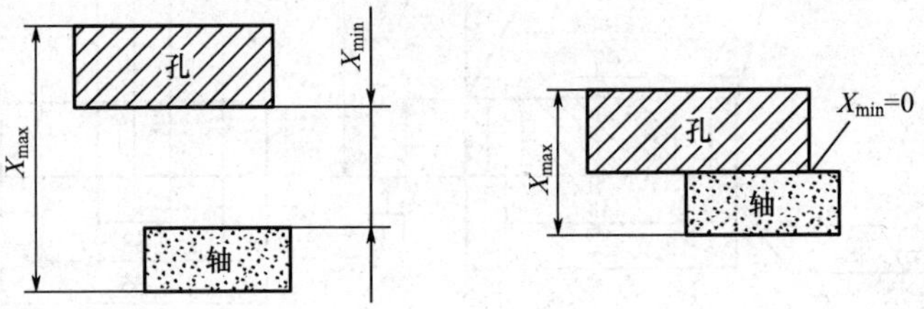

图 2-3 间隙配合

极限间隙、平均间隙及配合公差公式如下。

$$X_{max}=D_{max}-d_{min}=ES-ei$$
$$X_{min}=D_{min}-d_{max}=EI-es$$
$$X_{av}=(X_{max}+X_{min})/2$$
$$T_F=|X_{max}-X_{min}|=T_h+T_s$$

上式表明配合精度（配合公差）取决于相互配合的孔与轴的尺寸精度（尺寸公差），设计时，可根据配合公差来确定孔与轴的公差。

2. 过盈配合

过盈配合是指具有过盈（包括最小过盈为零）的配合。孔的公差带位于轴的公差带之下，如图 2-4 所示。由于孔和轴的实际（组成）要素在各自的公差带内变动，因此装配后每对孔、轴间的过盈量也是变动的。

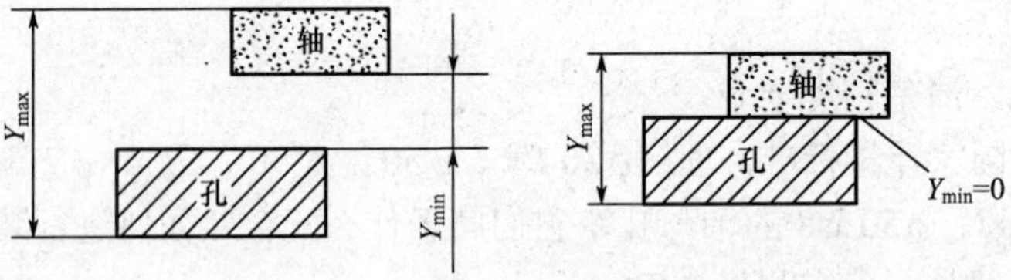

图 2-4 过盈配合

极限过盈、平均过盈及配合公差公式如下。

$$Y_{max}=D_{min}-d_{max}=EI-es$$
$$Y_{min}=D_{max}-d_{min}=ES-ei$$
$$Y_{av}=(Y_{max}+Y_{min})/2$$
$$T_F=|Y_{max}-Y_{min}|=T_h+T_s$$

3. 过渡配合

过渡配合是指可能产生间隙或过盈的配合。孔的公差带与轴的公差带相互交叠，如图 2-5 所示。过渡配合中，每对孔、轴的间隙或过盈也是变化的。

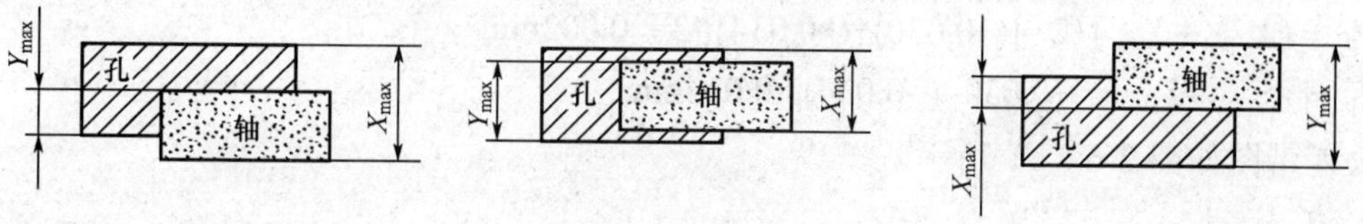

图 2-5　过渡配合

极限间隙（或过盈）、平均间隙（或过盈）及配合公差公式如下。

$$X_{max}=D_{max}-d_{min}=ES-ei$$
$$Y_{max}=D_{min}-d_{max}=EI-es$$
$$X_{av}(Y_{av})=(X_{max}+Y_{max})/2$$
$$T_F=|X_{max}-Y_{max}|=T_h+T_s$$

【例 2-1】 已知孔 $\phi50_{0}^{+0.039}$，轴 $\phi50_{-0.050}^{-0.025}$ mm，求 X_{max}、X_{min}、X_{av}、T_F，并画出配合公差带图。

解： $X_{max}=D_{max}-d_{min}=ES-ei=+0.039-(-0.050)=+0.089mm$

$X_{min}=D_{min}-d_{max}=EI-es=0-(-0.025)=+0.025mm$

$X_{av}=(X_{max}+X_{min})/2=[(+0.089)+(+0.025)]/2=0.057mm$

$T_F=|X_{max}-X_{min}|=|(+0.089)-(+0.025)|=0.064mm$

公差带图如图 2-6（a）所示。

【例 2-2】 已知孔 $\phi50_{0}^{+0.039}$ mm，轴 $\phi50_{+0.054}^{+0.079}$ mm，求 Y_{max}、Y_{min}、Y_{av}、T_F，并画出配合公差带图。

解： $Y_{max}=EI-es=0-(+0.079)=-0.079mm$

$Y_{min}=D_{max}-d_{min}=ES-ei=+0.039-(+0.054)=-0.015mm$

$Y_{av}=(Y_{max}+Y_{min})/2=[(-0.079)+(-0.015)]/2=-0.047mm$

$T_F=|Y_{max}-Y_{min}|=T_h+T_s=|(-0.015)-(-0.079)|=0.064mm$

公差带图如图 2-6（b）所示。

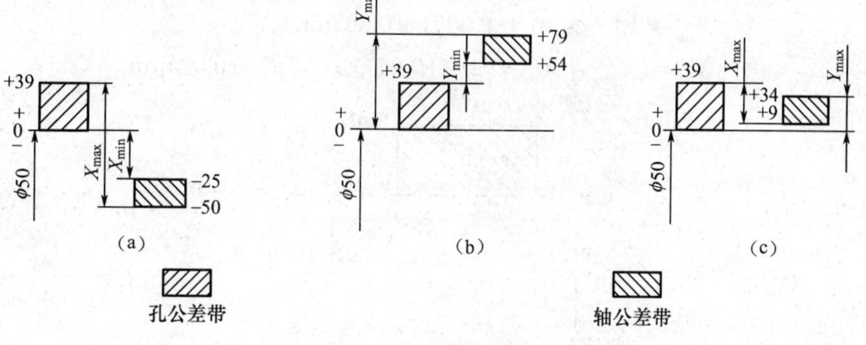

图 2-6　尺寸公差带图

【例 2-3】 已知孔$\phi 50_{0}^{+0.039}$ mm，轴$\phi 50_{+0.009}^{+0.034}$ mm，求X_{max}、Y_{max}、$(X_{av})Y_{av}$及T_F，画出配合公差带图。

解： $X_{max} = ES - ei = +0.039-(+0.009)=+0.030mm$

$Y_{max} = EI - es = 0-(+0.034)=-0.034mm$

$Y_{av} = (X_{max} + Y_{max})/2 = [(+0.030)+(-0.034)]/2=-0.002mm$

$T_F = |X_{max} - Y_{max}| = |+0.030-(-0.034)|=0.064mm$

公差带图如图 2-6（c）所示。

2.3.2　配合公差

1. 配合代号

孔、轴的公差带代号由基本偏差代号和公差等级数字组成。例如，H8、F7、K7、P7 等为孔的公差带代号；h7、f6、r6、p6 等为轴的公差带代号。

配合代号用孔、轴公差带的组合表示，写成分数形式，分子为孔的公差带代号，分母为轴的公差带代号，如$\frac{H7}{f6}$或 H7/f6。如果指某公称尺寸的配合，则公称尺寸标在配合代号之前，如$\phi 25\frac{H7}{f6}$或ϕ25H7/f6。

【例 2-4】 已知孔和轴的配合代号为ϕ20H7/g6，试画出它们的公差带图，并计算它们的极限盈、隙值。

解：（1）查表得 IT6=13μm，IT7=21μm。

（2）查表得到 g 的基本偏差为上极限偏差 $es = -7\mu m$ 。

（3）查表得到 H 的基本偏差为下极限偏差 EI=0。

（4）g6 的另一个极限偏差 $ei = es - IT6 = -7 - 13 = -20\mu m$ ，即ϕ20g6 可以写成$\phi 20_{-0.020}^{-0.007}$或$\phi$20g6（$_{-0.020}^{-0.007}$）。

（5）H7 的另一个极限偏差 ES=EI+IT7=(0+21)μm=+21μm，即ϕ20H7 可以写成$\phi 20_{0}^{+0.021}$或ϕ20H7($_{0}^{+0.021}$)。

（6）公差带图如图 2-7 所示。由于孔的公差带在轴的公差带之上，所以该配合为间隙配合，其极限间隙指标如下：

$$X_{max} = ES - ei = +0.021-(-0.020)=+0.041\mu m$$

$$X_{min} = EI - es = 0-(-0.007)=+0.007\mu m$$

$$X_{av} = (X_{max} + X_{min})/2 = (+0.041+0.007)/2=+0.024\mu m$$

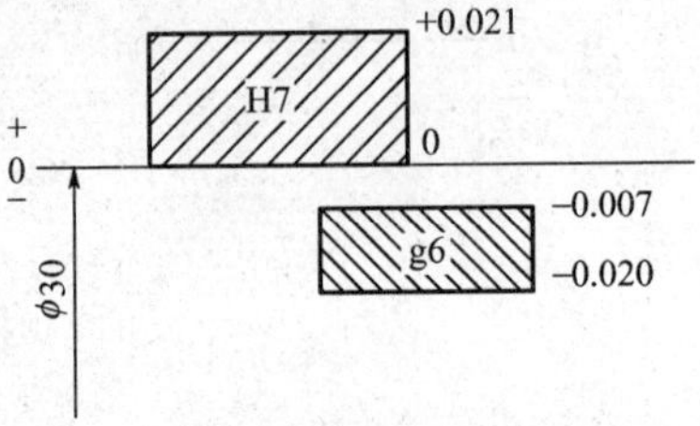

图 2-7　孔、轴公差带图

2. 常用和优先的公差带及配合

国标 GB/T 1800.1—2009 对公称尺寸≤500mm 规定了 20 个公差等级和 28 种基本偏差，若将任一基本偏差与任一标准公差组合，其孔公差带有 20×27+3(J6、J7、J8)=543 个，而轴公差带有 20×27+4(j6、j7、j8)=544 个。这么多的公差带都使用显然是不经济的，因为它必然导致定值刀具和量具规格繁多。

为此，国标规定了一般、常用和优先孔用公差带共 105 种，如图 2-8 所示。图中方框内的 44 种为常用公差带，圆圈内的 13 种为优先公差带。

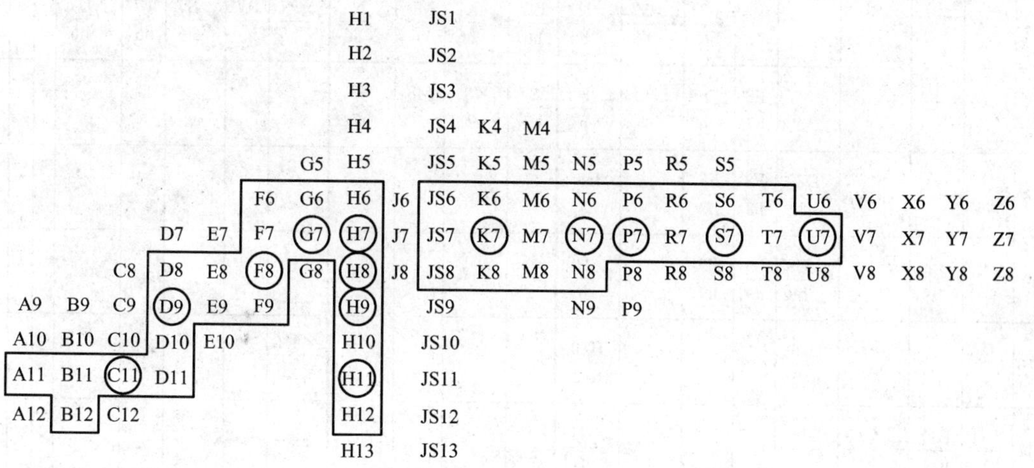

图 2-8 一般、常用和优先孔的公差带

国标规定了一般、常用和优先轴用公差带共 116 种，如图 2-9 所示。图中方框内的 59 种为常用公差，圆圈内的 13 种为优先公差带。

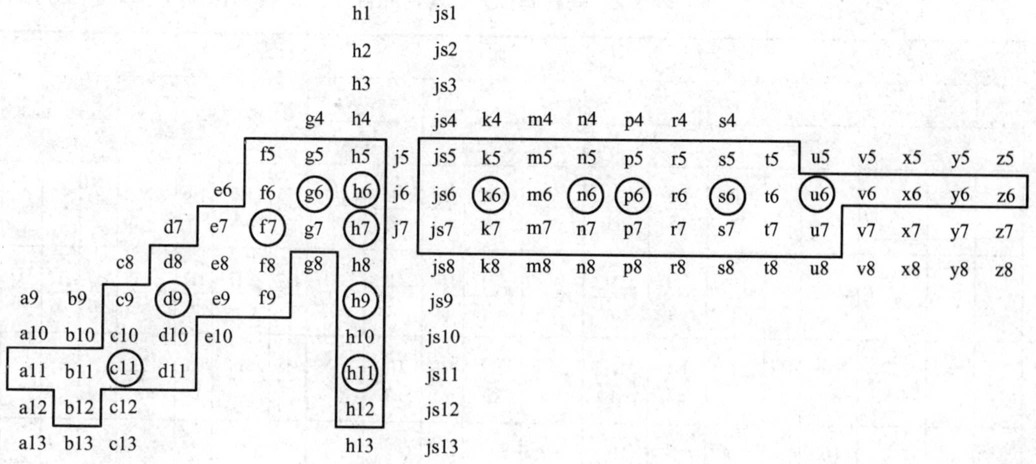

图 2-9 一般、常用和优先轴的公差带

选用公差带时，应按优先、常用、一般、任意公差带的顺序选用，特别是优先和常用公差带，它反映了长期生产实践中积累较丰富的使用经验，应尽量选用。

表 2-1 和表 2-2 中基轴制有 47 种常用配合，13 种优先配合。基孔制中有 59 种常用配合，

14 种优先配合。同理，选择时应优先选用优先配合公差带，其次选择常用配合公差带。

表 2-1　基轴制优先、常用配合　　（GB/T 1801—2009）

基准轴	孔																				
	A	B	C	D	E	F	G	H	JS	K	M	N	P	R	S	T	U	V	X	Y	Z
	间隙配合								过渡配合			过盈配合									
h5						$\frac{F6}{h5}$	$\frac{G6}{h5}$	$\frac{H6}{h5}$	$\frac{JS6}{h5}$	$\frac{K6}{h5}$	$\frac{M6}{h5}$	$\frac{N6}{h5}$	$\frac{P6}{h5}$	$\frac{R6}{h5}$	$\frac{S6}{h5}$	$\frac{T6}{h5}$					
h6						$\frac{F7}{h6}$	◤$\frac{G7}{h6}$	◤$\frac{H7}{h6}$	$\frac{JS7}{h6}$	◤$\frac{K7}{h6}$	$\frac{M7}{h6}$	◤$\frac{N7}{h6}$	◤$\frac{P7}{h6}$	$\frac{R7}{h6}$	◤$\frac{S7}{h6}$	$\frac{T7}{h6}$	◤$\frac{U7}{h6}$				
h7					$\frac{E8}{h7}$	◤$\frac{F8}{h7}$		◤$\frac{H8}{h7}$	$\frac{JS8}{h7}$	$\frac{K8}{h7}$	$\frac{M8}{h7}$	$\frac{N8}{h7}$									
h8				$\frac{D8}{h8}$	$\frac{E8}{h8}$	$\frac{F8}{h8}$		$\frac{H8}{h8}$													
h9				◤$\frac{D9}{h9}$	$\frac{E9}{h9}$	$\frac{F9}{h9}$		◤$\frac{H9}{h9}$													
h10				$\frac{D10}{h10}$				$\frac{H10}{h10}$													
h11	$\frac{A11}{h11}$	$\frac{B11}{h11}$	◤$\frac{C11}{h11}$	$\frac{D11}{h11}$				◤$\frac{H11}{h11}$													
h12		$\frac{B12}{h12}$						$\frac{H12}{h12}$													

注：标注◤的配合为优先配合。

表 2-2　基孔制优先、常用配合　　（GB/T 1801—2009）

基准孔	轴																				
	a	b	c	d	e	f	g	h	js	k	m	n	p	r	s	t	u	v	x	y	z
	间隙配合								过渡配合			过盈									
H6						$\frac{H6}{f5}$	$\frac{H6}{g5}$	$\frac{H6}{h5}$	$\frac{H6}{js5}$	$\frac{H6}{k5}$	$\frac{H6}{m5}$	$\frac{H6}{n5}$	$\frac{H6}{p5}$	$\frac{H6}{r5}$	$\frac{H6}{s5}$	$\frac{H6}{t5}$					
H7						$\frac{H7}{f6}$	◤$\frac{H7}{g6}$	◤$\frac{H7}{h6}$	$\frac{H7}{js6}$	◤$\frac{H7}{k6}$	$\frac{H7}{m6}$	◤$\frac{H7}{n6}$	◤$\frac{H7}{p6}$	$\frac{H7}{r6}$	◤$\frac{H7}{s6}$	$\frac{H7}{t6}$	◤$\frac{H7}{u6}$	$\frac{H7}{v6}$	$\frac{H7}{x6}$	$\frac{H7}{y6}$	$\frac{H7}{z6}$
H8					$\frac{H8}{e7}$	◤$\frac{H8}{f7}$	$\frac{H8}{g7}$	◤$\frac{H8}{h7}$	◤$\frac{H8}{js7}$	$\frac{H8}{k7}$	$\frac{H8}{m7}$	$\frac{H8}{n7}$	$\frac{H8}{p7}$	$\frac{H8}{r7}$	$\frac{H8}{s7}$	$\frac{H8}{t7}$	$\frac{H8}{u7}$				
H8				$\frac{H8}{d8}$	$\frac{H8}{e8}$	$\frac{H8}{f8}$		$\frac{H8}{h8}$													
H9			$\frac{H9}{c9}$	◤$\frac{H9}{d9}$	$\frac{H9}{e9}$	$\frac{H9}{f9}$		◤$\frac{H9}{h9}$													
H10			$\frac{H10}{c10}$	$\frac{H10}{d10}$				$\frac{H10}{h10}$													

续表

基准孔	轴																				
	a	b	c	d	e	f	g	h	js	k	m	n	p	r	s	t	u	v	x	y	z
	间隙配合								过渡配合			过盈									
H11	$\frac{H11}{a11}$	$\frac{H11}{b11}$	◤$\frac{H11}{c11}$	$\frac{H11}{d11}$				◤$\frac{H11}{h11}$													
H12		$\frac{H12}{b12}$						$\frac{H11}{h12}$													

注：① $\frac{H6}{n5}$，$\frac{H7}{p6}$ 在公称尺寸小于或等于 3mm 和 $\frac{H8}{r7}$ 在公称尺寸小于或等于 100mm 时，为过渡配合；

② 标注◤的配合为优先配合。

2.3.3　配合的标注

在装配图上主要标注公称尺寸和配合代号，配合代号即标注孔、轴的偏差代号及公差等级，如图 2-10 所示。

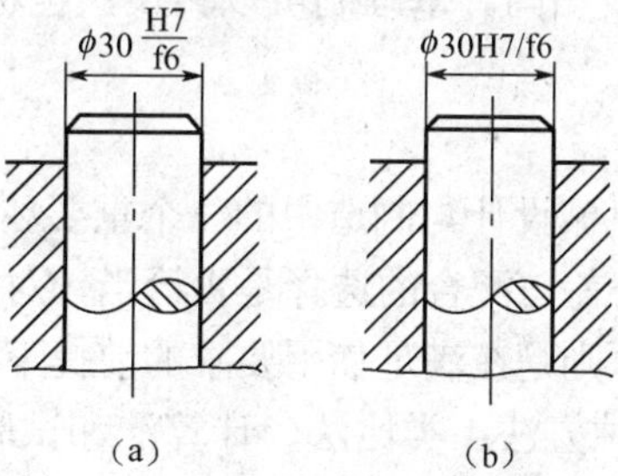

图 2-10　配合在图纸上的标注

2.3.4　配合制

由前述三类配合的公差带可知，变更孔、轴公差带的相对位置，可以组成不同性质、不同松紧的配合，但为了简化起见，以最少的标准公差带形成最多的配合，且获得良好的技术经济效益。标准规定了两种基准制，即基孔制与基轴制。

1. 基孔制

基孔制是指基本偏差为一定的孔的公差带，与不同的基本偏差的轴的公差带所形成的各种配合的一种制度。

基孔制中的孔称为基准孔，用 H 表示。基准孔的基本偏差为下偏差 EI，且数值为零，即 EI=0。上偏差为正值，其公差带偏置在零线上侧。

基孔制配合中由于轴的基本偏差不同，使它们的公差带和基准孔公差带形成以下不同的配合情况：

H/a～h——间隙配合；

H/js～m——过渡配合；

H/n、p——过渡或过盈配合；

H/r～zc——过盈配合。

2. 基轴制

基轴制是指基本偏差为一定的轴的公差带，与不同基本偏差的孔的公差带形成的各种配合的一种制度。

基轴制中的轴称为基准轴，用 h 表示，基准轴的基本偏差为上偏差 es，且数值为零，即 es=0。下偏差为负值，其公差带偏置在零线的下侧。

基轴制配合中由于孔的基本偏差不同，形成以下的配合：

A～H/h——间隙配合；

JS～M/h——过渡配合；

N、P/h——过渡或过盈配合；

R～ZC/h——过盈配合。

3. 基准制的转换

不难发现，由于基本偏差的对称性，配合 H7/m6 和 M7/h6、H8/f7 和 F8/h7 具有相同的极限盈、隙指标，它们的配合性质相同。基准制可以转换，也称为同名配合。

2.3.5 公差与配合的选用

尺寸公差与配合的选择是机械设计与制造中的一个重要环节。它是在公称尺寸已经确定的情况下进行的尺寸精度设计。公差与配合的选择是否恰当，对产品的性能、质量、互换性及经济性有着重要的影响。选择的原则是在满足使用要求的前提下，获得最佳的技术经济效益。

公差配合的选择一般有三种方法：类比法、计算法和试验法。类比法就是通过对类似的机器和零部件进行调查研究、分析对比后，根据前人的经验来选取公差与配合。这是目前应用最多的一种方法。计算法是按照一定的理论和公式来确定需要的间隙或过盈。这种方法虽然麻烦，但比较科学，只是有时将条件理论化、简单化了，使得计算结果不完全符合实际。试验法是通过试验或统计分析来确定间隙或过盈。这种方法合理、可靠，只是代价较高，因而只应用于重要产品的设计。

1. 基准制的选择

选用基准制时，主要应从零件的结构、工业、经济等方面来综合考虑。

1）优先选用基孔制

由于选择基孔制配合的零部件生产成本低、经济效益好，因而该配合被广泛使用。由于同等精度的内孔加工比外圆加工困难、成本高，往往采用按基孔制设计与加工的钻头、扩孔钻、铰刀、拉刀等定尺寸刀具，以降低加工难度和生产成本。而加工轴则不同，一把刀具可加工不同尺寸的轴，所以从经济方面考虑优先选用基孔制。

2）特殊场合选用基轴制配合

在有些情况下，采用基轴制配合更为合理。

（1）直接采用冷拉棒料作轴，其表面不需要再进行切削加工，同样可以获得明显的经济效益（冷拉圆钢按一定的精度等级加工，其尺寸与几何误差、表面粗糙度精度达到一定精度等级标准），在农业、建筑、纺织机械中常用。

（2）有些零件由于结构上的需要，采用基轴制更合理。如图 2-11（a）所示为活塞连杆机构，根据使用要求，活塞销轴与活塞孔采用过渡配合，而连杆衬套与活塞销轴则采用间隙配合。若采用基孔制，如图 2-11（b）所示，活塞销轴将加工成台阶形状；而采用基轴制配合，如图 2-11（c）所示，活塞销轴可制成光轴。这种选择不仅有利于轴的加工，并且能够保证合理的装配质量。

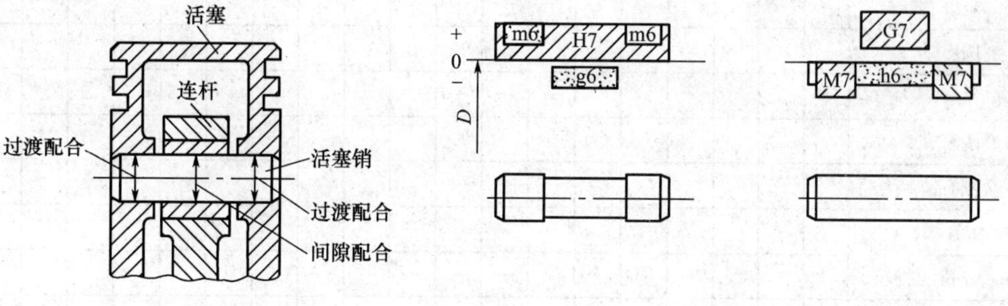

（a）　　（b）　　（c）

图 2-11　基轴制配合选择示例

3）与标准件配合

当设计的零件需要与标准件配合时，应根据标准件来确定基准制配合。例如，滚动轴承外圈与基座孔的配合应选用基轴制；在平键连接中，键和键槽的配合采用基轴制。

2. 公差等级的选择

公差等级的选择就是确定尺寸的制造精度与加工的难易程度。加工成本和工件的工作质量有关，所以在选择公差等级时，要正确处理使用要求、加工工艺及生产成本之间的关系。其选择原则：在满足使用要求的前提下，尽可能选择较低的公差等级。

公差等级的选用通常采用的方法为类比法，即参考从生产实践中总结出来的经验汇编成资料，进行比较选择。用类比法选择公差等级时，应掌握各个公差等级的应用范围和各种加工方法所能达到的公差等级，以便有所依据。表 2-3 所示为公差等级的应用范围，表 2-4 所示为各种加工方法可能达到的公差等级，表 2-5 所示为各公差等级的具体应用。

表 2-3　公差等级的应用范围

公差等级 / 应用	01	0	1	2	3	4	5	6	7	8	9	10	11	12	13	14	15	16	17	18
块规	—	—	—																	
量规			—	—	—	—	—	—	—											
配合尺寸							—	—	—	—	—	—	—	—	—					
特别精密零件				—	—	—	—													
非配合尺寸														—	—	—	—	—	—	—
原材料公差										—	—	—	—	—	—	—				

表 2-4　常用加工方法所能达到的公差等级

加工方法＼公差等级	01	0	1	2	3	4	5	6	7	8	9	10	11	12	13	14	15	16	17	18
研磨	—	—	—	—	—	—	—													
珩磨						—	—	—	—											
圆磨							—	—	—	—										
平磨							—	—	—	—										
金刚石车							—	—	—											
金刚石镗							—	—	—											
拉削							—	—	—	—										
铰孔								—	—	—	—	—								
精车精镗									—	—	—									
粗车												—	—	—						
粗镗												—	—	—						
铣										—	—	—	—							
刨、插												—	—							
钻削												—	—	—	—					
冲压												—	—	—	—	—				
滚压、挤压												—								
锻造																	—	—		
砂型铸造																—	—			
金属型铸造																—	—			
气割																	—	—	—	—

表 2-5　常用公差等级的应用

公差等级	应　用
5 级	主要用在配合公差、形状公差要求较小的地方，它的配合性质稳定，一般在机床、发动机、仪表等重要部位应用。例如，与 P5 级滚动轴承配合的箱体孔；与 P6 级滚动轴承配合的机床主轴，机床尾架与套筒，精密机械及高速机械中轴颈、精密丝杠轴颈等
6 级	配合性质能达到较高的均匀性。例如，与 P6 级滚动轴承相配合的孔、轴颈；与齿轮、蜗轮、联轴器、带轮、凸轮等连接的轴颈，机床丝杠轴颈；摇臂钻立柱；机床夹具中导向件外径尺寸；6 级精度齿轮的基准孔，7、8 级精度齿轮的基准轴颈
7 级	7 级精度比 6 级稍低，应用条件与 6 级基本相似，在一般机械制造中应用较为普遍，如联轴器、带轮、凸轮等的孔；机床夹盘座孔；夹具中固定钻套，可换钻套；7、8 级齿轮的基准孔，9、10 级齿轮的基准轴
8 级	在机器制造中属于中等精度。例如，轴承座衬套沿宽度方向尺寸，9～12 级齿轮的基准孔；11、12 级齿轮的基准轴
9、10 级	主要用于机械制造中轴套外径与孔，操纵件与轴，空轴带轮与轴，单键与花键
11、12 级	配合精度很低，装配后可能产生很大间隙，适用于基本上没有什么配合要求的场合。例如，机床上法兰盘与止口；滑块与滑移齿轮；加工中工序间尺寸、冲压加工的配合件；机床制造中的扳手孔与扳手座的连接

用类比法选择公差等级时，除参考以上各表外，还应考虑以下问题。

1）孔和轴的工艺等价性

孔和轴的工艺等价性是指将孔与轴加工难易程度视为相当。在公差等级≤8 级时，中小尺寸的孔加工比相同尺寸、相同等级的轴加工要困难，加工成本也要高些，其工艺性是不等价的。为了使组成配合的孔、轴工艺等价，其公差等级应采用优先、常用配合（见表 2-1 和表 2-2），孔、轴相差一级选用，这样就可以保证孔轴工艺等价。在实践中若有必要，仍允许同级组成配合。按工艺等价选择公差等级可参见表 2-6。

表 2-6　按工艺等价性选择轴的公差等级

要求配合	条件：孔的公差等级	轴应选用的公差等级	实　例
间隙配合、过渡配合	≤IT8	轴比孔高一级	H7/ f6
	>IT8	轴与孔同级	H9/ d9
过盈配合	≤IT7	轴比孔高一级	H7/ p6
	>IT7	轴与孔同级	H8/ s8

2）相关件与配合件的精度

例如，齿轮孔与轴的配合，它们的公差等级取决于相关齿轮的精度等级（可参阅有关齿轮的国家标准）。与滚动轴承相配合的外壳孔和轴颈的公差等级取决于相配合的滚动轴承的公差等级。

3）配合与成本

相配合的孔、轴公差等级的选择，应在满足使用要求的前提下，为了降低成本，应尽可能取低等级。例如，如图 2-12 所示的轴颈与轴套的配合，按工艺等价原则，轴套应选 7 级公差（加工成本较高），但考虑到它们在径向只要求自由装配，为较大间隙量的间隙配合，此处选择 9 级精度的轴套，有效地降低了成本。

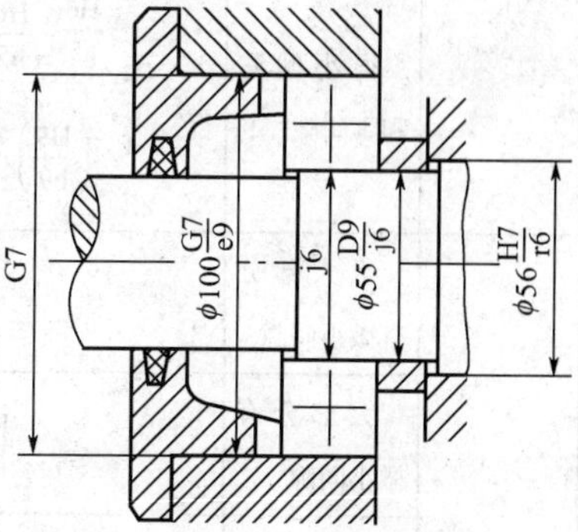

图 2-12　工艺等价性

3. 配合的选择

配合种类的选择是在确定了基准制的基础上，根据机器或部件的性能允许间隙或过盈的大小情况，选定非基准件的基本偏差代号。有的配合也同时确定基准件与非基准件的公差等级。

当孔、轴有相对运动要求时，选择间隙配合；当孔、轴无相对运动时，应根据具体工作条件的不同，确定过盈（用于传递扭矩）、过渡（主要用于精确定心）配合。确定配合类别后，首先应尽可能地选用优先配合，其次是常用配合，再次是一般配合，最后若仍不能满足要求，则可以选择其他任意的配合。

用类比法选择配合，要着重掌握各种配合的特征和应用场合，尤其是对国家标准所规定的常用与优先配合的特点要熟悉。表 2-7 所示为工件尺寸≤500mm，基孔制、基轴制优先配合的特征及应用场合。表 2-8 所示为轴的基本偏差选用说明，可供选择时参考。

表 2-7 优先配合选用说明

配合类别	配合特征	配合代号	应用
间隙配合	特大间隙	$\frac{H11}{a11}$ $\frac{H11}{b11}$ $\frac{H12}{b12}$	用于高温或工作时要求大间隙的配合
	很大间隙	$\left(\frac{H11}{c11}\right)$ $\frac{H11}{d11}$	用于工作条件较差、受力变形或为了便于装配而需要大间隙的配合和高温工作的配合
	较大间隙	$\frac{H9}{c9}$ $\frac{H10}{c10}$ $\frac{H8}{d8}$ $\left(\frac{H9}{d9}\right)$ $\frac{H10}{d10}$ $\frac{H8}{e7}$ $\frac{H8}{e8}$ $\frac{H9}{e9}$	用于高速重载的滑动轴承或大直径的滑动轴承，也可用于大跨距或多支点支承的配合
	一般间隙	$\frac{H6}{f5}$ $\frac{H7}{f6}$ $\left(\frac{H8}{f7}\right)$ $\frac{H8}{f8}$ $\frac{H9}{f9}$	用于一般转速的动配合，当温度影响不大时，广泛应用于普通润滑油润滑的支承处
	很小间隙	$\left(\frac{H7}{g6}\right)$ $\frac{H8}{g7}$	用于精密滑动零件或缓慢间歇回转的零件配合
	很小间隙和零间隙	$\frac{H6}{g5}$ $\frac{H6}{h5}$ $\left(\frac{H7}{h6}\right)$ $\left(\frac{H8}{h7}\right)$ $\frac{H8}{h8}$ $\left(\frac{H9}{h9}\right)$ $\frac{H10}{h10}$ $\left(\frac{H11}{h11}\right)$ $\frac{H12}{h12}$	用于不同精度要求的一般定位件的配合和缓慢移动与摆动零件的配合
过渡配合	绝大部分有微小间隙	$\frac{H6}{js5}$ $\frac{H7}{js6}$ $\frac{H8}{js7}$	用于易于装拆的定位配合或加紧固件后可传递一定静载荷的配合
	大部分有微小间隙	$\frac{H6}{k5}$ $\left(\frac{H7}{k6}\right)$ $\frac{H8}{k7}$	用于稍有振动的定位配合，加紧固件可传递一定载荷，装拆方便，可用木锤敲入
	大部分有微小过盈	$\frac{H6}{m5}$ $\frac{H7}{m6}$ $\frac{H8}{m7}$	用于定位精度较高且能抗振的定位配合。加键可传递较大载荷。可用铜锤敲入或小压力压入
	绝大部分有微小过盈	$\left(\frac{H7}{n6}\right)$ $\frac{H8}{n7}$	用于精度定位或紧密组合件的配合。加键能传递大力矩或冲击性载荷，只在大修时拆卸
	绝大部分有较小过盈	$\frac{H8}{p7}$	加键后能传递很大力矩，且承受振动和冲击的配合。装配后不再拆卸
过盈配合	轻型	$\frac{H6}{n5}$ $\frac{H6}{p5}$ $\left(\frac{H7}{p6}\right)$ $\frac{H6}{r5}$ $\frac{H7}{r6}$ $\frac{H8}{r7}$	用于精确的定位配合，一般不能靠过盈传递力矩，要传递力矩尚需加紧固件
	中型	$\frac{H6}{s5}$ $\left(\frac{H7}{s6}\right)$ $\frac{H8}{s7}$ $\frac{H6}{t5}$ $\frac{H7}{t6}$ $\frac{H8}{t7}$	无须加紧固件就可传递较小力矩和轴向力。加紧固件后可承受较大载荷或动载荷的配合
	重型	$\left(\frac{H7}{u6}\right)$ $\frac{H8}{u7}$ $\frac{H7}{v6}$	无须加紧固件就可传递和承受大的力矩和动载荷的配合。要求零件材料有高强度
	特重型	$\frac{H7}{x6}$ $\frac{H7}{y6}$ $\frac{H7}{z6}$	能传递与承受很大力矩和动载荷配合，须经试验后方可应用

注：① 括号内的配合为优先配合；

② 国家标准规定的 59 种基轴制配合的应用与本表中的同名配合相同。

表 2-8　轴的基本偏差选用说明

配合	基本偏差	特性及应用
间隙配合	a、b	可得到特别大的间隙，应用很少
	c	可得到很大的间隙，一般适用于缓慢、松弛的动配合，用于工作较差（或农业机械）、受力变形或为了便于装配，而必须有较大的间隙。也用于热动间隙配合
	d	适用于松的转动配合，如密封、滑轮、空转皮带轮与轴的配合，也适用于大直径滑动轴承配合，以及其他重型机械中的一些滑动支承配合。多用 IT7～IT11 级
	e	适用于要求有明显间隙，易于转动的支承配合，如大跨距支承、多支点支承等配合。高等级的 e 轴适用于大的、高速、重载支承。多用 IT7～IT9 级
	f	适用于一般转动配合，广泛用于普通润滑油（或润滑脂）润滑的轴承，如齿轮箱、小电动机、泵等的转轴与滑动支承的配合。多用 IT6～IT8 级
	g	配合间隙很小，制造成本高，除很轻负荷的精密装置外，不推荐用于转动配合。最适合不回转的精密滑动配合，也用于插销等定位配合。多用 IT5～IT7 级
	h	广泛用于无相对转动的零件，作为一般的定位配合；若没有温度、变形影响，也用于精密滑动配合。多用 IT4～IT11 级
过渡配合	js	平均间隙较小，多用于要求间隙比 h 轴小，并允许略有过盈的定位配合，如联轴节、齿圈与钢制轮毂等，一般可用手或木榔头装配。多用 IT4～IT7 级
	k	平均间隙接近于零，推荐用于要求稍有过盈的定位配合，如为了消除振动用的定位配合。一般可用木榔头装配。多用 IT4～IT7 级
	m	平均过盈较小，适用于不允许活动的精密定位配合。一般可用木榔头装配。多用 IT4～IT7 级
	n	平均过盈比 m 稍大，很少得到间隙，适用于定位要求较高且不常拆的配合，用锤或压力机装配。多用 IT4～IT7 级
过盈配合	p	用于小过盈配合。与 H6 或 H7 配合时是过盈配合，而与 H8 配合时为过渡配合。对非铁类零件，为轻的压入配合；对钢、铸铁或铜—钢组件装配，为标准压力配合。多用 IT5～IT7 级
	r	用于传递大扭矩或受冲击载荷需要加键的配合。对铁类零件，为中等打入配合；对非铁类零件，为轻的打入配合。多用 IT5～IT7 级
	s	用于钢制和铁制零件的永久性和半永久性结合，可产生相当大的结合力。用压力机或热胀冷缩法装配。多用 IT5～IT7 级
	t～z	过盈量依次增大，除 u 外，一般不推荐

选择配合时还应考虑以下几方面。

（1）载荷的大小。载荷过大，需要过盈配合的过盈量增大。对于间隙配合，要求减小间隙；对于过渡配合，要选用过盈量大的过渡配合。

（2）配合的装拆。经常需要装拆的配合比不常拆装的配合要松，有时零件虽然不常装拆，但受结构限制，装配困难的配合也要选择较松的配合。

（3）配合件的长度。若部位结合面较长，由于受几何误差的影响，实际形成的配合比结合面短的配合要紧，因此在选择配合时应适当减小过盈或增大间隙。

（4）配合件的材料。当配合件中有一件是铜或铝等塑性材料时，考虑到它们容易变形，选择配合时可适当增大过盈或减小间隙。

（5）温度的影响。当装配温度与工作温度相差较大时，要考虑热变形对配合的影响。

（6）工作条件。不同的工作情况对过盈或间隙的影响如表 2-9 所示。

如图 2-13 所示，举出了一些配合的应用实例。

表 2-9　不同的工作情况对过盈或间隙的影响

具 体 情 况	过盈增或减	间隙增或减
材料强度低	减	—
经常拆卸	减	—
有冲击载荷	增	减
工作时孔温高于轴温	增	减
工作时轴温高于孔温	减	增
配合长度增大	减	增
配合面形状和位置误差增大	减	增
装配时可能歪斜	减	增
旋转速度增高	增	增
有轴向运动	—	增
润滑油黏度增大	—	增
表面趋向粗糙	增	减
单件生产相对于成批生产	减	增

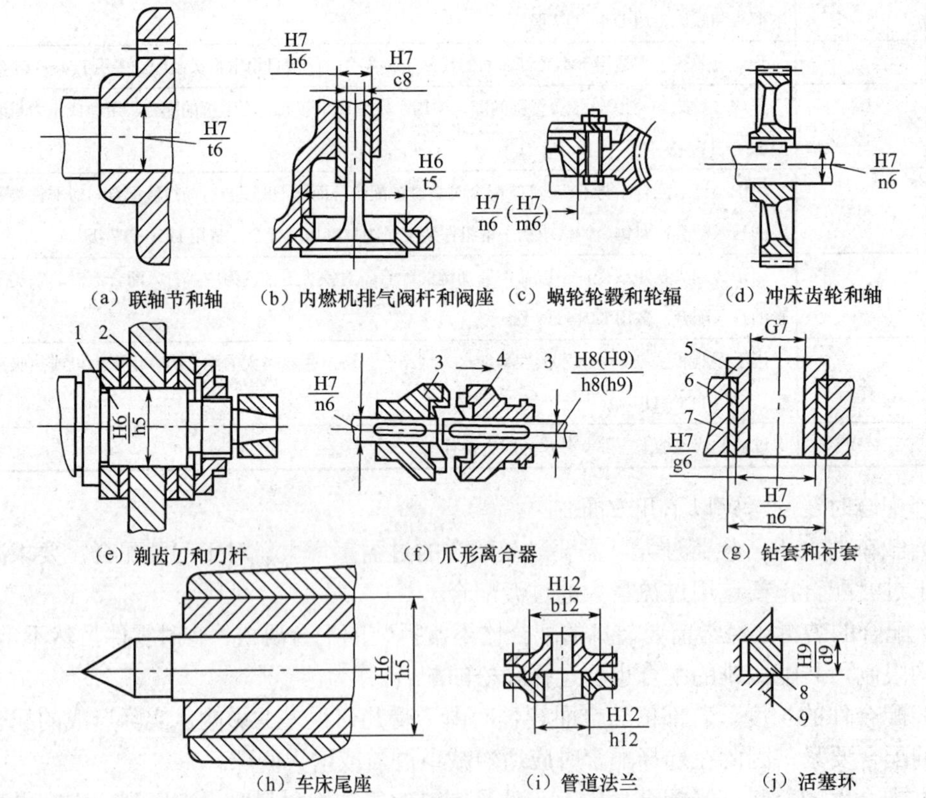

（a）联轴节和轴　（b）内燃机排气阀杆和阀座　（c）蜗轮轮毂和轮辐　（d）冲床齿轮和轴

（e）剃齿刀和刀杆　（f）爪形离合器　（g）钻套和衬套

（h）车床尾座　（i）管道法兰　（j）活塞环

1—刀杆主轴；2—剃齿刀；3—固定爪；4—移动爪；5—钻套；6—衬套；7—钻模板；8—活塞环；9—活塞

图 2-13　配合应用实例

4. 公差配合选择综合示例

【例 2-5】 锥齿轮减速器如图 2-14 所示。已知传递的功率 P=100kW，中速轴转速 n=750r/min，稍有冲击，在中小型工厂中小批生产。试选择以下四处的公差等级和配合：①联轴器 1 和输入端轴颈；②带轮 8 和输出端轴颈；③小圆锥齿轮 10 和轴颈；④套杯 4 外径和箱体 6 座孔。

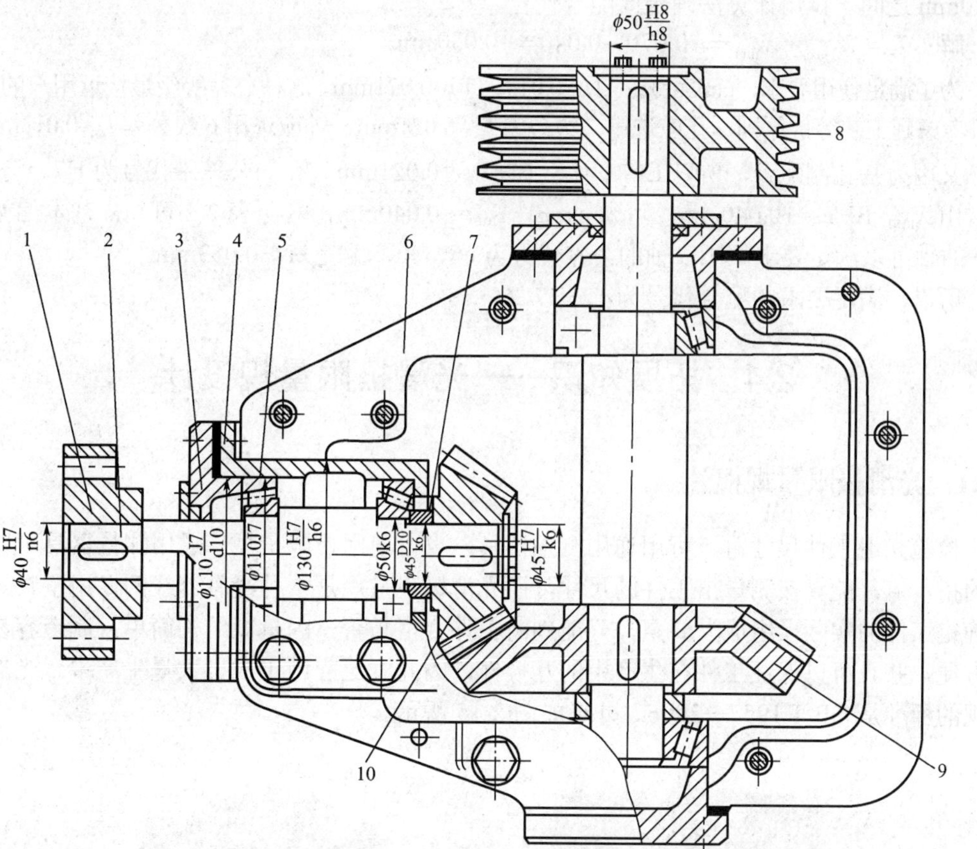

1—联轴器；2—输入轴；3—轴承盖；4—套杯；5—轴承；6—箱体；7—套筒；8—带轮；9—大圆锥齿轮；10—小圆锥齿轮

图 2-14　锥齿轮减速器

解： 由于四处配合无特殊的要求，所以优先采用基孔制。

（1）联轴器 1 是用精制螺栓连接的固定式刚性联轴器，为防止偏斜引起附加载荷，要求对中性好，联轴器是中速轴上的重要配合件，无轴向附加定位装置，结构上采用紧固件，故选用过渡配合ϕ40H7/m6 或ϕ40H7/n6。

（2）带轮 8 和输出端轴颈配合和上述配合比较，因是挠性件传动，故定心精度要求不高，且又有轴向定位件，为便于装卸可选用 H8/h7（h8、js7、js8），本例选用ϕ50H8/h8。

（3）小圆锥齿轮 10 内孔和轴颈是影响齿轮传动的重要配合，内孔公差等级由齿轮精度决定，一般减速器齿轮精度为 8 级，故基准孔为 IT7。传递负载的齿轮和轴的配合，为保证齿轮的工作精度和啮合性能，要求准确对中，一般选用过渡配合加紧固件，可供选用的配合有 H7/js6（k6、m6、n6，甚至 p6、r6），至于采用哪种配合，主要考虑装卸要求、载荷大小、有无冲击振动、转速高低、批量生产等。此处是为中速、中载、稍有冲击、小批量生产，故选用ϕ40H7/k6。

（4）套杯 4 外径和箱体孔配合是影响齿轮传动性能的重要部位，要求准确定心。但考虑到为调整锥齿轮间隙而轴向移动的要求，为便于调整，故选用最小间隙为零的间隙定位配合ϕ130H7/h6。

【例 2-6】 有一基孔制的孔、轴配合，其基本尺寸为ϕ25mm，要求配合间隙在 0.04～0.070mm 之间。试用计算法确定此配合代号。

解： $T_F = X_{max} - X_{min} = +0.070 - 0.040 = +0.030\ \text{mm}$

为了满足使用要求，查表可知：IT6=0.013，IT7=0.021mm。这种公差等级最接近用户的要求，同时考虑到工艺等价原则，孔应选用 7 级公差T_h=0.021mm，轴应选用 6 级公差T_s=0.013mm。

又因为基孔制配合，所以 EI=0，ES=EI+T_h=+0.021mm。孔的公差带代号为 H7。

由 X_{min}=EI−es=+0.040mm，可知 es=EI−X_{min}=−0.040mm，对照表 2-2 可知，基本偏差代号为 e 的轴可以满足要求。所以轴的公差代号为 e6。其下偏差 ei=−0.053mm。

所以，满足要求的配合代号为ϕ25H7/e6。

2.4 拓展知识——光滑极限量规设计

2.4.1 光滑极限量规概述

检验光滑工件尺寸时，可用通用测量器具，也可使用极限量规。通用测量器具可以有具体的指示值，能直接测量出工件的尺寸，而光滑极限量规是一种没有刻线的专用量具，它不能确定工件的实际（组成）要素，只能判断工件合格与否。因量规结构简单，制造容易，使用方便，并且可以保证工件在生产中的互换性，因此广泛应用于成批大量生产中。光滑极限量规的标准是 GB/T 1957—2006。外形如图 2-15 所示。

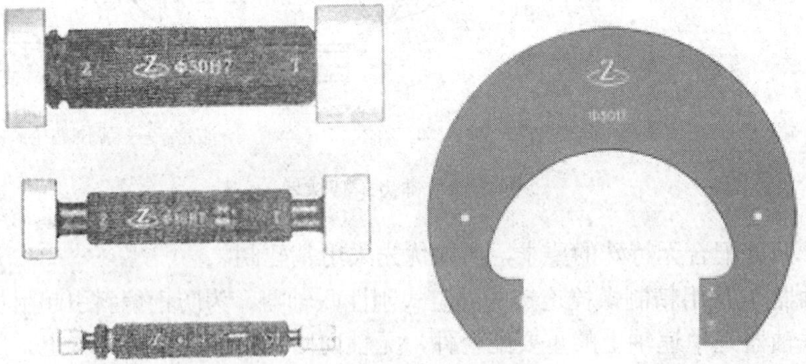

a 塞规　　　　b 卡规

图 2-15　量规外形结构

光滑极限量规有塞规和卡规之分，无论塞规和卡规都有通规和止规，且它们成对使用。塞规是孔用极限量规，它的通规是根据孔的下极限尺寸确定的，作用是防止孔的作用尺寸小于孔的下极限尺寸；止规是按孔的上极限尺寸设计的，作用是防止孔的实际（组成）要素大于孔的上极限尺寸，如图 2-16 所示。

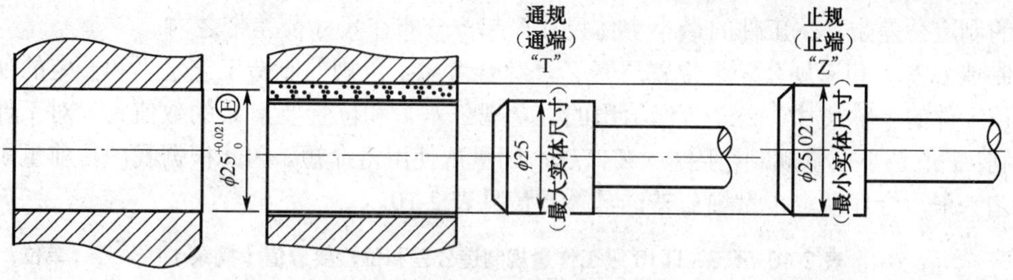

图 2-16　塞规检验孔

卡规是轴用量规，它的通规是按轴的最上极限尺寸设计的，其作用是防止轴的作用尺寸大于轴的上极限尺寸；止规是按轴的下极限尺寸设计的，其作用是防止轴的实际（组成）要素小于轴的下极限尺寸，如图 2-17 所示。

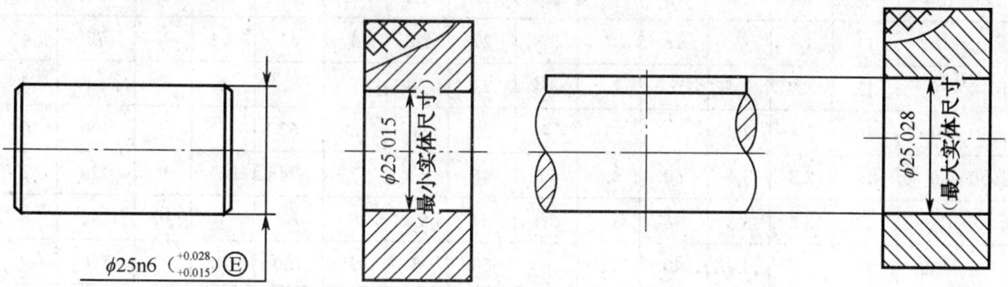

图 2-17　环规检验轴

2.4.2　量规公差带设计

1. 工作量规

1）量规制造公差

量规的制造精度比工件高得多，但量规在制造过程中，不可避免会产生误差，因而对量规规定了制造公差。通规在检验零件时，要经常通过被检验零件，其工作表面会逐渐磨损以至报废。为了使通规有一个合理的使用寿命，还必须留有适当的磨损量。因此通规公差由制造公差（T）和磨损公差两部分组成。

止规由于不经常通过零件，磨损极少，所以只规定了制造公差。

量规设计时，以被检验零件的极限尺寸作为量规的公称尺寸。

图 2-18 所示为光滑极限量规公差带图。标准规定量规的公差带不得超越工件的公差带。

通规尺寸公差带的中心到工件最大实体尺寸之间的距离 Z（称为公差带位置要素）体现了通规的平均使用寿命。通规在使用过程中会逐渐磨损，所以在设计时应留出适当的磨损储量，其允许磨损量以工件的最大实体尺寸为极限；

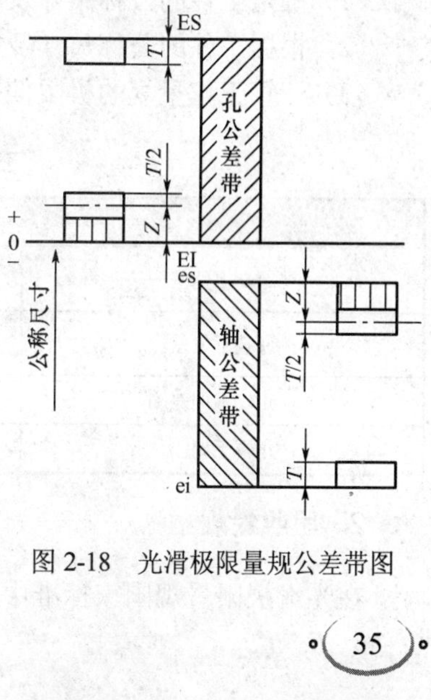

图 2-18　光滑极限量规公差带图

止规的制造公差带是从工件的最小实体尺寸算起，分布在尺寸公差带之内。

制造公差 T 和通规公差带位置要素 Z 是综合考虑了量规的制造工艺水平和一定的使用寿命，按工件的公称尺寸、公差等级给出的。量规公差 T 和位置要素 Z 的数值大，对工件的加工不利；T 值越小则量规制造困难，Z 值越小则量规使用寿命短。因此根据我国目前量规制造的工艺水平，合理规定了量规公差，具体数值见表 2-10。

表 2-10　IT6～IT16 级工作量规制造公差和位置要素值（摘录）　　单位：μm

工件基本尺寸 D /mm	IT6			IT7			IT8			IT9			IT10		
	IT6	T	Z	IT7	T	Z	IT8	T	Z	IT9	T	Z	IT10	T	Z
至 3	6	1	1	10	1.2	1.6	14	1.6	2	25	2	3	40	2.4	4
大于 3～6	8	1.2	1.4	12	1.4	2	18	2	2.6	60	2.4	4	48	3	5
大于 6～10	9	1.4	1.6	15	1.8	2.4	22	2.4	3.2	36	2.8	5	58	3.6	6
大于 10～18	11	1.6	2	18	2	2.8	27	2.8	4	43	3.4	6	70	4	8
大于 18～30	13	2	2.4	2	2.4	3.4	33	3.4	5	52	4	7	84	5	9
大于 30～50	16	2.4	2.8	25	3	4	39	4	6	62	5	8	100	6	11
大于 50～80	19	2.8	3.4	60	3.6	4.6	46	4.6	7	74	6	9	120	7	13
大于 80～120	22	3.2	3.8	35	4.2	5.4	54	5.4	8	87	7	10	140	8	15
大于 120～180	25	3.8	4.4	40	4.8	6	63	6	9	100	8	12	160	9	18
大于 180～250	29	4.4	5	46	5.4	7	72	7	10	115	9	14	185	10	20
大于 250～315	32	4.8	5.6	52	6	8	81	8	11	130	10	16	320	12	22
大于 315～400	36	5.4	6.2	57	7	9	89	9	12	140	11	18	230	14	25
大于 400～500	40	6	7	63	8	10	97	10	14	155	12	20	250	16	28

国家标准规定的工作量规的几何误差，应在工作量规制造公差范围内，其几何公差为量规尺寸公差的 50%，考虑到制造和测量的困难，当量规制造公差≤0.002mm 时，其几何公差为 0.001mm。

2）量规极限偏差的计算步骤

（1）确定工件的公称尺寸及极限偏差。

（2）根据工件的公称尺寸及极限偏差确定工作量规制造公差 T 和位置要素值 Z。

（3）计算工作量规的极限偏差，见表 2-11。

表 2-11　工作量规极限偏差的计算

	检验孔的量规	检验轴的量规
通端上偏差	$T_s = EI + Z + \frac{T}{2}$	$T_{sd} = es - Z + \frac{T}{2}$
通端下偏差	$T_i = EI + Z - \frac{T}{2}$	$T_{id} = es - Z - \frac{T}{2}$
止端上偏差	$Z_s = ES$	$Z_{sd} = ei + T$
止端下偏差	$Z_i = ES - T$	$Z_{id} = ei$

2. 验收量规

在光滑极限量规国家标准中，没有单独规定验收量规公差带，但规定了检验部门应使用磨损较多的通规，用户代表应使用接近工件最大实体尺寸的通规，以及接近工件最小实体尺寸的止规。

3. 校对量规公差

校对量规的尺寸公差带完全位于被校对量规的制造公差和磨损极限内：校对量规的尺寸公差等于被校对量规尺寸公差的一半，形状误差应控制在其尺寸公差带内。

2.4.3　量规结构设计

进行量规设计时，应明确量规设计原则，合理选择量规的结构，然后根据被测工件的尺寸公差带计算出量规的极限偏差并绘制量规的公差带图及量规的零件图。

光滑极限量规的设计应符合极限尺寸判断原则（泰勒原则），根据这一原则，通规应设计成全形的，即其测量面应具有与被测孔或轴相应的完整表面，其尺寸应等于被测孔或轴的最大实体尺寸，其长度应与被测孔或轴的配合长度一致；止规应设计成两点式的，其尺寸应等于被测孔或轴的最小实体尺寸。

但在实际应用中，极限量规常偏离上述原则。例如，为了用已标准化的量规，允许通规的长度小于结合面的全长；对于尺寸大于 100mm 的孔，用全形塞规通规很笨重，不便使用，允许用不全形塞规；环规通规不能检验正在顶尖上加工的工件及曲轴，允许用卡规代替；检验小孔的塞规止规，为了便于制造常用全形塞规。

检验光滑工件的光滑极限量规型式很多，具体选择时可参照国标推荐，如图 2-19 所示。图中推荐了不同尺寸范围的不同量规型式，左边纵向的“1”、“2”表示推荐顺序，推荐优先用“1”行。零线上为通规，零线下为止规。

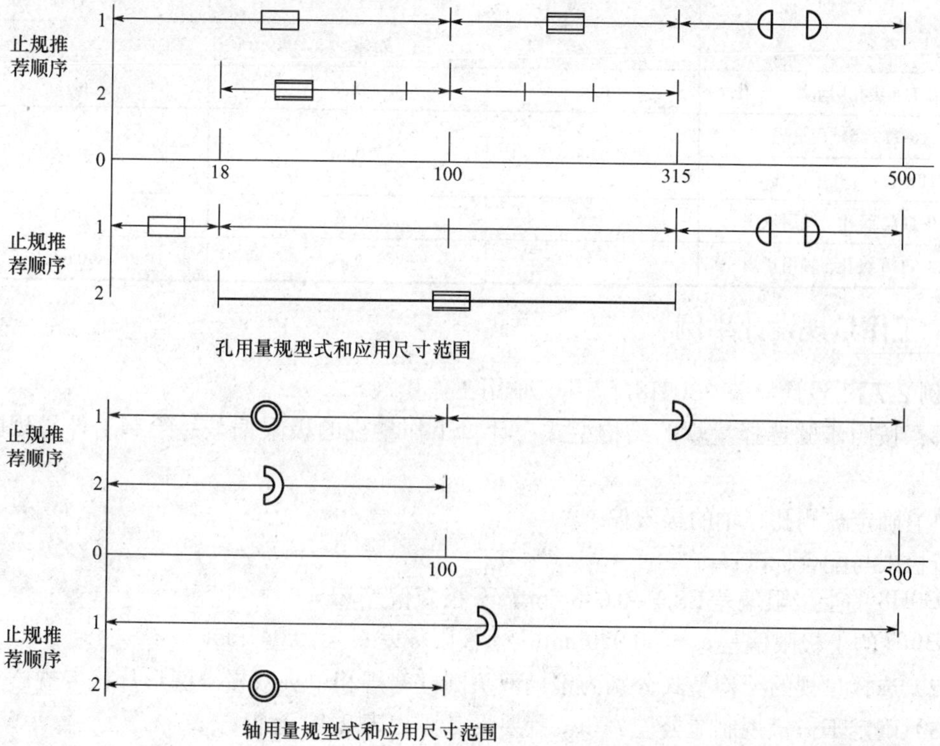

图 2-19　量规型式和应用尺寸范围

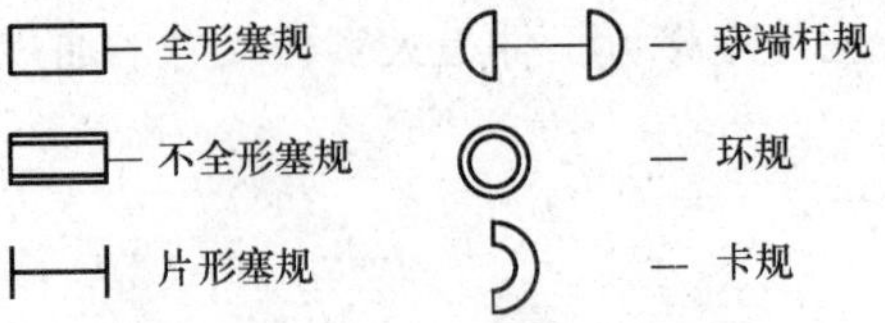

图 2-19　量规型式和应用尺寸范围（续）

在 GB/T 1957—2006《光滑极限量规　技术条件》中，对于孔、轴的光滑极限量规的结构、通用尺寸、适用范围、使用顺序都做了详细的规定和阐述，设计可参考有关手册，选用量规结构型式时，同时必须考虑工件结构、大小、产量和检验效率等。

2.4.4　量规其他技术要求

工作量规的形状误差应在量规的尺寸公差带内，形状公差为尺寸公差的 50%，但形状公差小于 0.001mm 时，由于制造和测量都比较困难，形状公差都规定为 0.001mm。

量规测量面的材料可用淬火钢（合金工具钢、碳素工具钢等）和硬质合金，也可在测量面上镀以耐磨材料，测量面的硬度应为 58～65HRC。

量规测量面的表面粗糙度主要是从量规的使用寿命、工件表面粗糙度及量规制造的工艺水平考虑。一般量规工作面的表面粗糙度应比被检工件的表面粗糙度要求严格些，量规测量面的表面粗糙度要求可参照表 2-12 选用。

表 2-12　量规测量表面粗糙度

工作量规	工件公称尺寸　/mm		
	至 120	大于 120～315	大于 315～500
	Ra 最大允许值/μm		
IT6 级孔用量规	0.04	0.08	0.16
IT6~IT9 级轴用量规	0.08	0.16	0.32
IT7~IT9 级孔用量规			
IT10~IT12 级孔、轴用量规	0.16	0.32	0.63
IT13~TI16 级孔、轴用量规	0.32	0.63	0.63

2.4.5　工作量规设计举例

【例 2-7】　设计检验 $\phi 30\,\mathrm{H8/f7}$ 孔、轴用工作量规。

解： 按照步骤选择量规的结构型式；计算工作量规的极限偏差；绘制工件量规的公差带图。

（1）确定被测孔、轴的极限偏差。

查极限与配合标准：

$\phi 30\mathrm{H8}$ 的上极限偏差 $\mathrm{ES}=+0.033\mathrm{mm}$，下极限偏差 $\mathrm{EI}=0$；

$\phi 30\mathrm{f7}$ 的上极限偏差 $\mathrm{es}=-0.020\mathrm{mm}$，下极限偏差 $\mathrm{ei}=-0.041\mathrm{mm}$。

（2）选择量规的结构型式分别为锥柄双头圆柱塞规和单头双极限圆形片状卡规。

（3）确定工作量规制造公差 T 和位置要素 Z。由表 2-10 查得：

塞规：$T=0.0034\mathrm{mm}$，$Z=0.005\mathrm{mm}$

卡规：$T = 0.0024\text{mm}$，$Z = 0.0034\text{mm}$

（4）计算工作量规的极限偏差。

① ϕ30H8 孔用塞规。

通规　　上极限偏差$= \text{EI} + Z + \dfrac{T}{2} = \left(0 + 0.005 + \dfrac{0.0034}{2}\right)\text{mm} = +0.0067\text{mm}$

　　　　下极限偏差$= \text{EI} + Z - \dfrac{T}{2} = \left(0 + 0.005 - \dfrac{0.0034}{2}\right)\text{mm} = +0.0033\text{mm}$

磨损极限$= \text{EI} = 0$。所以塞规通端尺寸为$\phi 30^{+0.0067}_{+0.0033}\text{mm}$，磨损极限尺寸为$\phi 30\text{mm}$。

止规　　上极限偏差$= \text{ES} = +0.033\text{mm}$

下极限偏差$= \text{ES} - T = (+0.033 - 0.0034)\text{mm} = 0.0296\text{mm}$

所以塞规止端尺寸为$\phi 30^{+0.0330}_{+0.0296}\text{mm}$。

② ϕ30f7 轴用卡规。

通规　　上极限偏差$= \text{es} - Z + \dfrac{T}{2} = \left(-0.020 - 0.0034 + \dfrac{0.0024}{2}\right)\text{mm} = -0.0222\text{mm}$

　　　　下极限偏差$= \text{es} - Z - \dfrac{T}{2} = \left(-0.020 - 0.0034 - \dfrac{0.0024}{2}\right)\text{mm} = -0.0246\text{mm}$

磨损极限$= \text{es} = -0.020\text{mm}$。所以卡规通端尺寸为$30^{-0.0222}_{-0.0246}\text{mm}$，磨损极限尺寸为 29.980mm。

止规　　上极限偏差$= \text{ei} + T = (-0.041 + 0.0024)\text{mm} = -0.0386\text{mm}$

　　　　下极限偏差$= \text{ei} = -0.041\text{mm}$

所以卡规止端尺寸为$30^{-0.0386}_{-0.0410}\text{mm}$。

（5）绘制工作量规的工作简图，如图 2-20 所示。

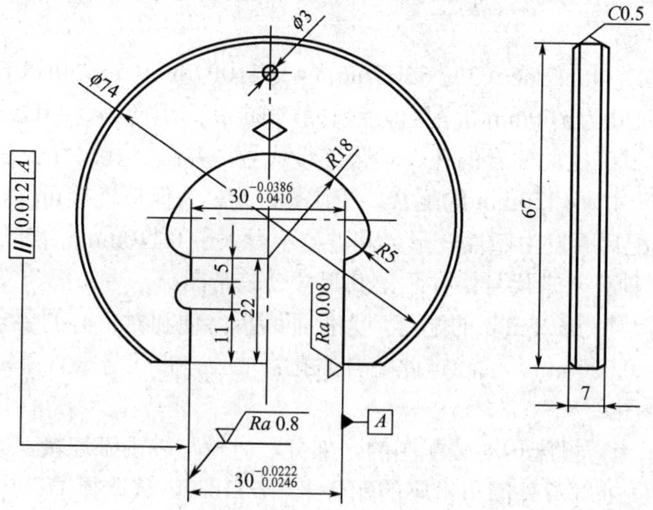

(a)

图 2-20　量规工作简图

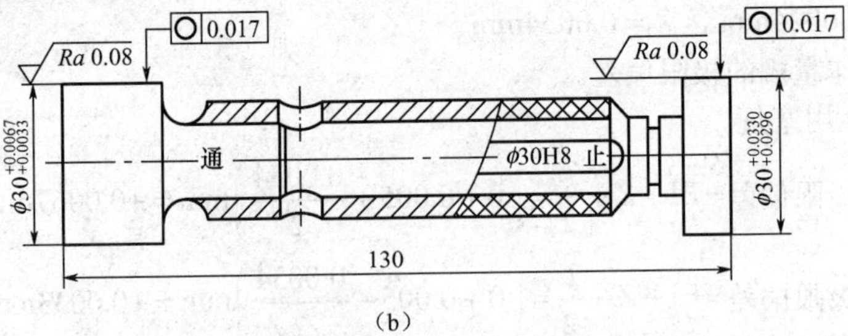

图 2-20　量规工作简图（续）

习题

1．按表 2-13 中给出的数值，计算表中空格的数值，并将计算结果填入相应的空格内（单位为 mm）。

表 2-13

基本尺寸	最大极限尺寸	最小极限尺寸	上偏差	下偏差	公差
孔ϕ8	8.040	8.025			
轴ϕ60			−0.060		0.046
孔ϕ30		30.020			0.100
轴ϕ50			−0.050	−0.112	

2．查表确定下列各孔、轴公差带的极限偏差，画出公差带图，说明配合性质及基准制，并计算极限盈隙值。

（1）ϕ85H7/g6；（2）ϕ45N7/h6；（3）ϕ65H7/u6；（4）ϕ110P7/h6；（5）ϕ50H8/js7；（6）ϕ40H8/h8。

3．设有一公称尺寸为ϕ60mm 的配合，经计算确定其间隙应为（0.025～0.110）mm，若已决定采用基孔制，试确定此配合的孔、轴公差带代号，并画出其尺寸公差带图。

4．设有一公称尺寸为ϕ110mm 的配合，经计算确定，为保证连接可靠，其过盈不得小于 0.040mm；为保证装配后不发生塑性变形，其过盈不得大于 0.110mm。若已决定采用基轴制，试确定此配合的孔、轴公差带代号，并画出其尺寸公差带图。

5．设有一公称尺寸为ϕ25mm 的配合，为保证装拆方便和对中心的要求，其最大间隙和最大过盈均不得大于 0.020mm。试确定此配合的孔、轴公差带代号（含基准制的选择分析），并画出其尺寸公差带图。

6．图 2-21 所示为一机床传动装配图的一部分，齿轮与轴由键连接，③处轴承内圈与轴的配合采用ϕ50k6，④处轴承外圈与机座的配合采用ϕ110J7，试选择①、②、⑤处的配合制、公差等级和配合种类，并将配合代号标注在图上。

7．光滑极限量规有何特点？

8．光滑极限量规的设计原则是什么？

9．孔、轴用工作量规公差带的布置有何特点？

10．试设计ϕ25H7/n6 配合的孔、轴工作量规的极限偏差，并画出尺寸公差带图。

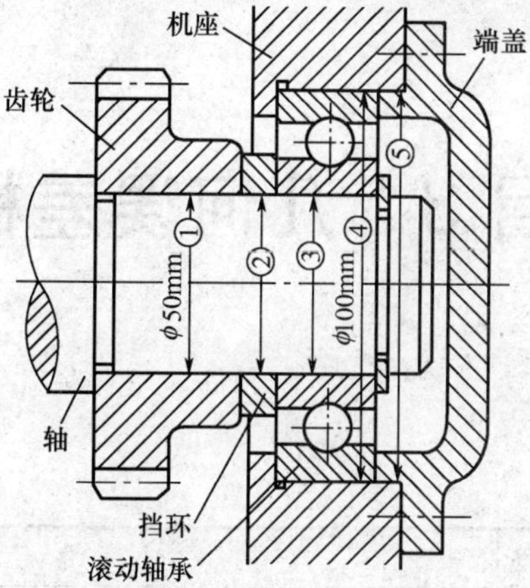

图 2-21

项目3　几何误差检测

学习情境设计

序　　号	情境（课时）	主要内容
1	任务 0.6	1．提出几何误差（平行度、垂直度、圆跳动、同轴度、对称度）测量任务（根据图3-1～图3-3）； 2．分析零件几何公差要求
2	信息 3.5	1．介绍直线度、圆度、圆柱度、基准、平行度、垂直度、对称度、圆跳动、同轴度等形位公差含义及标注； 2．认识百分表、千分表、平板、V形铁、偏摆仪等测量器具的规格及使用方法； 3．几何误差的测量方法
3	计划 0.6	1．根据被测要素，确定检测部位和测量次数； 2．确定平行度、垂直度、圆跳动、同轴度、平面度的测量方案
4	实施 4.0	1．清洁被测零件和计量器具的测量面； 2．选择合适的计量器具并正确安装； 3．调整与校正计量器具； 4．记录数据，处理数据
5	检查 0.8	1．任务的完成情况； 2．复查，交叉互检
6	评估 0.5	1．分析整个工作过程，对出现的问题进行修改并优化； 2．判断被测要素的合格性； 3．出具测量报告，资料存档

3.1　任务提出

本项目任务如图3-1～图3-3所示。

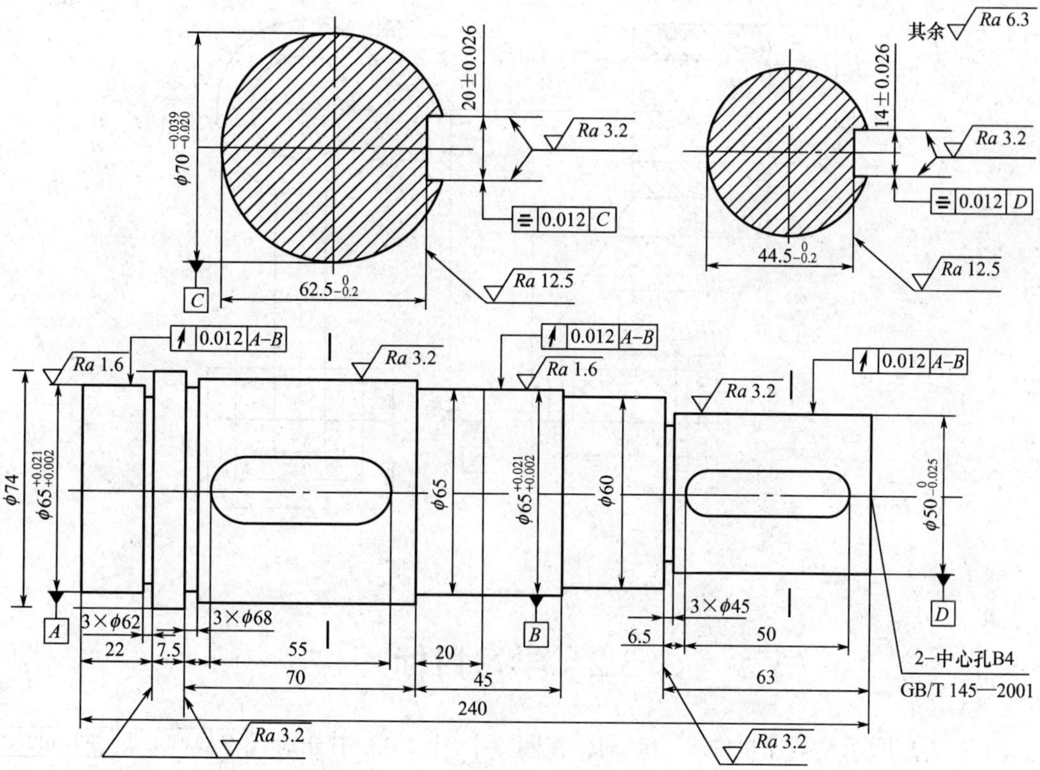
其余 Ra 6.3
20±0.026
Ra 3.2
≡ 0.012 C
φ70 −0.020 −0.039
C
62.5 0 −0.2
Ra 12.5
14±0.026
Ra 3.2
≡ 0.012 D
44.5 0 −0.2
Ra 12.5
↗ 0.012 A−B
Ra 1.6
Ra 3.2
Ra 1.6
Ra 3.2
φ74
φ65 +0.021 +0.002
A
3×φ62
3×φ68
φ65
φ65 +0.021 +0.002
B
φ60
3×φ45
φ50 0 −0.025
D
22
7.5
55
20
6.5
50
70
45
63
240
2-中心孔B4
GB/T 145—2001
Ra 3.2
Ra 3.2

图 3-1 轴 1

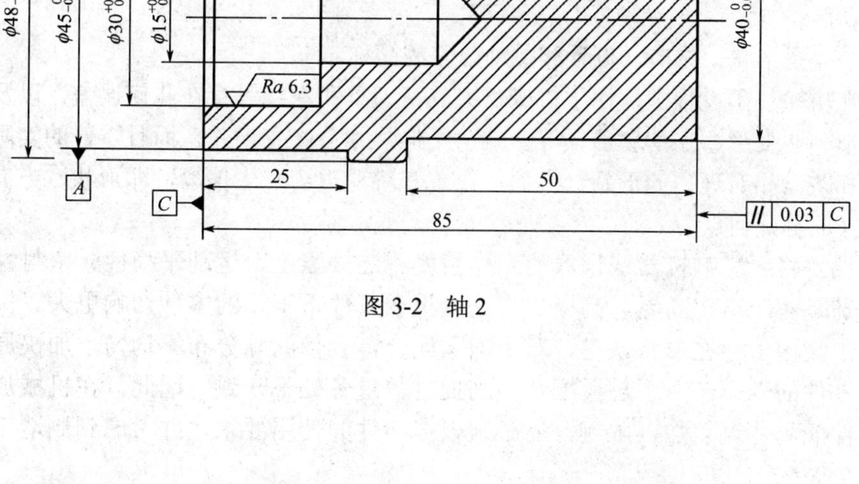
◎ φ0.025 B
其余 Ra 12.5
20 +0.1 0
20
↗ 0.02 A
Ra 6.3
B
Ra 3.2
C1.5
φ48 0 −0.1
φ45 0 −0.039
φ30 +0.052 0
φ15 +0.07 0
φ40 0 −0.039
Ra 6.3
A
25
50
C
85
// 0.03 C

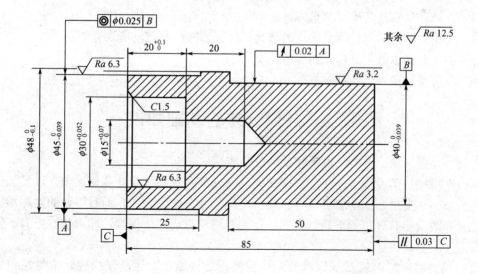

图 3-2 轴 2

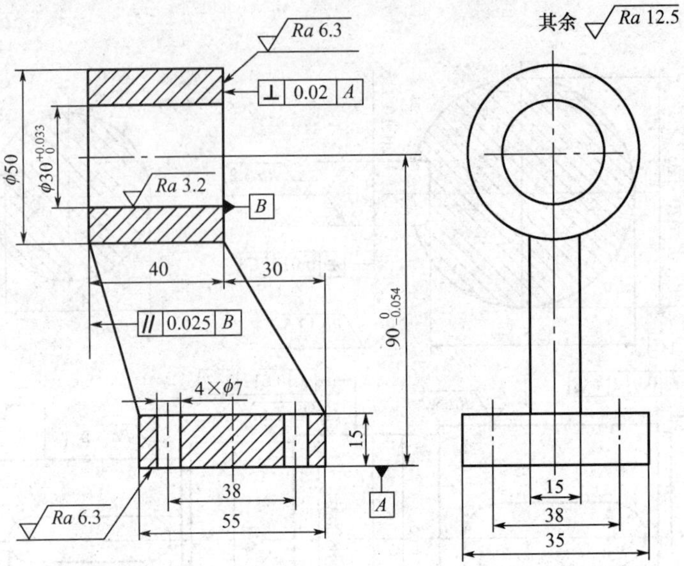

图 3-3　支架

3.2　学习目标

如图 3-1 所示是减速机中一传动轴，在图 3-1～图 3-3 中分别有[// | 0.03 | C]、[⌯ | 0.012 | C]、[↗ | 0.02 | A]、[◎ | ϕ0.025 | B]、[⊥ | 0.02 | A] 等标注，请同学们从以下几方面进行学习。

（1）分析图纸，搞清楚精度要求。

（2）查阅相关国家计量标准，理解上述标注含义。

（3）选择计量器具，确定测量方案。

（4）使用哪些计量器具测量零件的形状、位置、方向和跳动等误差？

（5）如何对计量器具进行保养与维护？

（6）填写检测报告与处理数据。

3.3　几何公差的基础知识

几何公差是形状、方向、位置和跳动公差的简称。

零件在机械加工过程中，由于机床、夹具、刀具和系统等存在几何误差，以及加工中出现受力变形、热变形、振动和磨损等影响，不但尺寸会产生误差，而且零件的实际形状、方向、位置和跳动相对理想的形状、方向、位置和跳动也会产生偏离，即形状、方向、位置和跳动误差（简称几何误差）。

几何误差将会影响机器或仪器的工作精度、连接强度、运动平稳性、密封性和使用寿命等，特别是对经常在高温、高压、高速及重载条件下工作的零件影响更大。例如，孔与轴的配合中，由于存在形状误差，对于间隙配合，会使间隙分布不均匀，加快局部磨损，从而降低零件的寿命；对于过盈配合，则使过盈量各处不一致。因此，在机械加工中，不但要对零件的尺寸误差加以限制，还必须根据零件的使用要求，并考虑到制造工艺性和经济性，规定出合理的几何误差变动范围，即形状、方向、位置和跳动公差（几何公差），以确保零件的使用性能。

3.3.1　零件的几何要素和分类

几何要素是指构成零件几何特征的点、线、面，是几何公差的研究对象。如图 3-4 所示，零件的球面、圆锥面、端面、圆柱面、球心、轴线、素线、顶尖点等都为该零件的几何要素。几何要素可从不同角度进行分类。

（1）按几何结构特征分为组成要素和导出要素。组成要素是构成零件内外表面的要素，如图 3-4 中的球面、圆锥面、圆柱面素线、圆锥面素线和顶尖点等；导出要素是组成要素的对称中心所表达的要素，如图 3-4 中的球心、轴线等。

（2）按存在状态分为理想要素和实际要素。图纸上给定的点、线、面的理想状态，即为理想要素；零件实际存在的要素称为实际要素，即加工后得到的要素。零件在加工时，由于种种原因会产生几何误差，测量时由提取要素来代替。由于测量误差存在，故提取要素并非要素的真实情况。

（3）按在几何公差中所处的地位分为被测要素和基准要素。零件上给出形状、方向、位置和跳动要求的要素，称为被测要素，如图 3-5 中左段外圆和 ϕd_2 圆柱面的轴线为被测要素；基准要素是用来确定被测要素方向或位置等的要素。理想基准要素简称为基准，如图 3-5 中 ϕd_1 圆柱面的轴线。

（4）按功能关系分为单一要素和关联要素。仅对被测要素本身给出形状要求的要素即为单一要素，如图 3-5 中 ϕd_1 的圆柱面为单一要素；关联要素是与零件上其他要素有功能关系的要素。所谓功能关系，是指要素间具有某种确定的方向和位置关系。如图 3-5 中 ϕd_2 圆柱的轴线给出了与 ϕd_1 圆柱同轴度的功能要求。

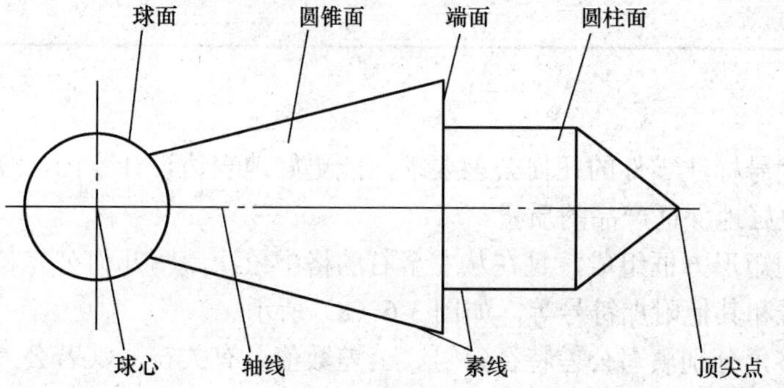

图 3-4　几何要素

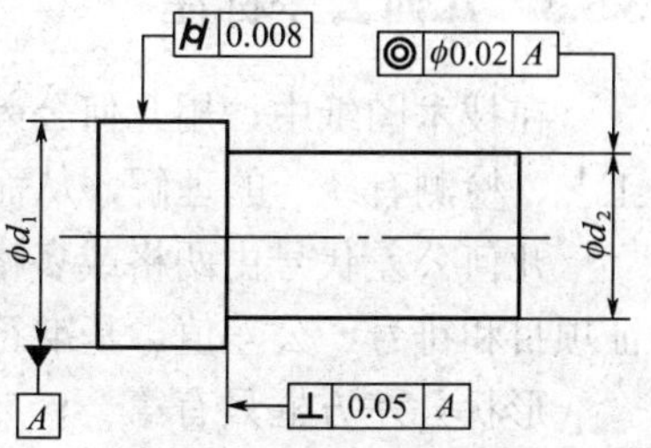

图 3-5　几何要素示例

3.3.2　几何公差特征项目和符号

几何公差分为形状公差、方向公差、位置公差和跳动公差四大类。国家标准 GB/T 1182—2008 规定了几何公差特征项目和符号共 19 项，如表 3-1 所示。有时需要对几何公差做进一步的要求，此时需应用附加符号。各附加符号的应用将在后述项目中予以说明。

表 3-1　几何公差特征项目和符号（GB/T1182—2008）

公差类型	几何特征	符　号	有无基准
形状公差	直线度	⏤	无
	平面度	⏥	无
	圆度	○	无
	圆柱度	⌭	无
	线轮廓度	⌒	有或无
	面轮廓度	⌓	有或无
方向公差	平行度	//	有
	垂直度	⊥	有
	倾斜度	∠	有
	线轮廓度	⌒	有
	面轮廓度	⌓	有
位置公差	位置度	⌖	有或无
	同心度（用于中心点）	◎	有
	同轴度（用于轴线）	◎	有
	线轮廓度	⌒	有
	面轮廓度	⌓	有
	对称度	⌯	有
跳动公差	圆跳动	↗	有
	全跳动	⌰	有

3.3.3　几何公差标注

在技术图纸中，用几何公差代号标注零件的几何公差要求，能更好地表达设计意图，使工艺、检测有统一的理解，从而更好地保证产品的质量。

几何公差代号由两格或多格的矩形方框组成，且在从左至右的格中依次填写几何公差特征项目和符号、公差值、基准符号和其他附加符号等，如图 3-6（a）所示。

形状公差方框只有第一、二格，分别填写公差特征符号、公差数值及有关符号（若公差带是圆形或圆柱形的直径则公差值前加注ϕ；若为球形公差带则加注 S。方向、位置和跳动公差方框根据功能要求可增至三到五格，用来填写表示基准或基准体系的字母和有关符号。当一个以上要素作为被测要素时，如 6 个要素，应在框格上方标明，如“6×”、“6 槽”。另外，对同一要素有一个以上的公差项目要求时，可将一个框格放在另一个框格的下面。

1. 被测要素的标注

被测要素由指引线与几何公差代号相连。指引线用细实线，可用折线，弯折不能超过两次。其一端接方框，另一端画上箭头，并垂直指向被测要素或其延长线。当箭头正对尺寸线时，被测要素是导出要素，否则为组成要素，如图 3-6（b）所示。

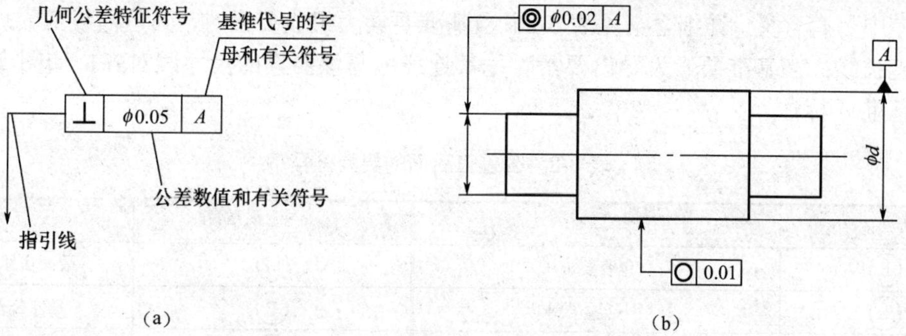

图 3-6　几何公差代号及标注

当多个被测要素有相同的几何公差（单项或多项）要求时，可以在从框格引出的指引线上绘制多个指示箭头，并分别与被测要素相连，如图 3-7（a）所示。用同一公差带控制几个被测要素时，应在公差框格上注明“共面”或“共线”，如图 3-7（b）所示。

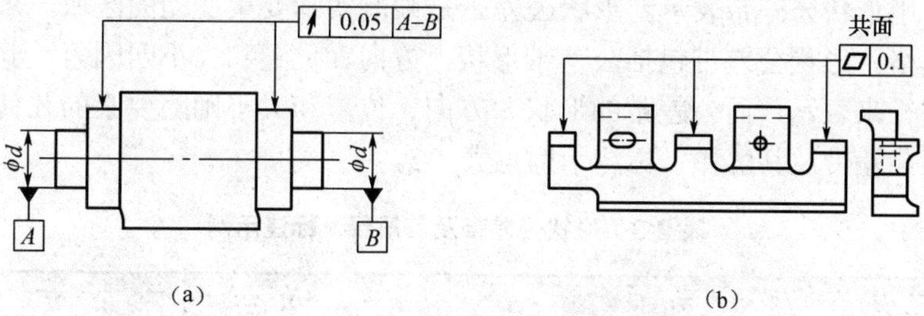

图 3-7　不同要素有相同要求

当同一个被测要素有多项几何公差要求，其标注方法又一致时，可将这些框格绘制在一起，并引用一根指引线，如图 3-8 所示。

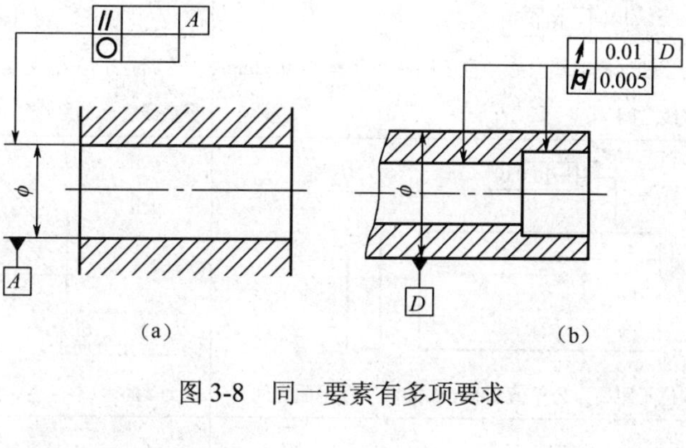

图 3-8　同一要素有多项要求

2. 基准要素的标注

零件若有方向、位置和跳动公差要求，在图纸上必须标明基准代号，并在方框中注出基准代号的字母。如图 3-9 所示，基准代号由黑色实体或空心三角形、连线和带大写字母的方框组成。

图 3-9　基准代号及标注

无论基准代号的方向如何，其字母必须水平填写，不得采用大写字母 E、I、J、M、O、P、R，因为大写字母 E、I、J、M、P、R 在几何公差中另有含义，详细含义见表 3-2。当基准要素为组成要素时，其短横线应靠近组成要素或其延长线；当基准要素为导出要素时，其连线应与该要素的尺寸线对齐，如图 3-6（b）所示的基准 *A* 标注。

表 3-2　公差值后面的要素符号

标注大写的字母	含　义	标注大写的字母	含　义
Ⓔ	包容要求	Ⓜ	最大实体要求
Ⓛ	最小实体要求	Ⓟ	延伸公差带
Ⓕ	自由状态条件（非刚性零件）	Ⓡ	可逆要求

3.3.4　形状公差

1. 形状公差与公差带

形状公差用形状公差带表示。形状公差带是限制实际要素变动的区域，零件实际要素在该区域内为合格。形状公差带包括公差带形状、方向、位置和大小四因素。其公差值用公差带的宽度或直径来表示，而公差带的形状、方向、位置和大小则随要素的几何特征及功能要求而定。形状公差带及其解释、标注示例见表 3-3。

表 3-3　形状公差带及其解释、标注示例

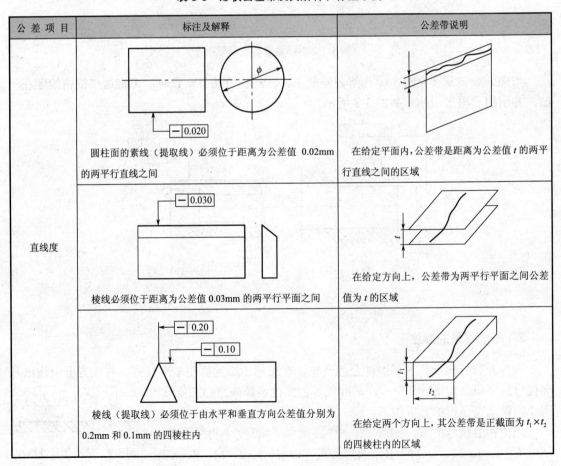

公 差 项 目	标注及解释	公差带说明
直线度	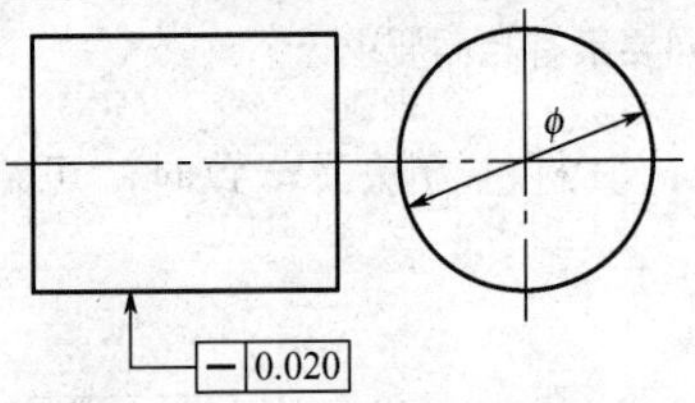 圆柱面的素线（提取线）必须位于距离为公差值 0.02mm 的两平行直线之间	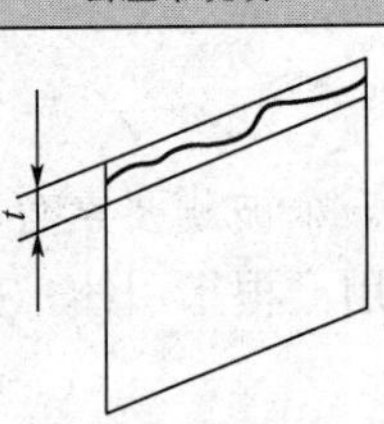 在给定平面内，公差带是距离为公差值 *t* 的两平行直线之间的区域
	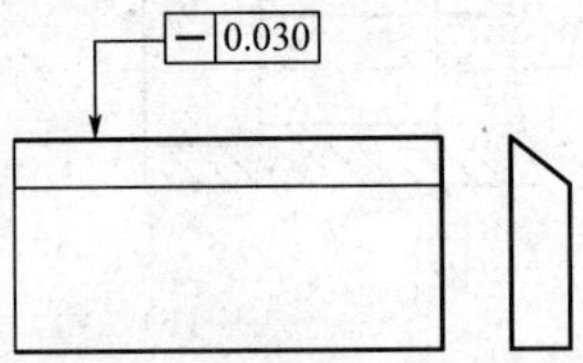 棱线必须位于距离为公差值 0.03mm 的两平行平面之间	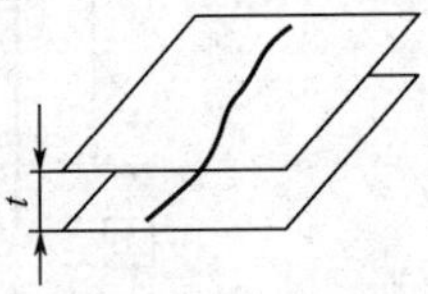 在给定方向上，公差带为两平行平面之间公差值为 *t* 的区域
	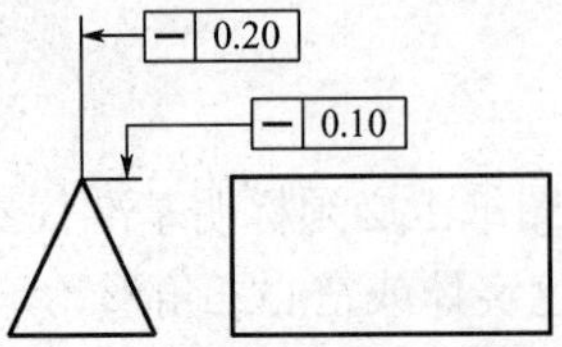 棱线（提取线）必须位于由水平和垂直方向公差值分别为 0.2mm 和 0.1mm 的四棱柱内	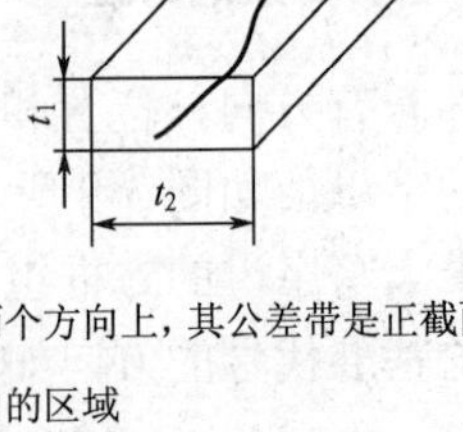 在给定两个方向上，其公差带是正截面为 $t_1 \times t_2$ 的四棱柱内的区域

续表

公差项目	标注及解释	公差带说明
直线度	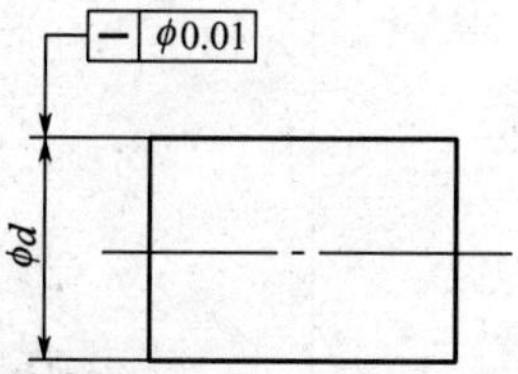 圆柱体轴线（提取线）必须位于直径为φ0.01mm 的圆柱面内	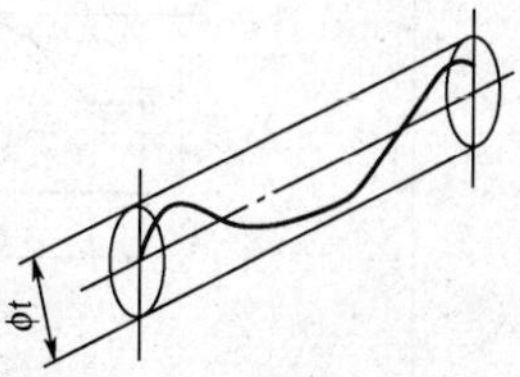 公差带是直径为公差值 t 的圆柱面内的区域
平面度	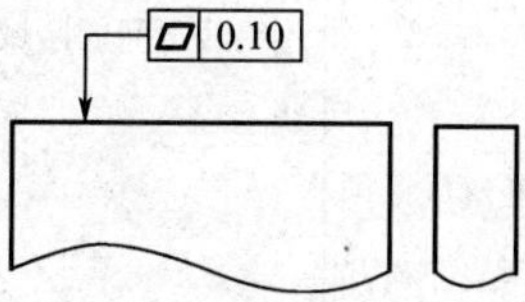 被测表面必须位于距离为公差值 0.10mm 的两平行平面内	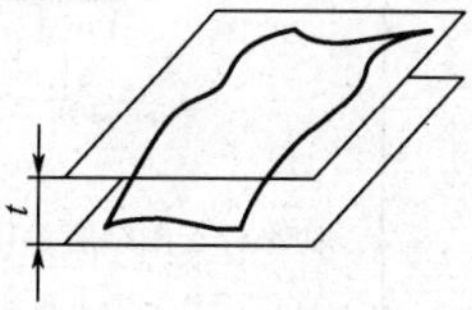 公差带是距离为公差值 t 的两平行平面之间的区域
圆度	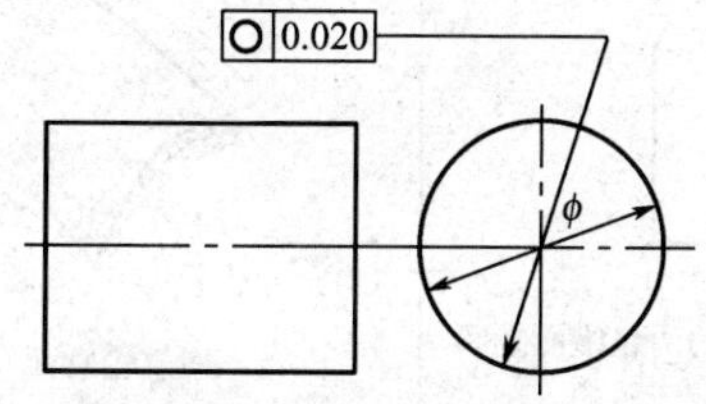 圆柱面任一正截面的圆周必须位于半径差为 0.020mm 的两同心圆之间 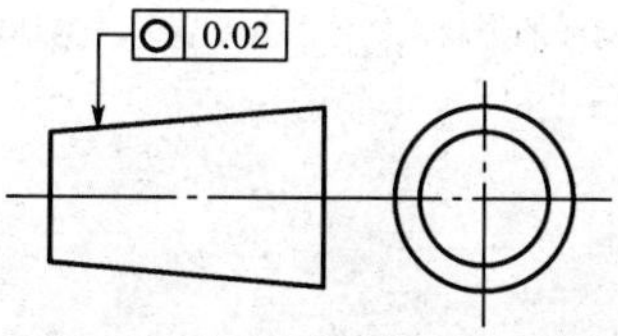 圆锥面任一正截面上的圆周必须位于半径差为 0.01mm 的两同心圆之间	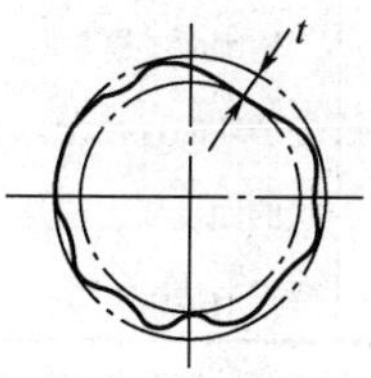 公差带是垂直于轴线的任意正截面上半径差为公差值 t 的两同心圆之间的区域
圆柱度	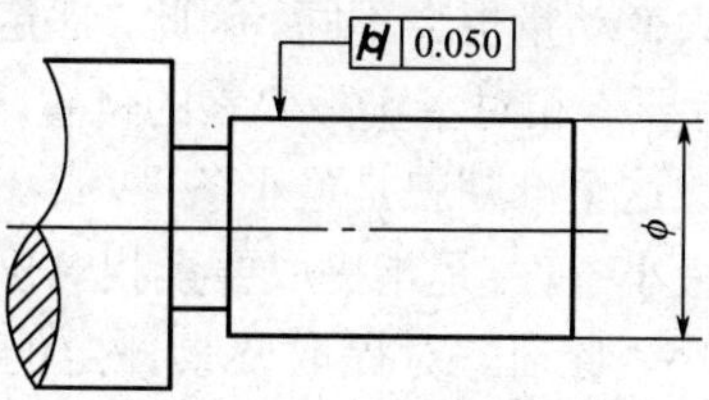 被测圆柱面必须位于半径差为 0.05mm 两同轴圆柱面之间	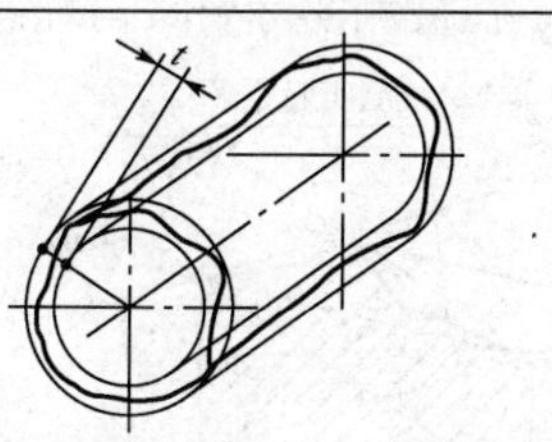 公差带是半径差为公差值 t 的两同轴圆柱面之间的区域

续表

公 差 项 目	标注及解释	公差带说明
线轮廓度	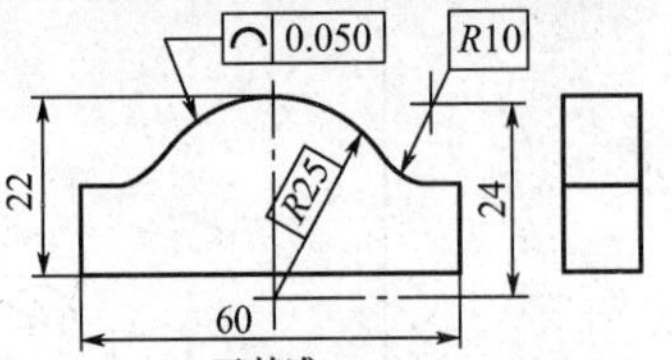 无基准 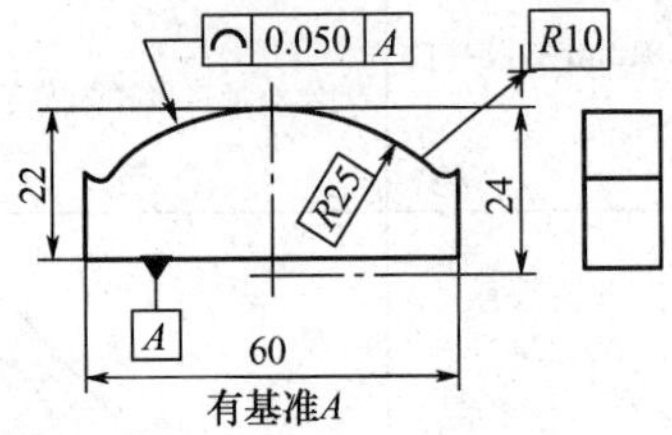 有基准A 在平行于图纸所示投影面的任一截面上，被测轮廓线必须位于包络一系列直径为 0.05mm，且圆心位于具有理论正确几何形状的线上的两包络线上	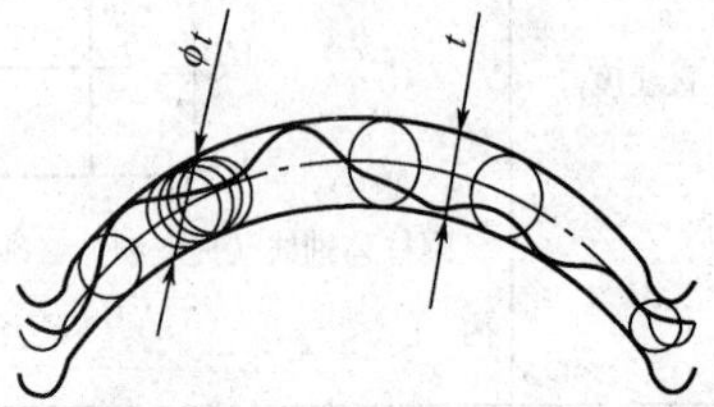 公差带是包络一系列直径为公差值 t 的圆的两包络线之间的区域。诸圆的圆心应位于理想轮廓线上
面轮廓度	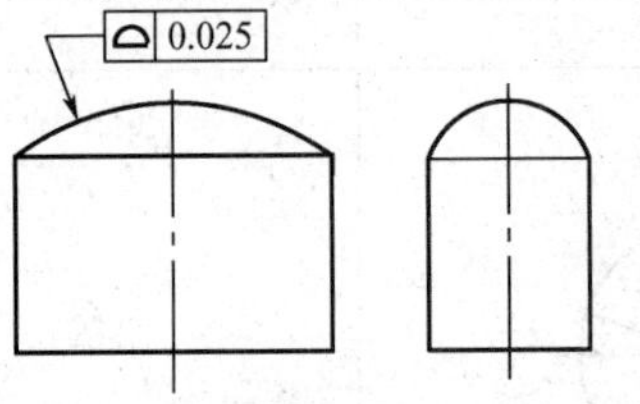 轮廓面（提取面）必须位于包络一系列球的两包络面之间，各个球的直径为 0.025mm，且球心位于具有理论正确几何形状的面上（上图是无基准要求的情况，此项目也存在有基准要求的情况）	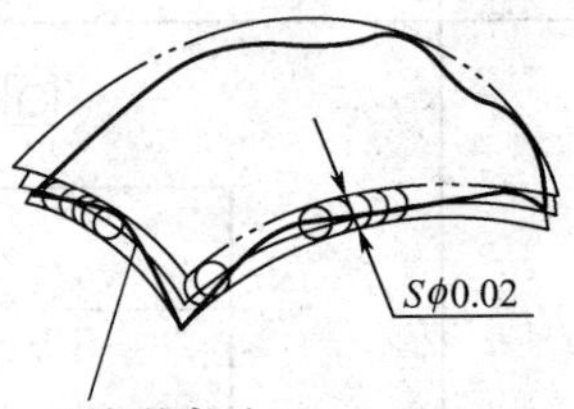 理想轮廓面 公差带是包络一系列直径为公差值 t 的球的两包络面之间的区域

注：轮廓度（线轮廓度和面轮廓度）公差带既控制实际轮廓线的形状，又控制其位置。严格地说，在有基准要求的情况下，轮廓度的公差应属于位置公差。

2. 形状误差评定的条件

形状公差是指单一实际要素的形状所允许的变动全量。

形状公差是为了限制形状误差而设置的。形状误差是指被测实际要素对其理想要素的变动量。在被测实际要素与理想要素做比较以确定其变动量时，由于理想要素所处位置的不同，得到的最大变动量也会不同。因此，评定实际要素的形状误差时，理想要素相对于实际要素的位置，必须有一个统一的评定准则，这个准则就是最小条件。

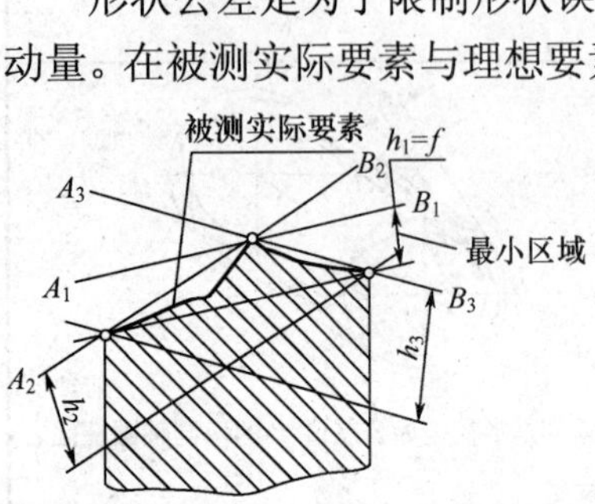

图 3-10　最小条件

所谓最小条件，是指提取要素相对于理想要素的最大变动量为最小，此时，对提取要素评定的误差值为最小。如图 3-10 所示，评定直线度误差时，理想要素 AB 与提取要素接触，h_1，h_2，h_3，…是相对于理想要素处于不同位置 A_1B_1，A_2B_2，A_3B_3，…所得到的各个最大变动量，其中，h_1 为各个最大变动量的最小值，即 $h_1<h_2<h_3<\cdots$，那么 h_1 就是其直线度误差值。

形状误差值用最小包容区域（简称最小区域）的宽度或直径表示。最小区域是指包容被测实际要素时，具有最小宽度 h 或直径 h 的包容区域。最小区域的形状与相应的公差带相同。按最小区域评定形状误差的方法称为最小区域法。

3.3.5　方向、位置和跳动公差

方向、位置和跳动公差指关联实际要素对基准所允许的变动全量。它是为了限制方向或位置误差而设置的。

在构成零件的几何要素中，有的要素对其他要素（基准要素）有方向、位置要求。例如，机床主轴后轴颈对前轴颈有同轴度的要求。为限制关联要素对基准的方向、位置误差，应按零件的功能要求规定必要的位置公差。根据关联要素对基准的功能要求的不同，可以分为方向、位置和跳动公差。

1. 基准与分类

基准在方向、位置和跳动公差中对被测要素的位置起着定向或定位的作用，也是确定方向、位置和跳动公差带方位的重要依据。评定方向、位置和跳动公差的基准应是基准要素，但基准要素本身也是实际加工出来的，也存在形状误差，为正确评定位置误差，基准要素的位置应符合最小条件。而在实际检测中，测量位置误差经常采用模拟法来体现基准。例如，基准轴由心轴、V 形块体现；基准平面用平板或量仪工作台面体现等。基准的种类分为以下三种。

1）单一基准

由一个要素建立的基准为单一基准。如图 3-11 所示为由一个导出要素建立的基准。

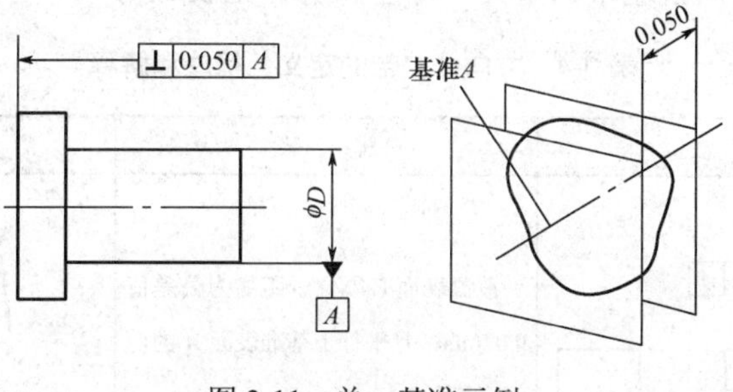

图 3-11　单一基准示例

2）组合基准（公共基准）

由两个或两个以上的要素建立一个独立的基准称为组合基准或公共基准。图 3-12 中的轴线的同轴度示例，即两段轴线 A、B 建立起公共基准 $A—B$。

3）基准体系（也称为三基面体系）

在方向、位置公差中，为了确定被测要素在空间的方向和位置，有时仅指定一个基准是不够的，而要使用两个或三个基准组成的基准体系。三基面体系是由三个互相关联的平面构成的一个基准体系，如图 3-13 所示。三个基准平面按标注顺序分别称为基准 A 第一基准平面、基准 B 第二基准平面和基准 C 第三基准平面。基准顺序要根据零件的功能要求和结构特征来确定。每两个基准平面的交线构成基准轴线，而三条轴线的交点构成基准点。

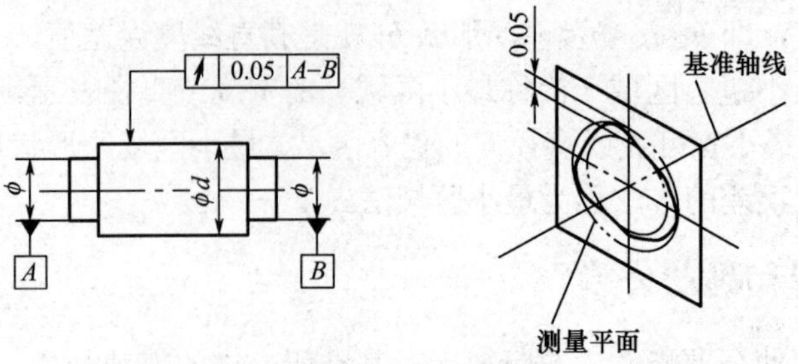

图 3-12　组合基准示例

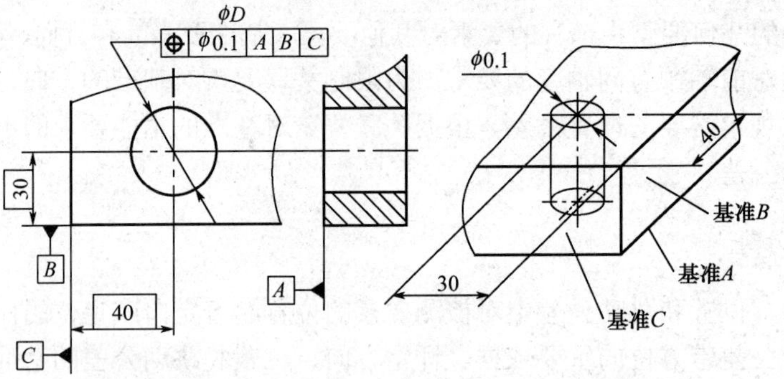

图 3-13　基准体系

2. 方向公差

方向公差是指关联要素对基准在方向上允许的变动全量。方向公差带相对基准有确定的方向，具有综合控制被测要素的方向和形状的功能，包括平行度、垂直度、倾斜度、线轮廓度和面轮廓度五种。方向公差带的定义、标注和解释见表 3-4。

表 3-4　方向公差带的定义、标注和解释

公差项目	标　　注	解　　释	公差带定义
平行度	面对面 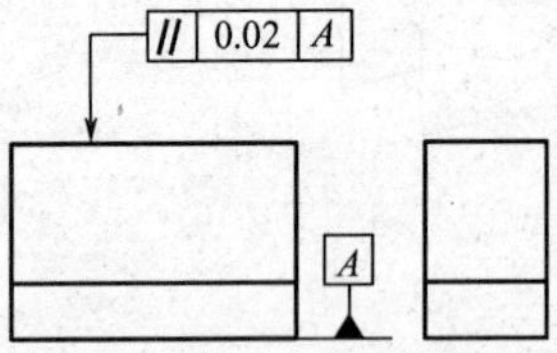 	被测表面必须位于距离为公差值 0.02mm，且平行于基准表面 A 的两平行平面之间	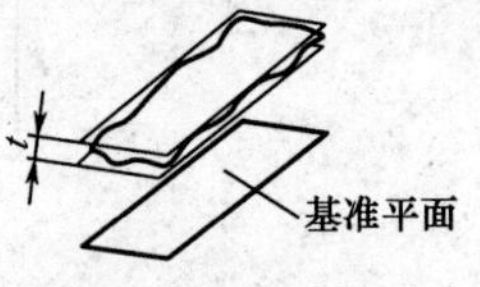 公差带是距离为公差值 t，且平行于基准面的两平行平面之间的区域
	线对面 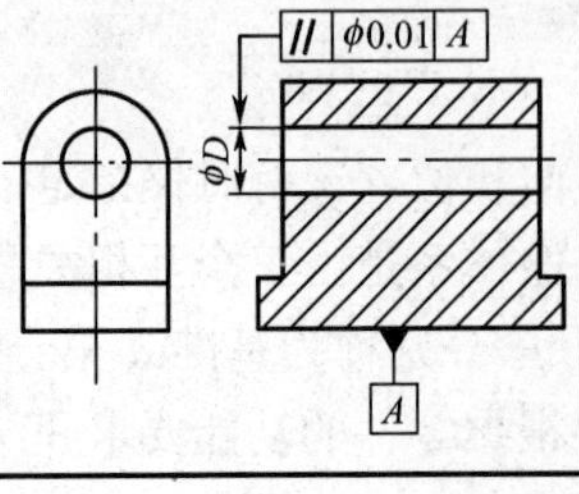 	被测轴线必须位于直径为 0.01mm，且平行于基准平面 A 的圆柱体内	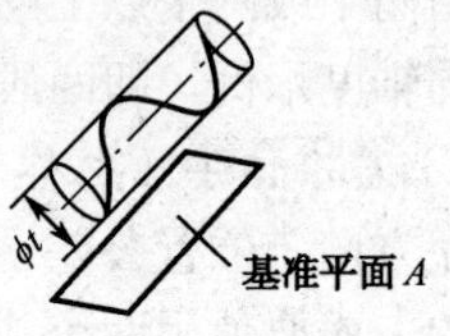 公差带是直径为 ϕt，且轴线平行于基准平面 A 的圆柱体内的区域

续表

<table>
<tr><th>公差项目</th><th>标　　注</th><th>解　　释</th><th>公差带定义</th></tr>
<tr><td rowspan="4">平行度</td><td>面对线
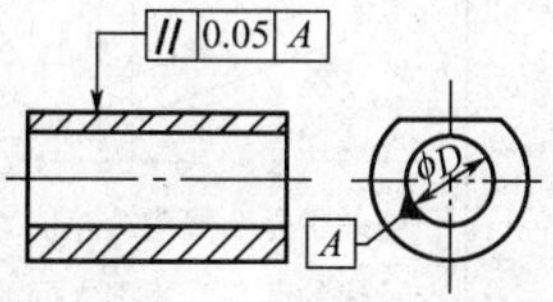</td><td>被测表面必须在距离为公差值 0.05mm，且平行于基准轴线 A 的两平行平面之间</td><td>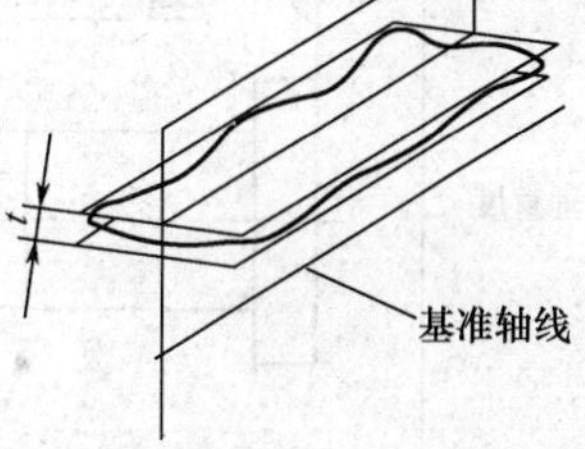
公差带是距离公差值为 t，且平行于基准轴线 A 的两平行平面之间的区域</td></tr>
<tr><td>线对线
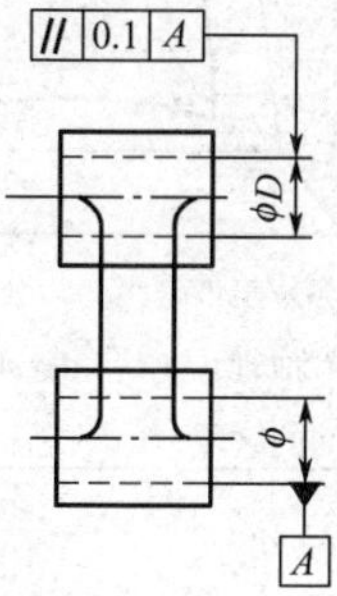</td><td>被测轴线必须位于距离为公差值 0.1mm，且在给定方向上平行于基准轴线的两平行平面之间</td><td>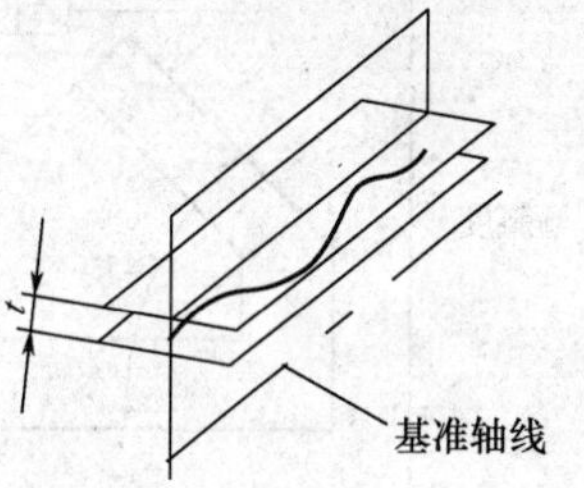
公差带是距离公差值为 t，且在给定方向上平行于基准轴线的两平行平面之间的区域</td></tr>
<tr><td>给定两个方向
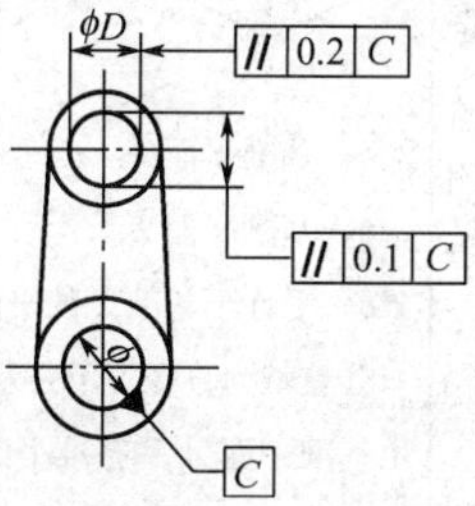</td><td>被测孔 ϕD 的轴线必须位于由水平和垂直方向公差值分别为 0.2mm 和 0.1mm 组成的四棱柱，且平行于基准轴线的区域内</td><td>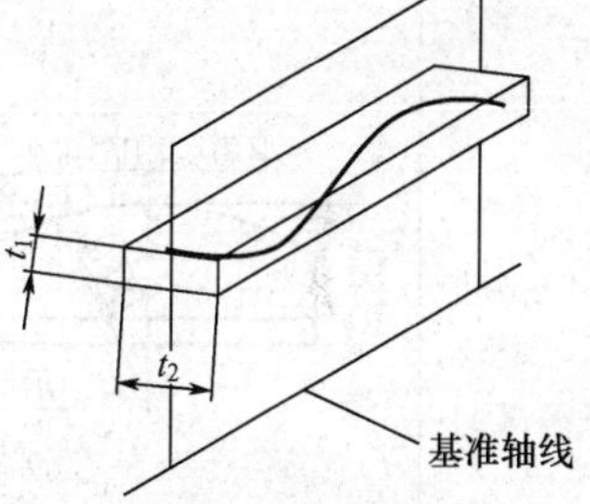
公差带是由水平和垂直方向公差值分别为 t_1 和 t_2 组成的四棱柱，且平行于基准轴线的区域内</td></tr>
<tr><td>给定任意方向
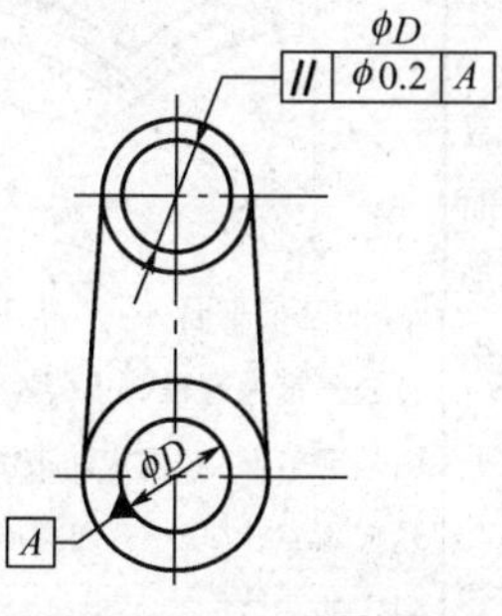</td><td>被测轴线必须位于直径为公差值 0.2mm，且平行于基准轴线的圆柱面内</td><td>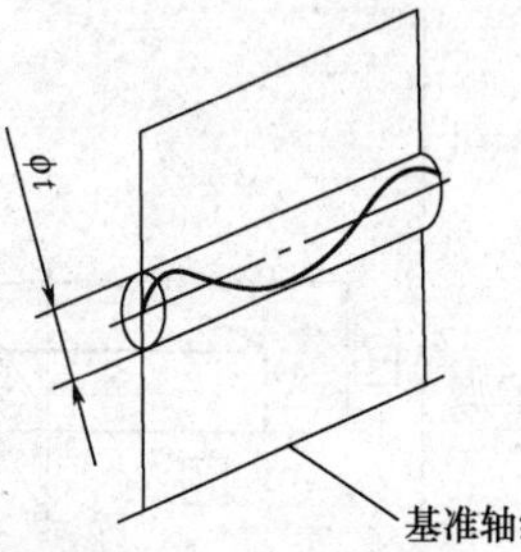
公差带是直径为公差值 t，且平行于基准轴线的圆柱面内的区域</td></tr>
</table>

续表

公差项目	标　注	解　释	公差带定义
垂直度	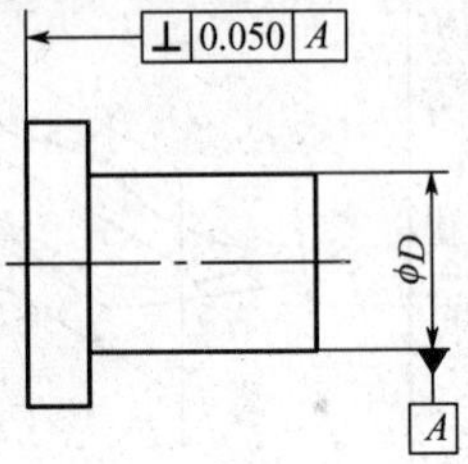	被测端面必须位于距离为公差值 0.05mm，且垂直于基准轴线 *A* 的两平行平面之间（图中标注是面对线的情况，另外其他三种情况，即线对线、面对面、线对面不一一介绍了，与平行度情况类似）	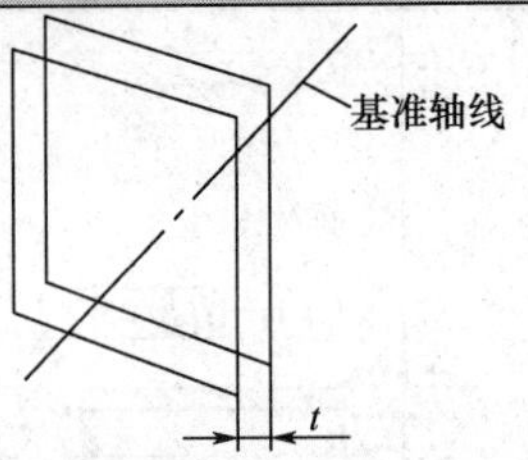公差带是距离为公差值 *t*，且垂直于基准轴线的两平行平面之间的区域
倾斜度	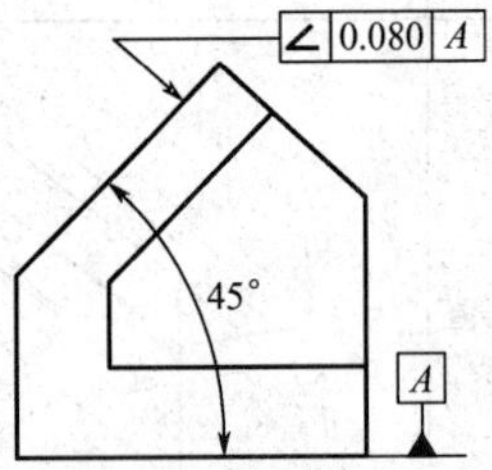	被测表面必须位于距离为公差值 0.080mm，且与基准面 *A* 成理论正确角度 45° 的两平行平面之间	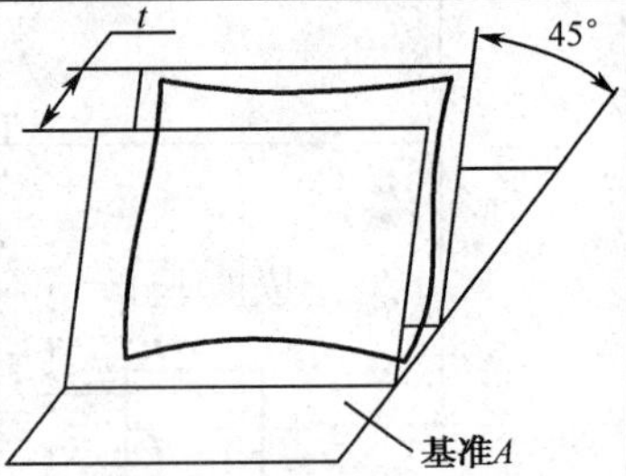公差带是距离为公差值 *t*，且与基准面 *A* 成理论正确角度 45° 的两平行平面之间的区域
线轮廓度	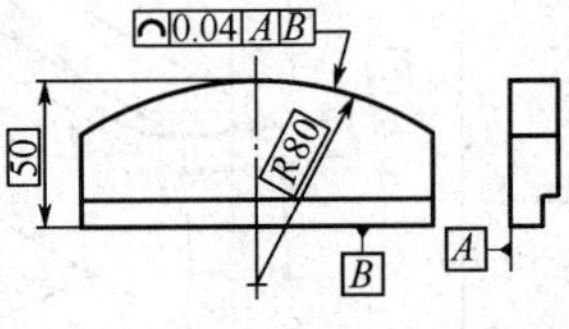	在任一平行于图示投影平面的截面内，提取（实际）轮廓应限定在直径为 0.04mm、圆心位于由基准平面 *A* 和基准平面 *B* 确定的被测要素理论正确几何形状上的一系列圆的两等距包络线内	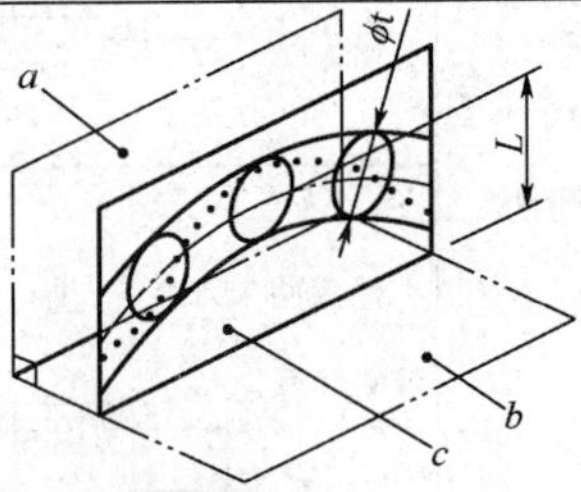*a*—基准平面 *A*； *b*—基准平面 *B*； *c*—平行于基准 *A* 的平面 公差带为直径等于公差值 *t*、圆心位于由基准平面 *A* 和基准平面 *B* 确定的被测要素理论正确几何形状上的一系列圆的两包络线所限定的区域
面轮廓度	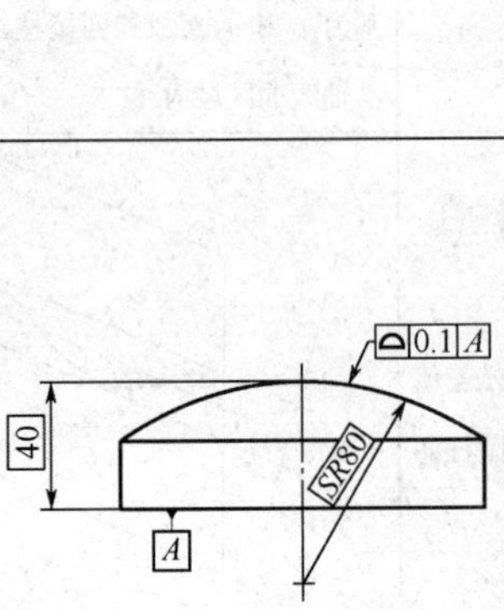	提取（实际）轮廓面应限定在直径为 0.1mm、球心位于由基准平面 *A* 确定的被测要素理论正确几何形状上的一系列圆球的两等距包络面之间	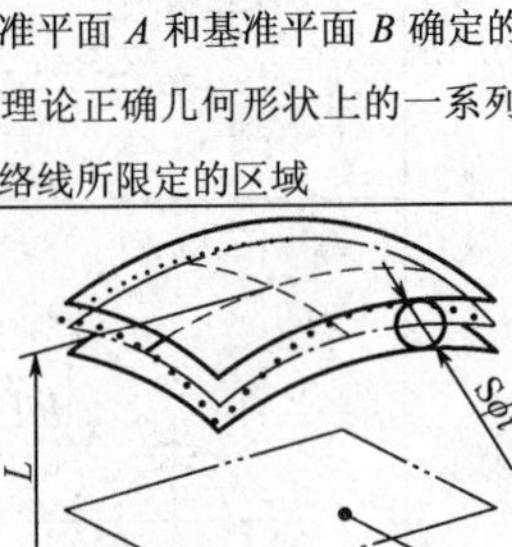*a*—基准平面 *A* 公差带为直径等于公差值 *t*、球心位于由基准平面 *A* 确定的被测要素理论正确几何形状上的一系列圆球的两包络面所限定的区域

3. 位置公差

位置公差是指关联要素对基准在位置上允许的变动全量。位置公差带相对基准有确定的位置，具有综合控制被测要素的位置、方向和形状的功能，包括同心度、同轴度、对称度、位置度、线轮廓度和面轮廓度六种。位置公差带的定义、标注和解释见表 3-5。

表 3-5　位置公差带的定义、标注和解释

公差项目	标　注	解　释	公差带定义
同心度	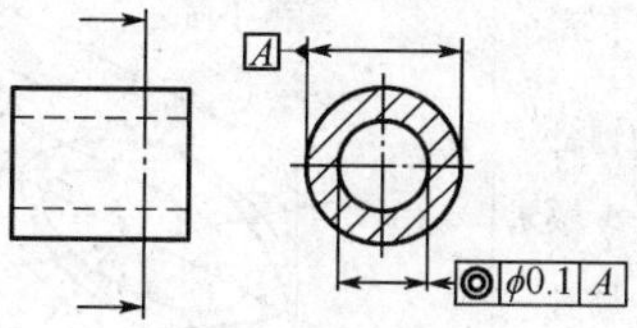	在任意轴截面内，被测内孔中心点必须在直径为 φ0.1mm，以基准点 A 为圆心的圆周内	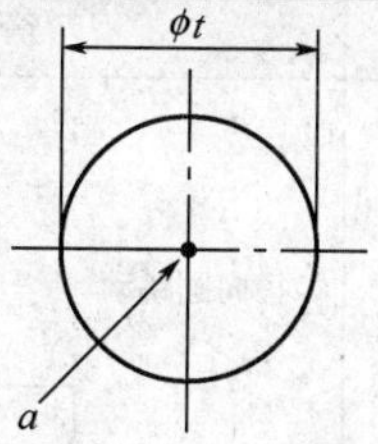 a—基准点 公差带为直径为 φt 的圆周所限定的区域。该圆周的圆心与基准点重合
同轴度	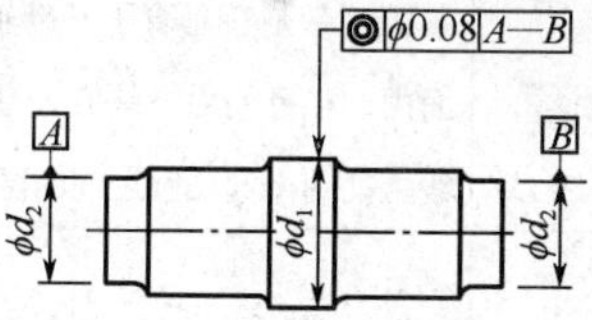	被测 ϕd_1 的轴线必须位于直径为 φ0.08mm，且与组合基准线 A—B 同轴的圆柱体内	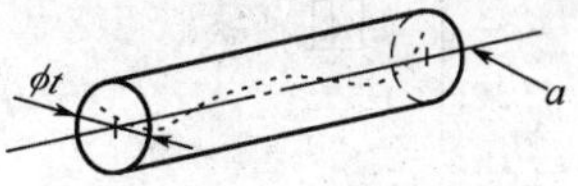 a—基准轴线 公差带是直径为 φt，且与组合基准线 A—B 同轴的圆柱面之间的区域
对称度	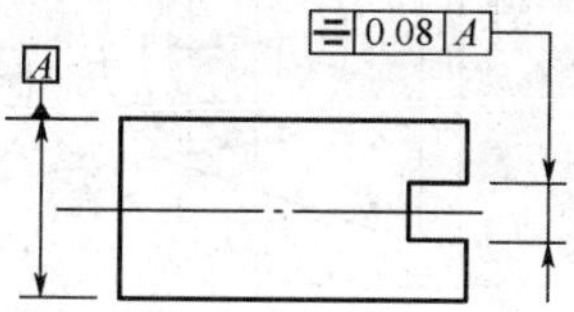	被测中心平面（提取实际中心面）必须位于距离为 0.08mm，且相对基准中心平面 A 对称配置的两平行平面之间	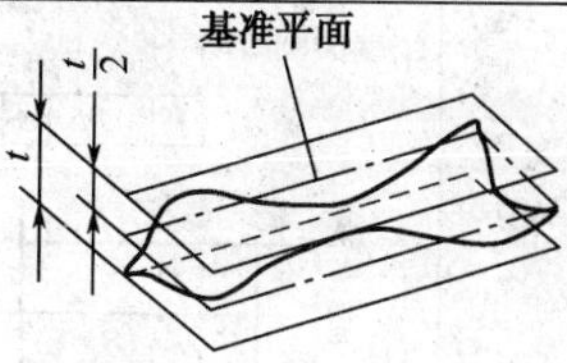 公差带是距离为公差值 t，且相对基准中心平面 A 对称配置的两平行平面之间的区域
位置度	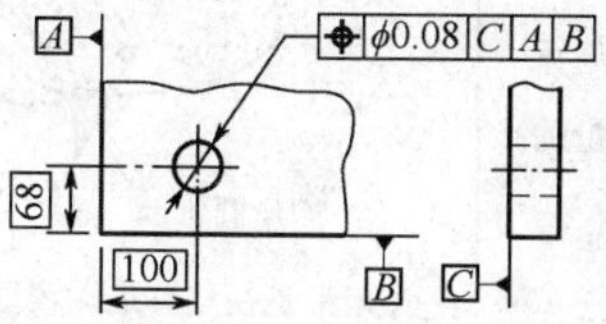	被测孔的轴线（提取实际中心线）必须位于直径为 φ0.08mm，且以相对于 C、A、B 基准表面所确定的理想位置为轴线的圆柱内	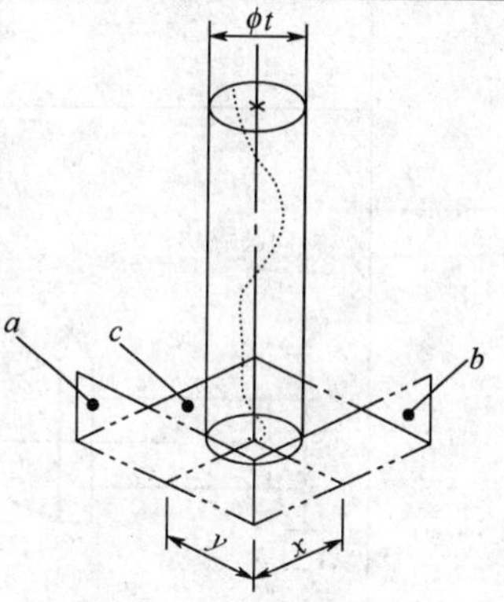 a—基准平面 A；b—基准平面 B；c—基准平面 C 公差带是直径为 φt 的圆柱面内的区域，公差带的轴线的位置由相对于三基面体系的理论正确尺寸确定

注：线轮廓度和面轮廓度同表 3-4。

4. 跳动公差

跳动公差是指关联要素绕基准轴线回转一周或回转时允许的最大跳动量。

测量时指示表所示的最大值和最小值之差即为最大变动量。因为它的检测方法简便，又能综合控制被测要素的位置、方向和形状，故在生产中得到了广泛应用。

跳动公差分为圆跳动公差和全跳动公差。跳动公差带的定义、标注和解释见表 3-6。

表 3-6 跳动公差带的定义、标注和解释

公差项目	标　　注	解　　释	公差带定义
	径向圆跳动 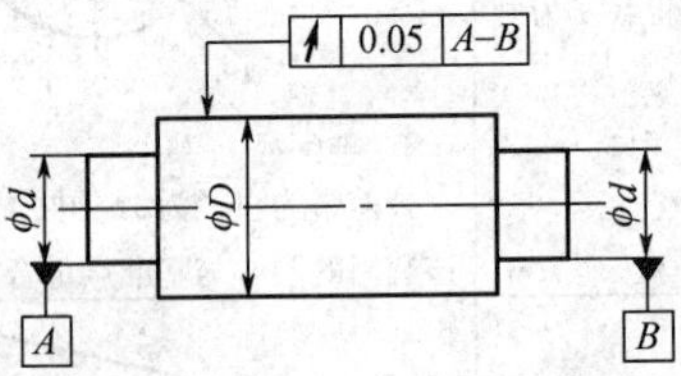	当被测 ϕD 的轴绕公共基准轴线 *A*—*B* 做无轴向移动旋转一周时，在任一测量平面内的径向圆跳动量不大于 0.05mm	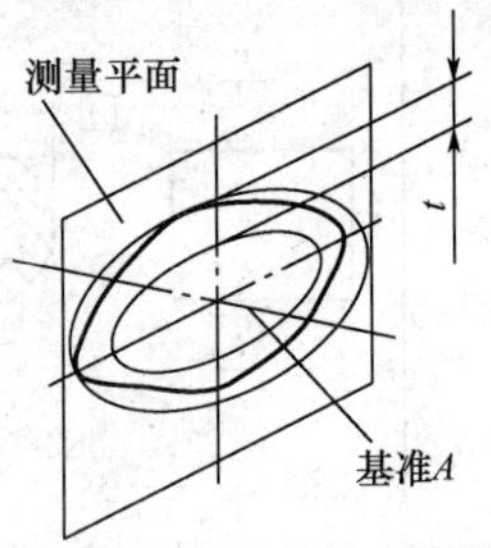 公差带是在垂直于基准轴线的任一横截面内，半径差为公差值 *t*，且圆心在基准轴线上的两个同心圆之间的区域
圆跳动	端面圆跳动 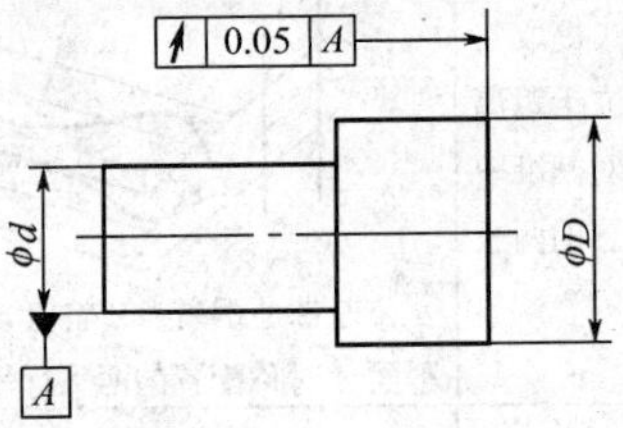	当被测端面的轴绕基准轴线 *A* 做无轴向移动旋转一周时，在任一测量平面内的径向圆跳动量不大于 0.05mm	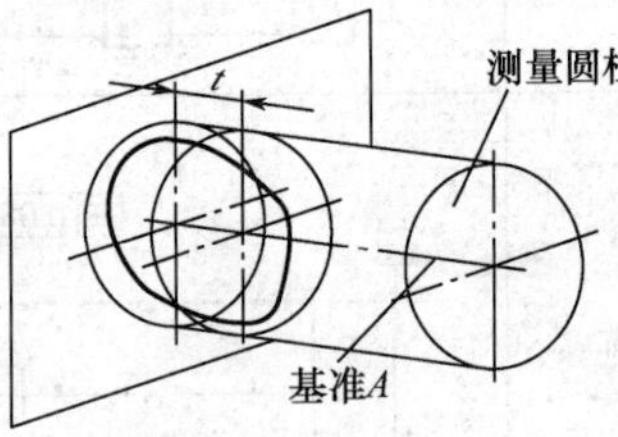 公差带是在与基准轴线同轴的任一直径位置上的测量圆柱面上，沿母线方向宽度为公差值 *t* 的圆柱面区域
	斜向圆跳动 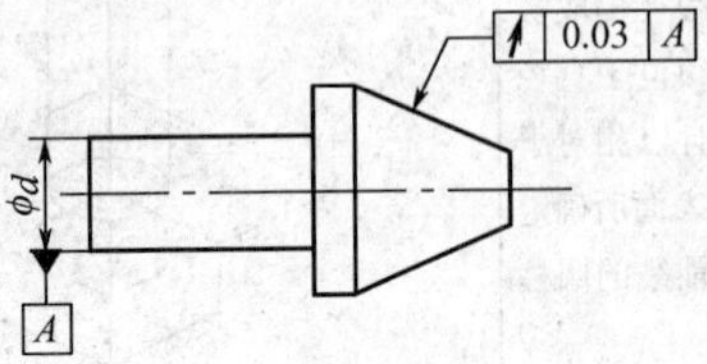	被测斜面绕基准轴线 *A* 做无轴向移动旋转一周时，在任一测量圆锥面上的跳动量不大于 0.03mm	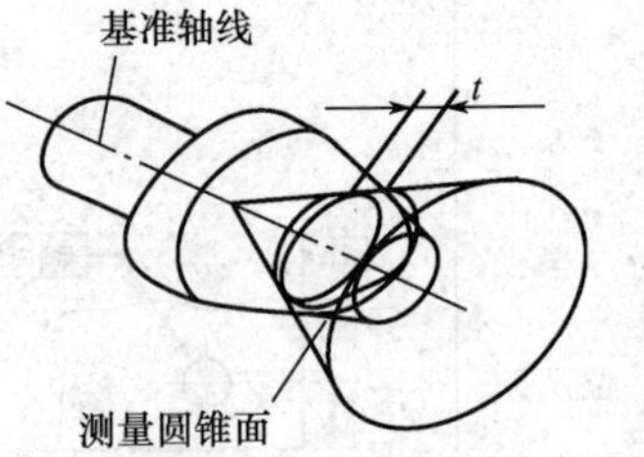 公差带是在与基准轴线同轴的任一测量圆锥面上距离为 *t* 的两圆之间的区域。除另有规定外，其测量方向应与被测面垂直

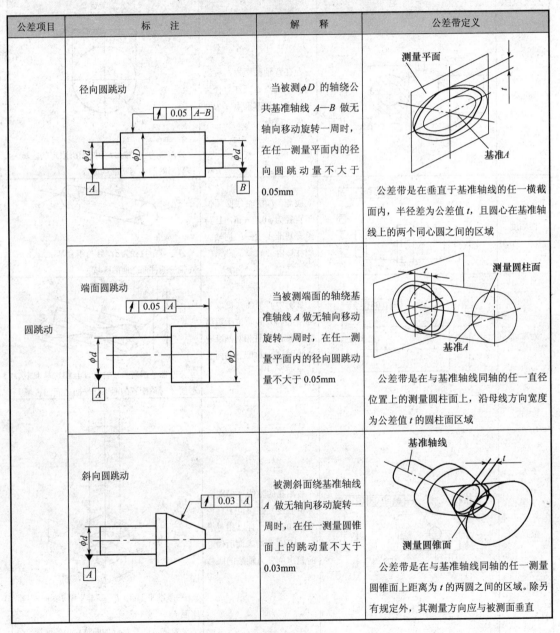

续表

公差项目	标　注	解　释	公差带定义
全跳动	径向全跳动 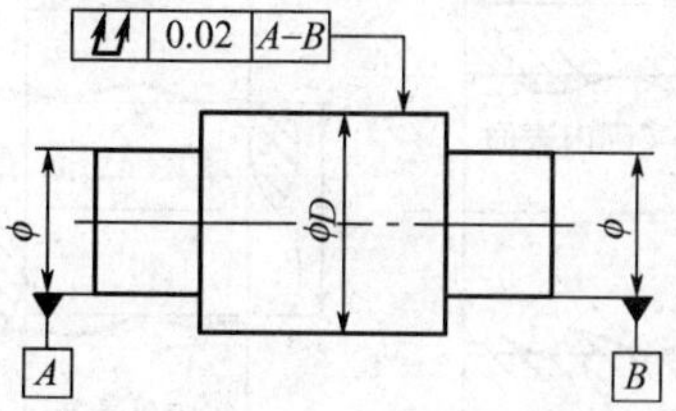	被测圆柱面绕公共基准 A—B 做多次旋转，同时测量仪与工件间必须沿着基准公共轴线方向进行轴向移动。此时被测轮廓元素上的各点间的示值差不大于 0.02mm	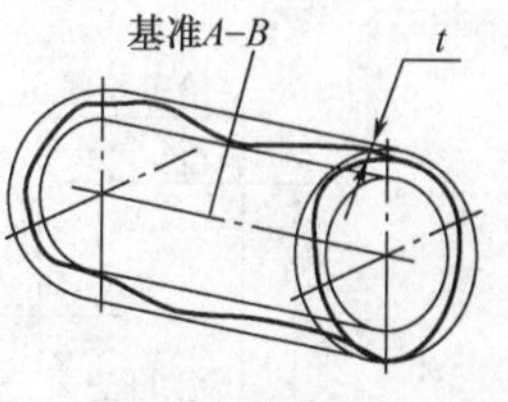 公差带是半径差为公差值 t，且与基准轴线同轴的两圆柱体之间的区域
	端面全跳动 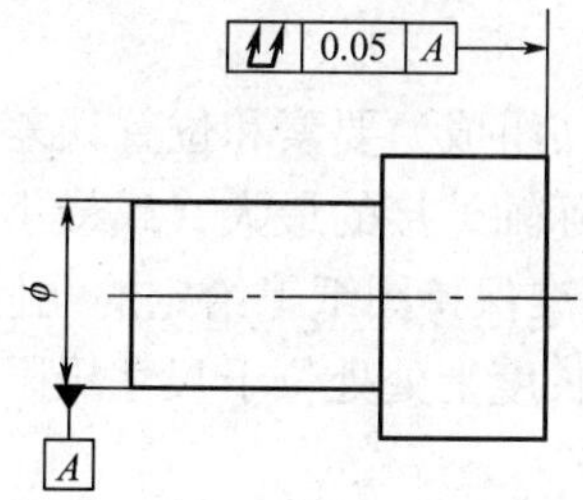	被测端面绕基准轴线 A 做多次旋转，并在测量仪器与工件必须沿着轮廓具有理想正确形状的线和相对于基准轴线 A 的正确方向移动。此时被测要素上各点间的示值差不大于 0.05mm	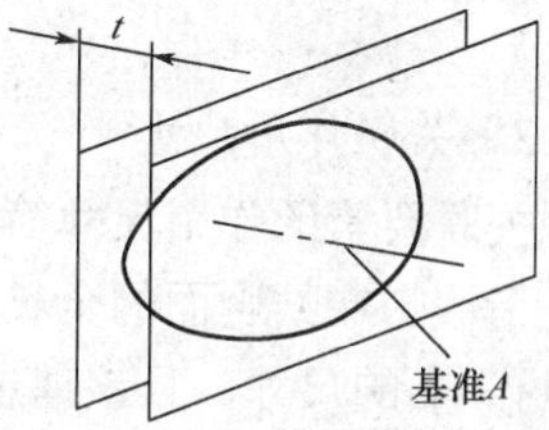 公差带是距离为公差值 t，且与基准轴线垂直的两平行平面之间的区域

径向全跳动的公差带与圆柱度公差带形状是相同的，但前者的轴线与基准轴线同轴，后者是浮动的，随圆柱度误差的形状而定。它是被测圆柱面的圆柱度误差和同轴度误差的综合反映。

端面全跳动的公差带与端面对轴线的垂直度公差带是相同的，因而两者控制位置误差的效果是一样的。

3.4　拓展知识

3.4.1　公差原则

在设计零件时，常常需要根据零件的功能要求，对零件的重要几何要素给定必要的尺寸公差和几何公差来限制误差。确定尺寸公差与几何公差之间的相互关系所遵循的原则就称为公差原则。

1. 常用术语

1）作用尺寸

单一要素的作用尺寸简称作用尺寸（MS），是实际尺寸和形状误差的综合结果。

（1）体外作用尺寸是指在被测要素的给定长度上，与实际内表面（孔）外接的最大理想表面，或与实际外表面（轴）外接的最小理想面的直径或宽度。

对于单一被测要素，内表面（孔）的（单一）体外作用尺寸以 D_{fe} 表示；外表面（轴）的（单一）体外作用尺寸以 d_{fe} 表示。

（2）体内作用尺寸是指在被测要素的给定长度上，与实际内表面（孔）内接的最小理想面，或与实际外表面（轴）内接的最大理想面的直径或宽度。

对于单一被测要素，内表面（孔）的（单一）体内作用尺寸以 D_{fi} 表示，外表面（轴）的（单一）体内作用尺寸以 d_{fi} 表示，如图 3-14 所示。

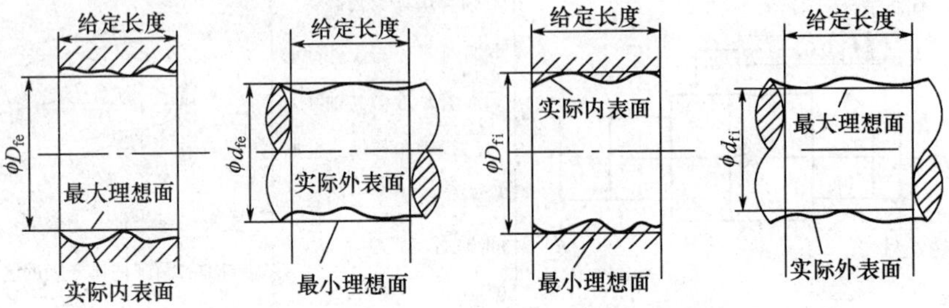

图 3-14　体外作用尺寸和体内作用尺寸

2）关联作用尺寸

关联要素的作用尺寸简称关联作用尺寸，是实际（组成）要素和位置误差的综合结果。它是指假想在结合面的全长上与实际孔内接［或与实际轴外接的最大（或最小）理想轴（或理想孔）］的尺寸，且该理想轴（或理想孔）必须与基准保持图纸上给定的几何关系。

（1）最大实体状态（MMC）是指实际要素在给定长度上处处位于尺寸极限内并具有实体最大的状态。

（2）最大实体尺寸是实际要素在最大实体状态下的极限尺寸。内表面（孔）为最小极限尺寸；外表面（轴）为最大极限尺寸。（MMC=D_{min}；d_{max}）

（3）最小实体状态（LMC）是指实际要素在给定长度上处处位于尺寸极限之内并具有实体最小的状态。

（4）最小实体尺寸是实际要素在最小实体状态下的极限尺寸。内表面（孔）为最大极限尺寸；外表面（轴）为最小极限尺寸。（LMC=D_{max}；d_{min}）

（5）最大实体实效状态（MMVC）是指在给定长度上，实际要素达到最大实体尺寸且形位或位置误差达到给出的公差值时的综合极限状态。

（6）最大实体实效尺寸（MMVS）是指在最大实体实效状态下的体外作用尺寸。

（7）最小实体实效状态（LMVC）是指在给定长度上，实际要素处于最小实体状态，且形状或位置误差达到给出的公差值时的综合极限状态。

（8）最小实体实效尺寸（LMVS）是指在最小实体实效状态下的体内作用尺寸。

3）理想边界

理想边界是设计时给定的，具有理想形状的极限边界，如图 3-15 所示。

（1）最大实体边界（MMB 边界）d_M。当理想边界的尺寸等于最大实体尺寸时，该理想边界称为最大实体边界。

（2）最大实体实效边界（MMVB 边界）d_{MV}。当理想边界尺寸等于最大实体实效尺寸时，该理想边界称为最大实体实效边界。

（3）最小实体边界（LMB 边界）d_L。当理想边界的尺寸等于最小实体尺寸时，该理想边界称为最小实体边界。

（4）最小实体实效边界（LMVB 边界）d_{LV}。当理想边界尺寸等于最小实体实效尺寸时，该理想边界称为最小实体实效边界。

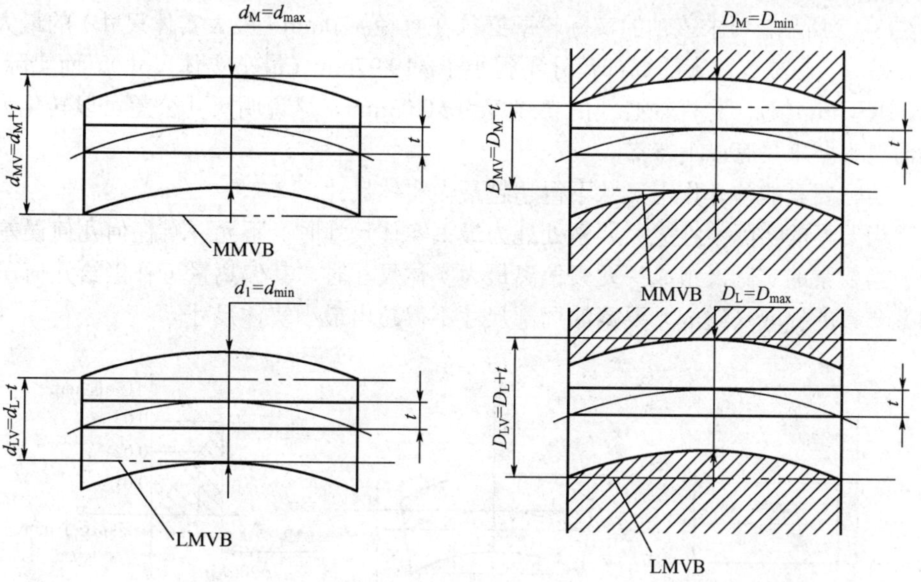

（a）外表面　　（b）内表面

图 3-15　最大、最小实体实效尺寸及边界

单一要素的实效边界没有方向或位置的约束；关联要素的实效边界应与图纸上给定的基准保持正确的几何关系。

2. 独立原则

独立原则是指图纸上给定的几何公差与尺寸公差相互无关，分别满足各自公差要求。标注时不需要附加任何表示相互关系的符号。

如图 3-16 所示，无论轴的轴线直线度误差为多少，轴的任意位置的直径尺寸必须在$\phi 14.97$～$\phi 15$mm 范围内。$\phi 0.04$mm 只限制轴线的直线度误差，即不论实际尺寸为多少，轴线的直线度误差不允许大于 0.04mm。

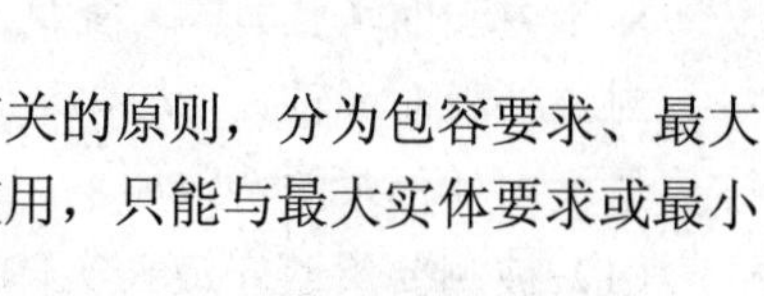

图 3-16　独立原则

3. 相关要求

相关要求是指图纸上给定的几何公差与尺寸公差相互有关的原则，分为包容要求、最大实体要求、最小实体要求和可逆要求。可逆要求不能单独使用，只能与最大实体要求或最小实体要求一起应用。

1）包容要求

包容要求是指要求实际要素处处不得超越最大实体边界，而实际要素的提取（组成）要素的局部尺寸不得超越最小实体尺寸。也就是当被测要素的提取（组成）要素的局部尺寸加工到最大实体尺寸时，几何误差为零，具有理想形状。此要求仅用于几何公差。按包容要求，图纸上只给出尺寸公差，但这种公差具有双重职能，即综合控制被测要素的实际尺寸变动量和形状误差的职能。包容要求主要应用于有配合要求，且其极限间隙或极限过盈必须严格得到保证的场合。

当被测要素有包容要求时，需在被测要素的尺寸极限偏差或公差带代号后加注符号Ⓔ。

如图 3-17 所示，要求该轴的实际轮廓必须在直径ϕ20mm（最大实体尺寸）的最大实体边界内，其提取（组成）要素的局部尺寸不得小于ϕ19.97mm（最小实体尺寸）。而实际（组成）要素为ϕ19.97mm 时，允许轴心线的直线度为ϕ0.03mm。这说明尺寸公差可以转化为几何公差。因而包容要求具有以下特点。

（1）实际要素的体外作用尺寸不得超越最大实体尺寸。

（2）当要素的实际（组成）要素处处为最大实体尺寸时，不允许有任何几何误差。

（3）当要素的实际（组成）要素偏离最大实体尺寸时，其偏离量可补偿给几何误差。

（4）要素的提取（组成）要素的局部尺寸不得超出最小实体尺寸。

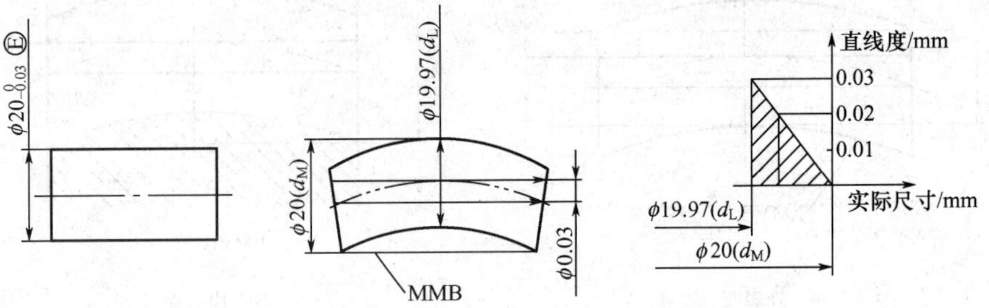

图 3-17　包容要求

2）最大实体要求（MMR）

最大实体要求是要求被测要素的实际轮廓应遵守其最大实体实效边界，当其实际（组成）要素偏离最大实体尺寸时，允许其几何误差值超出在最大实体状态下给出的公差值的要求。换句话说，最大实体要求是被测要素或基准要素偏离最大实体状态，而其形状、方向、位置公差获得补偿的一种公差原则。最大实体要求仅用于中心要素。对于平面、直线等轮廓要素，由于不存在尺寸公差对几何公差的补偿问题，因而不具备应用条件。采用最大实体要求的目的是保证装配互换。

当被测要素遵循最大实体要求时，需要在被测要素的尺寸极限偏差或公差带代号后加注符号Ⓜ。当最大实体要求应用于被测要素时，被测要素的实际轮廓应遵守其最大实体实效边界要求，即在给定长度上处处不得超出最大实体实效边界。也就是说，其体外作用尺寸不得超出最大实体实效尺寸。而且，其局部实际尺寸不得超出最大和最小实体尺寸。

对于内表面（孔），$D_{fe} \geqslant D_{MV}$ 且 $D_M = D_{min} \leqslant D_a \leqslant D_L = D_{max}$。

对于外表面（轴），$d_{fe} \leqslant d_{MV}$ 且 $d_M = d_{max} \geqslant d_a \geqslant d_L = d_{min}$。

最大实体要求的特点如下。

（1）被测要素遵守最大实体实效边界要求，即被测要素的体外作用尺寸不超过最大实体实效尺寸。

（2）当被测要素的提取（组成）要素的局部尺寸处处均为最大实体尺寸时，允许的几何误差为图纸上给定的几何公差值。

（3）当被测要素的实际（组成）要素偏离最大实体尺寸后，其偏离量可补偿给几何公差，允许的几何误差为图纸上给定的几何公差值与偏离量之和。

（4）实际尺寸必须在最大实体尺寸和最小实体尺寸之间变化。

3）最小实体要求（LMR）

这是与最大实体要求相对应的另一种相关要求。最小实体要求是要求被测要素的实际轮廓应遵守其最小实体实效边界，当其实际（组成）要素偏离最小实体尺寸时，允许其几何误差值超出在最小实体状态下给出的公差值的一种公差要求。最小实体要求仅用于导出要素。应用最小实体要求的目的是保证零件的最小壁厚和设计强度。

当最小实体要求应用于被测要素时，被测要素的实际轮廓应遵守其最小实体实效边界要求，即在给定长度上不得超出最小实体实效边界。也就是说，其体内作用尺寸不得超出最小实体实效尺寸。而且，其提取（组成）要素的局部尺寸不得超出最大和最小实体尺寸。

对于内表面（孔），$D_{fi} \leqslant D_{LV}$ 且 $D_M = D_{min} \leqslant D_a \leqslant D_L = D_{max}$。

对于外表面（轴），$d_{fi} \geqslant d_{LV}$ 且 $d_M = d_{max} \geqslant d_a \geqslant d_L = d_{min}$。

当最小实体要求应用于被测要素时，被测要素的几何公差值是在该要素处于最小实体状态时给出的。当被测要素的实际轮廓偏离其最小实体状态，即实际（组成）要素偏离最小实体尺寸时，几何误差值可以超出最小实体状态下给出的几何公差值，此时的几何公差值可以增大。

当被测要素遵循最小实体要求时，需在被测要素的尺寸极限偏差或公差带代号后加注符号Ⓛ。如图 3-18 所示的轴采用了最小实体要求，当轴的实体尺寸为最小实体尺寸ϕ19.7mm时，轴心的直线度公差为给定值ϕ0.1mm，如图 3-18（b）所示；轴的最小实体实效尺寸为

$$d_{LV}=d_{min}-t=\phi(19.7-0.1)\text{mm}=\phi 19.6\text{mm}$$

当轴的实际尺寸偏离最小实体尺寸时，直线度误差允许增大，即尺寸公差补偿给几何公差。当轴的实际尺寸为最大实体尺寸ϕ20mm 时，直线度误差允许达到的最大值为ϕ0.1mm+0.3mm=ϕ0.4mm。如图 3-18（c）所示为其补偿的动态公差图。

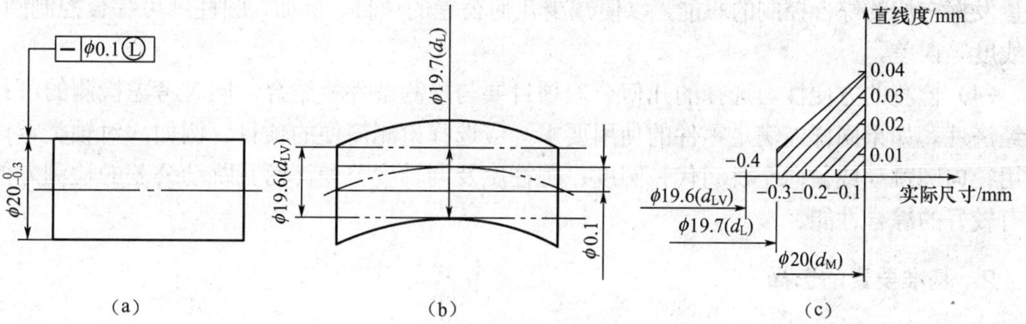

图 3-18　最小实体要求

4）可逆要求（RR）

可逆要求是当导出要素的几何误差小于给出的几何公差时，允许在满足零件功能要求的前提下，扩大尺寸公差的一种公差要求。前面分析的最大实体要求和最小实体要求是当实际尺寸偏离最大实体尺寸或最小实体尺寸时，允许其几何误差值增大，即可获得一定的补偿量，而实际（组成）要素受其极限尺寸控制，不得超出。但可逆要求反过来可以用几何公差补偿给尺寸公差，即允许相应的尺寸公差增大。

可逆要求既可以用于最大实体要求，也可以用于最小实体要求。但可逆要求不能单独使用。当可逆要求用于最大实体要求或最小实体要求时，并没有改变它们原来所遵守的极限边界，只是在原有尺寸公差补偿几何公差关系的基础上，增加了几何公差补偿尺寸公差的关系，为加工时根据需要分配尺寸公差和几何公差提供方便。可逆要求用于最大实体要求主要应用于公差及配合无严格要求，仅要求保证装配互换的场合。可逆要求一般很少用于最小实体要求。

当可逆要求用于最大实体要求时，在符号Ⓜ后加注符号Ⓡ；用于最小实体要求时，在符

号Ⓛ后加注符号Ⓡ。

3.4.2 几何公差的选择

几何公差对零部件的加工和使用性能有很大的影响。因此，正确合理地选择几何公差对保证机器及零件的功能要求和提高经济效益十分重要。几何公差的选择主要包括几何公差项目、基准、几何公差值（公差等级）的选择和公差原则的选择等。

1. 几何公差项目的选择

几何公差项目一般是根据零件的几何特征、使用要求和经济性等方面因素，综合考虑确定的。在保证零件的功能要求的同时，应尽量使几何公差项目减少，检测方法简单并能获得较好的经济效益。在选用时主要从以下几点考虑。

（1）零件的几何结构特征。它是选择被测要素公差项目的基本依据。例如，轴类零件的外圆可能出现圆度、圆柱度误差；零件平面要素会出现平面度的误差；阶梯轴（孔）会出现同轴度误差；槽类零件会出现对称度误差；凸轮类零件会出现轮廓度误差，等等。

（2）零件的功能使用要求。着重从要素的几何误差对零件在机器中使用性能的影响考虑，选择确定所需的几何公差项目。例如，对活塞两销孔的轴线提出了同轴度的要求；同时对活塞外圆柱面提出了圆柱度公差，用以控制圆柱体表面的形状误差。

（3）几何公差项目的综合控制职能。各几何公差项目的控制功能都不尽相同，选择时要尽量发挥它们的综合控制的职能，以便减少几何公差的项目。例如，圆柱度可综合控制圆度、直线度等误差。

（4）检测的方便性。选择的几何公差项目要与检测条件相结合，同时考虑检测的可行性和经济性。如果同样能满足零件的使用要求，应选择检测简便的项目。例如，对轴类零件，可用径向圆跳动或径向全跳动代替圆度、圆柱度及同轴度公差。而且跳动公差的检测方便，具有较好的综合性能。

2. 基准要素的选择

基准要素的选择包括基准部位的选择、基准数量的确定、基准顺序的合理安排等。

（1）基准部位的选择，主要根据设计和使用要求、零件的结构特点来选择，并综合考虑基准的统一等原则。在满足功能要求的前提下，一般选用加工或装配中精度较高的表面作为基准，力求使设计和工艺基准重合，消除基准不统一产生的误差，同时简化夹具、量具的设计与制造。而且基准要素应具有足够的刚度和尺寸，确保定位稳定可靠。

（2）基准数量的确定。一般根据公差项目的方向、位置、功能要求来确定基准的数量。方向公差大多只需要一个基准，而位置公差则需要一个或多个基准。

（3）基准顺序的合理安排。当选择两个或两个以上的基准要素时，就必须确定基准要素的顺序，并按顺序填入公差框格中。基准顺序的安排主要考虑零件的结构特点及装配和使用要求。

3. 几何公差值的选择

几何公差等级的选择原则与尺寸公差的选用原则基本相同。应在满足零件的功能要求的前提下选取最经济的公差值，即尽量选用低的公差等级。确定几何公差值的方法常采用类比法。所谓类比法，就是参考现有的手册和资料，参照经过验证的类似产品的零、部件，通过对比分析，确定其公差值。采用类比法确定几何公差值时应考虑以下几个因素。

（1）零件的结构特点。对于结构复杂、刚性差（如细长轴、薄壁件等）或不易加工和测量的零件，在满足零件功能要求的情况下，适当选择低的公差等级。

（2）通常在同一要素上给定的形状公差值应小于位置公差值，对于圆柱形零件的几何公差值（轴线直线度除外），一般情况下应小于其尺寸公差值。平行度公差值应小于其相应的尺寸公差值。

（3）有配合要求时，尺寸公差等级在 IT5～IT8 范围内，形状公差与尺寸公差选择同级。

（4）通常情况下，表面粗糙度的 *Ra* 值占形状公差值的 20%～25%。

按国家标准规定，除了线轮廓度、面轮廓度及位置度未规定公差等级外，其余几何公差项目均已划分了公差等级。一般分为 12 级，即 1 级、2 级、……、12 级，精度依次降低。其中圆度和圆柱度划分为 13 级，增加了一个 0 级，以便适应精密零件的需要。各个公差项目的等级公差值见表 3-7～表 3-10。

表 3-7 圆度和圆柱度

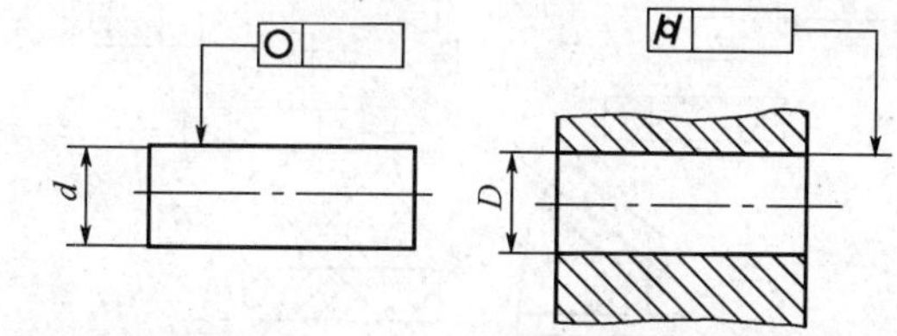

主要参数 $D(d)$/mm	公差等级/μm												
	0	1	2	3	4	5	6	7	8	9	10	11	12
≤3	0.1	0.2	0.3	0.5	0.8	1.2	2	3	4	6	10	14	25
>3～6	0.1	0.2	0.4	0.6	1	1.5	2.5	4	5	8	12	18	30
>6～10	0.12	0.25	0.4	0.6	1	1.5	2.5	4	6	9	15	22	36
>10～18	0.15	0.25	0.5	0.8	1.2	2	3	5	8	11	18	27	43
>18～30	0.2	0.3	0.6	1	1.5	2.5	4	6	9	13	21	33	52
>30～50	0.25	0.4	0.6	1	1.5	2.5	4	7	11	16	25	39	62
>50～80	0.3	0.5	0.8	1.2	2	3	5	8	13	19	30	46	74

表 3-8 直线度和平面度

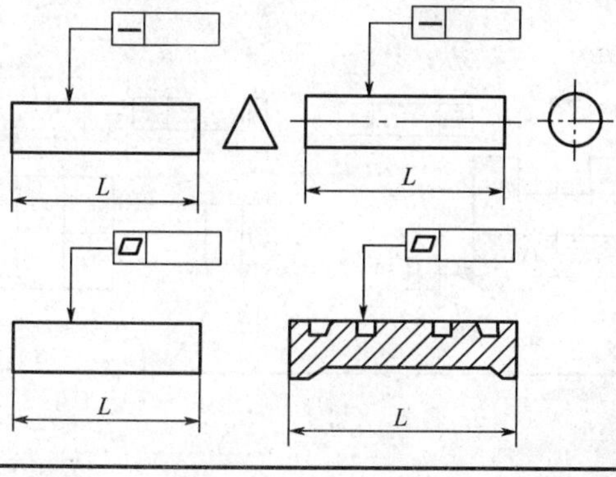

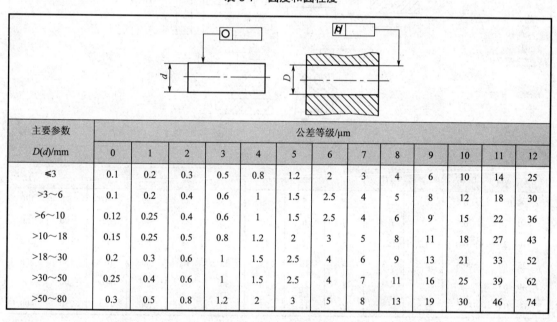

续表

主要参数	公差等级/μm											
L/mm	1	2	3	4	5	6	7	8	9	10	11	12
≤10	0.2	0.4	0.8	1.2	2	3	5	8	12	20	30	60
>10～16	0.25	0.5	1	1.5	2.5	4	6	10	15	25	40	80
>16～25	0.3	0.6	1.2	2	3	5	8	12	20	30	50	100
>25～40	0.4	0.8	1.5	2.5	4	6	10	15	25	40	60	120
>40～63	0.5	1	2	3	5	8	12	20	30	50	80	150
>63～100	0.6	1.2	2.5	4	6	10	15	25	40	60	100	200

表 3-9　平行度、垂直度和倾斜度

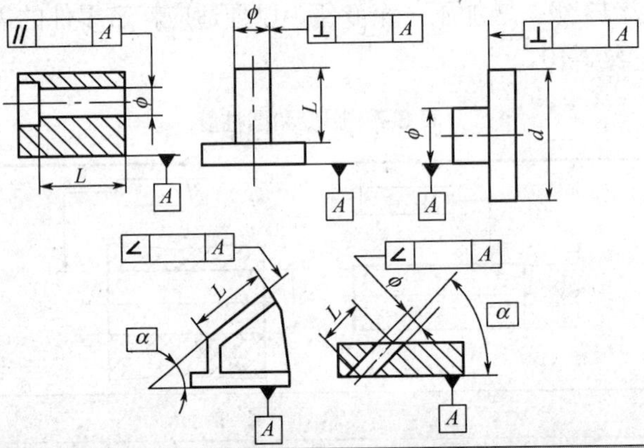

主要参数	公差等级/μm											
L、D、d/mm	1	2	3	4	5	6	7	8	9	10	11	12
≤10	0.4	0.8	1.5	3	5	8	12	20	30	50	80	120
>10～16	0.5	1	2	4	6	10	15	25	40	60	100	150
>16～25	0.6	1.2	2.5	5	8	12	20	30	50	80	120	200
>25～40	0.8	1.5	3	6	10	15	25	40	60	100	150	250
>40～63	1	2	4	8	12	20	30	50	80	120	200	300
>63～100	1.2	2.5	5	10	15	25	40	60	100	150	250	400

表 3-10　同轴度、对称度、圆跳动和全跳动

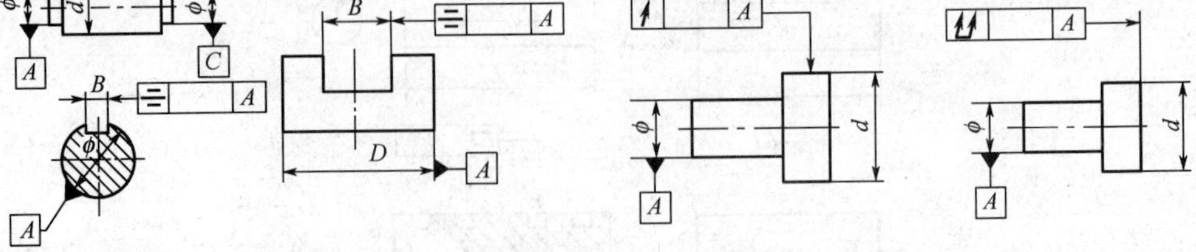

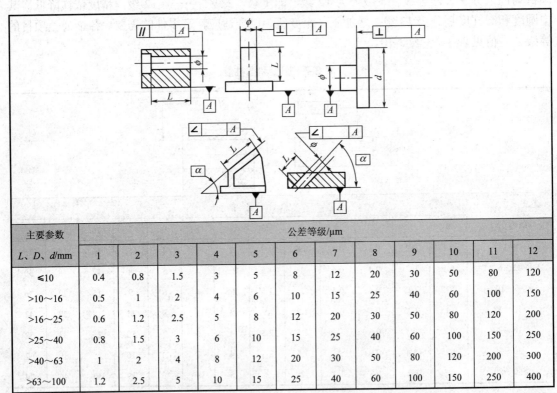

续表

主要参数 D(d)、B/mm	公差等级/μm											
	1	2	3	4	5	6	7	8	9	10	11	12
≤1	0.4	0.6	1	1.5	2.5	4	6	10	15	25	40	60
>1～3	0.4	0.6	1	1.5	2.5	4	6	10	20	40	60	120
>3～6	0.5	0.8	1.2	2	3	5	8	12	25	50	80	150
>6～10	0.6	1	1.5	2.5	4	6	10	15	30	60	100	200
>10～18	0.8	1.2	2	3	5	8	12	20	40	80	120	250
>18～30	1	1.5	2.5	4	6	10	15	25	50	100	150	300
>30～50	1.2	2	3	5	8	12	20	30	60	120	200	400
>50～120	1.5	2.5	4	6	10	15	25	40	80	150	250	500

习题

1．几何公差特性共有多少项？每个项目的名称和符号是什么？

2．什么是零件的几何要素？零件的几何要素是怎样分类的？

3．形状公差、方向公差、位置公差和跳动公差，其公差带的方向、位置有何特点？

4．组成要素和导出要素的几何公差标注有什么区别？

5．几何公差项目的选择具体应考虑哪些问题？

6．国家标准里规定哪些公差要求（原则）？它们的含义是什么？并说明它们的应用场合。

7．试说出下列几何公差项目的公差带有何相同点和不同点：

（1）圆度和径向圆跳动公差带；

（2）端面对轴线的垂直度和端面全跳动公差带；

（3）圆柱度和径向全跳动公差带。

8．如图 3-19 所示为销轴的三种形位公差标注，说明它们的公差带有何不同。

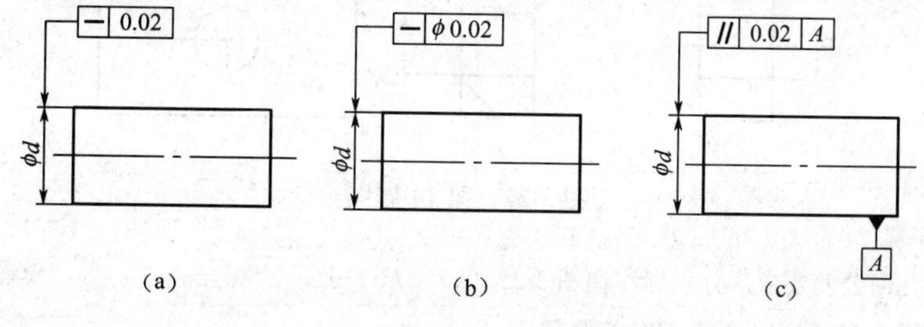

图 3-19　销轴

9．如图 3-20 所示，零件标注的位置公差不同，它们所要控制的位置误差区别在哪儿？试加以分析说明。

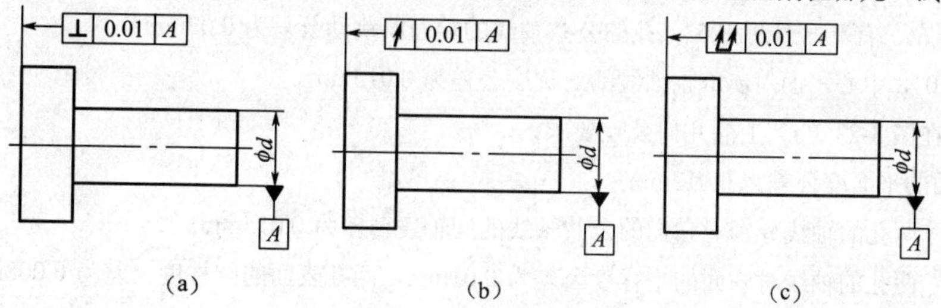

图 3-20　零件图

10．改正图 3-21 中各项几何公差标注上的错误（不得改几何公差项目）。

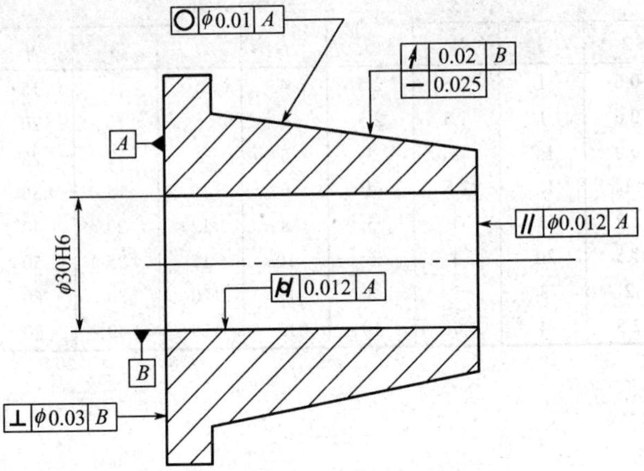

图 3-21　第 10 题图

11．根据下列要求，将几何公差标注在图 3-22 中：

（1）$2\times\phi d$ 轴线对其公共轴线的同轴度公差为 $\phi0.03$mm；

（2）ϕD 轴线对 $2\times\phi d$ 公共轴线的垂直度公差为 0.02mm；

（3）ϕD 轴线对 $2\times\phi d$ 公共轴线的偏离量不大于±10μm。

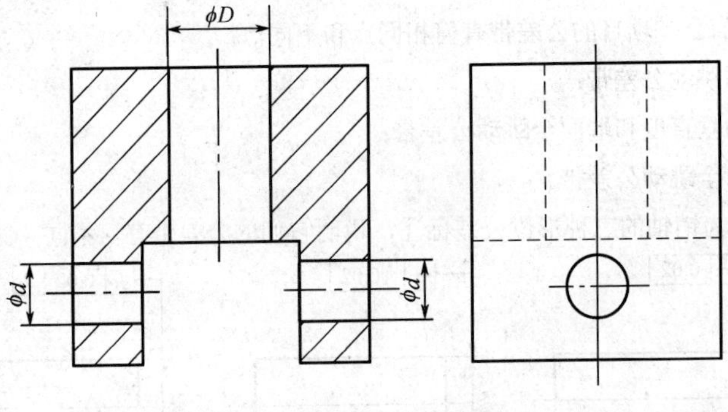

图 3-22　第 11 题图

12．将下列几何公差要求，分别标注在图 3-23（a）、（b）上。

（1）标注在图 3-23（a）上的几何公差要求：

① $\phi40_{-0.03}^{\ 0}$ 圆柱面对两 $\phi25_{-0.021}^{\ 0}$ 公共轴线的圆跳动公差为 0.015mm；

② 两 $\phi25_{-0.021}^{\ 0}$ 轴颈的圆度公差为 0.01mm；

③ $\phi40_{-0.03}^{\ 0}$ 左、右端面对两 $\phi25_{-0.021}^{\ 0}$ 孔的公共轴线的端面圆跳动公差为 0.02mm；

④ 键槽 $10_{-0.036}^{\ 0}$ 中心平面对 $\phi40_{-0.03}^{\ 0}$ 轴线的对称度公差为 0.015mm。

（2）标注在图 3-23（b）上的几何公差要求：

① 底平面的平面度公差为 0.012mm；

② $\phi20_{0}^{+0.021}$ 两孔的轴线分别对它们的公共轴线的同轴度公差为 0.015mm；

③ $\phi20_{0}^{+0.021}$ 两孔的轴线对底面的平行度公差为 0.01mm，两孔表面的圆柱度公差为 0.008mm。

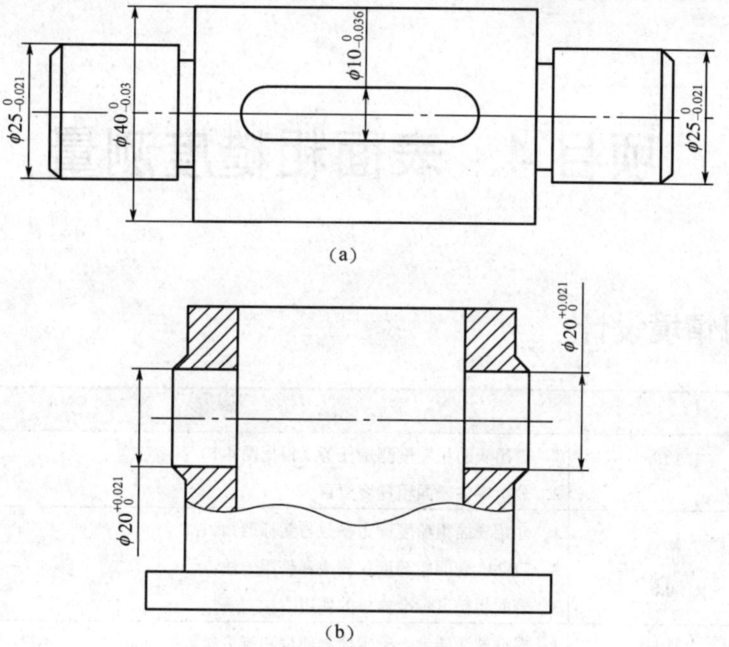

图 3-23　第 12 题图

13．如图 3-24 所示，要求：

（1）指出被测要素遵守的公差原则；

（2）求出单一要素的最大实体实效尺寸和关联要素的最大实体实效尺寸；

（3）求被测要素的形状、位置公差的给定值及最大允许值的大小；

（4）若被测要素实际（组成）要素直径为ϕ19.97mm，轴线对基准 A 的垂直度误差为ϕ0.09mm，判断其垂直度的合格性，并说明理由。

14．如图 3-25 所示为轴套的两种标注，试分析说明它们所表示的要求有何不同（包括采用的公差要求、理想尺寸边界、所允许的垂直度误差）。

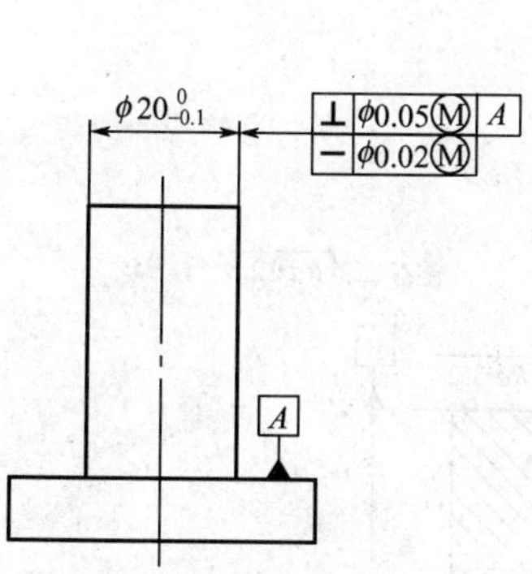

图 3-24　第 13 题图

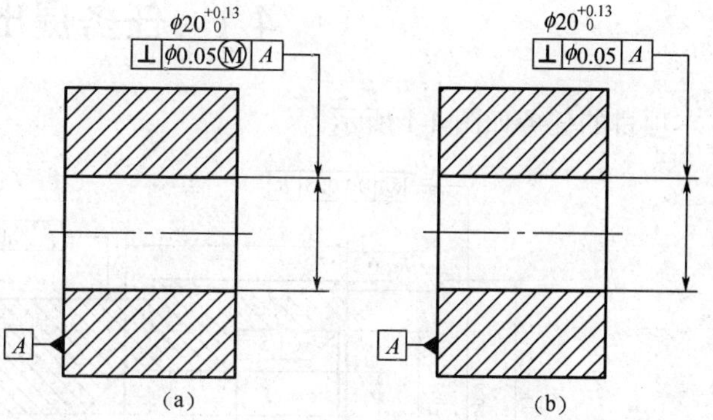

图 3-25　轴套

项目 4　表面粗糙度测量

学习情境设计

序　　号	情境（课时）	主 要 内 容
1	任务 0.2	1．提出表面粗糙度测量任务（根据图 4-1）； 2．分析零件表面粗糙度要求
2	信息 0.8	1．介绍表面粗糙度评定参数与新标准知识； 2．TR240 表面粗糙度仪构成和使用方法； 3．表面粗糙度标准样板的使用
3	计划 0.2	1．根据被测要素，确定检测部位和测量次数； 2．确定表面粗糙度的测量方案
4	实施 1	1．清洁被测零件，组装 TR240 表面粗糙度测量仪； 2．调整与校正粗糙度测量仪； 3．测量 *Ra* 值； 4．记录数据，处理数据
5	检查 0.4	1．任务的完成情况； 2．复查，交叉互检
6	评估 0.4	1．分析整个工作过程，对出现的问题进行修改并优化； 2．判断被测要素的合格性； 3．出具测量报告，资料存档

4.1　任务提出

本项目的任务如图 4-1 所示。

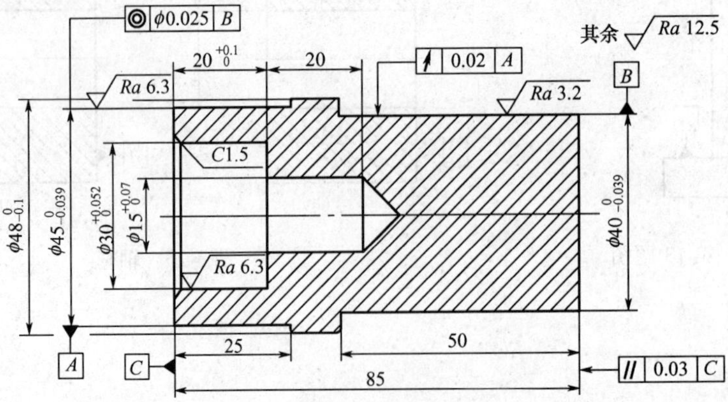

图 4-1　被测零件

4.2 学习目标

如图 4-1 所示是一印刷机中的一个零件，图中有√Ra6.3、√Ra3.2、其余√Ra12.5等的标注，请同学们从以下几方面进行学习。

（1）要检测零件的表面粗糙度通常在生产实际中采用什么样的计量器具和辅助装置？

（2）通常采用什么规格的计量器具？并就采用的计量器具阐述其使用方法。

（3）若用粗糙度量块来检测，那么其使用方法又如何？

（4）如何对计量器具进行保养与维护？

（5）填写检测报告与处理数据。

4.3 表面粗糙度的基础知识

4.3.1 表面粗糙度的概念

经过机械加工的零件表面，不可能是绝对平整和光滑的，实际上存在一定程度宏观和微观的几何形状误差。表面粗糙度是反映微观几何形状误差的一个指标，即微小的峰谷高低程度及其间距状况。

表面粗糙度和宏观几何形状误差（形状误差）、波度误差的区别：一般以波距λ<1mm 为表面粗糙度；λ=1～10mm 为波度误差；λ>10mm 属于形状误差（国家尚无此划分标准，也有按波距 λ 和波峰高度 h 比值划分的，λ/h<40 属于表面粗糙度；λ/h=40～1000 属于波度误差；λ/h>1000 为形状误差），如图 4-2 所示。

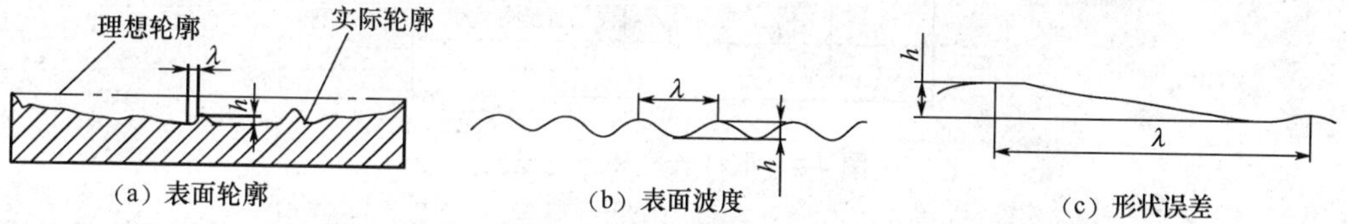

（a）表面轮廓　（b）表面波度　（c）形状误差

图 4-2　表面粗糙度的概念

4.3.2 表面粗糙度对零件使用性能的影响

1. 对摩擦、磨损的影响

表面越粗糙，零件表面的摩擦系数就越大，两相对运动的零件表面磨损越快；若表面过于光滑，磨损下来的金属微粒的刻划作用、润滑油被挤出、分子间的吸附作用等，也会加快磨损。实践证明，磨损量和表面粗糙度的关系如图 4-3 所示。

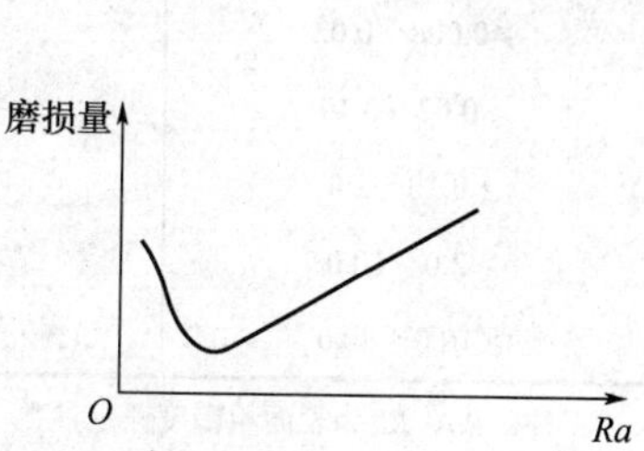

图 4-3　磨损量和表面粗糙度的关系

2. 对配合性质的影响

对于有配合要求的零件表面，表面粗糙度会影响配合性质的稳定性。若是间隙配合，表面越粗糙，微观峰尖在工作时磨损越快，导致间隙增大；若是过盈配合，则在装配时零件表面的峰顶会被挤平，从而使实际过盈小于理论过盈量，降低连接强度。

3. 对腐蚀性的影响

金属零件的腐蚀主要由于化学和电化学反应造成，如钢铁的锈蚀。粗糙的零件表面，腐蚀介质越容易存积在零件表面凹谷，再渗入金属内层，造成锈蚀。

4. 对强度的影响

粗糙的零件表面，在交变载荷作用下，对应力集中很敏感，因而降低了零件的疲劳强度。

5. 对结合面密封性的影响

粗糙表面结合时，两表面只在局部点上接触，中间存在缝隙，降低了密封性能。由此可见，在保证零件尺寸精度、几何公差的同时，应控制表面粗糙度。

4.3.3 表面粗糙度的基本术语和评定

1. 取样长度 *lr*

测量和评定表面粗糙度时所规定的一段基准长度，称为取样长度 *lr*，如图 4-4 所示。规定取样长度是为了限制和减弱宏观几何形状误差，特别是波度对表面粗糙度测量结果的影响。一般取样长度至少包含 5 个轮廓峰和轮廓谷，表面越粗糙，取样长度应越大。

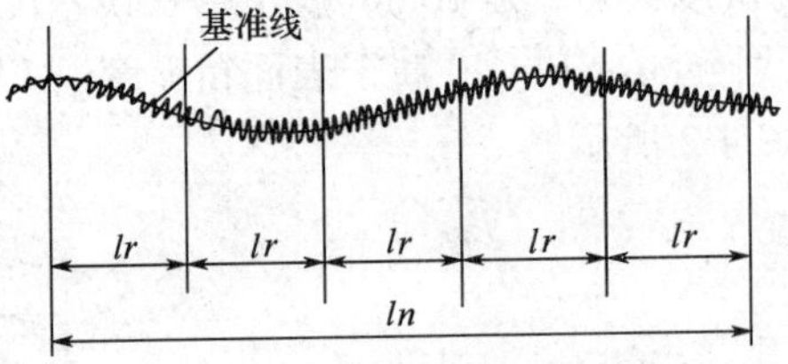

图 4-4 取样长度和评定长度

国家标准 GB/T 1031—2009《表面粗糙度 参数及其数值》规定的取样长度和评定长度见表 4-1。

表 4-1 *Ra*、*Rz* 和取样长度 *ln* 的对应关系（摘自 GB/T 1031—2009）

Ra/μm	*Rz*/μm	*lr*/mm	*ln*/mm（*ln*=5*lr*）
≥0.008～0.02	≥0.025～0.10	0.08	0.4
＞0.02～0.10	＞0.10～0.50	0.25	1.25
＞0.10～2.0	＞0.50～10.0	0.8	4.0
＞2.0～10.0	＞10.0～50.0	2.5	12.5
＞10.0～80.0	＞50.0～320	8.0	40.0

注：*Ra*、*Rz* 为表面粗糙度评定参数。

2. 评定长度 *lr*

评定长度是指评定轮廓表面所必须的一段长度。由于被加工表面粗糙度不一定很均匀，为了合理、客观地反映表面质量，往往评定长度包含几个取样长度。

如果加工表面比较均匀，可取 $ln<5lr$；若表面不均匀，则取 $ln>5lr$，一般取 $ln=5lr$。具体数值见表 4-1。

3. 轮廓中线（基准线）

轮廓中线是评定表面粗糙度参数值大小的一条参考线。下面介绍两种轮廓中线。

（1）轮廓最小二乘中线：具有几何轮廓形状并划分轮廓的基准线，在取样长度内使轮廓上各点的轮廓偏距的平方和最小，如图 4-5 所示。

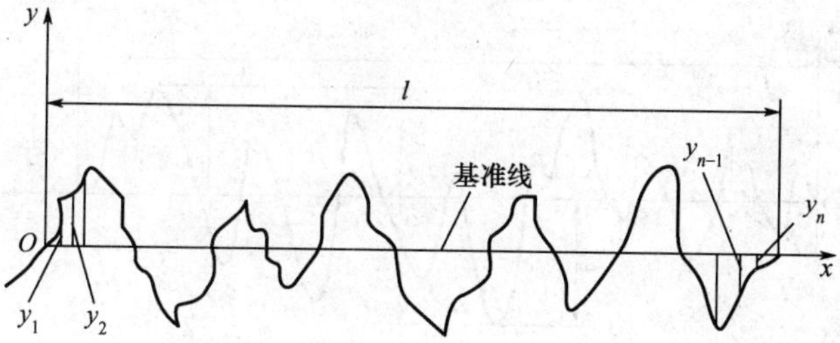

图 4-5　轮廓最小二乘中线示意图

轮廓偏距是指轮廓线上的点到基准线的距离，如 y_1，y_2，y_3，…，y_n。

轮廓最小二乘中线的数学表达式为

$$\int_0^l y^2 \mathrm{d}x = \text{最小值}$$

（2）轮廓算术平均中线：具有几何轮廓形状，在取样长度内与轮廓走向一致的基准线，该线划分轮廓并使上、下两部分的面积相等，如图 4-6 所示，即 $F_1+F_3+\cdots+F_{2n-1}=F_2+F_4+\cdots+F_{2n}$。用最小二乘法确定的中线是唯一的，但比较困难。算术平均法常用目测确定中线，是一种近似的图解，较为简便，因此常用它替代最小二乘法，在生产中得到广泛应用。

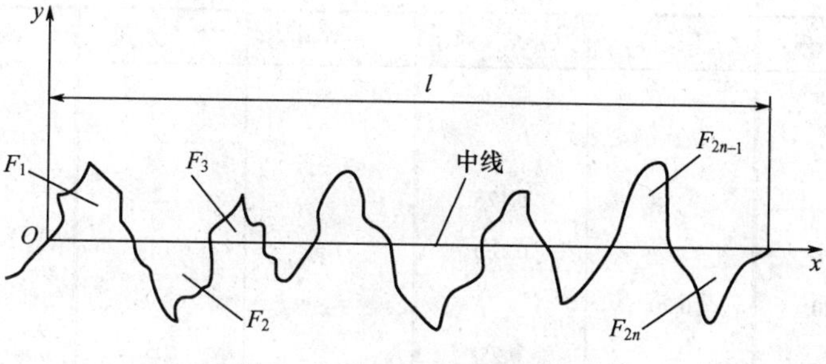

图 4-6　轮廓算术平均中线

4.3.4　表面粗糙度的评定参数

1. 轮廓算术平均偏差 *Ra*

在取样长度内，轮廓偏距绝对值的算术平均值，即

$$Ra=\frac{1}{l}\int_0^l |y| \mathrm{d}x$$

或近似为

$$Ra=\frac{1}{n}\sum_{i=1}^{n}|y_i|$$

Ra 参数能较充分地反映表面微观几何形状，其值越大，表面越粗糙，如图 4-6 所示。

2. 轮廓最大高度 Rz

在取样长度内，轮廓峰顶线和轮廓谷底线之间的距离如图 4-7 所示。图中，R_p 为轮廓最大峰顶，R_m 为轮廓最大谷深，则轮廓最大高度为

$$Rz=R_p+R_m$$

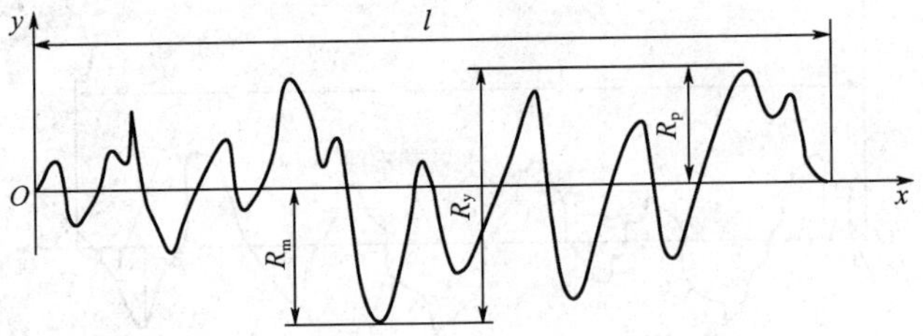

图 4-7 轮廓最大高度

Rz 常用于不可以有较深加工痕迹的零件，或被测表面很小不宜用 Ra 来评定的表面。

4.3.5 一般规定

在常用的参数值范围内，优先选用 Ra。国标规定采用中线制评定表面粗糙度，表面粗糙度的评定参数一般从 Ra、Rz 中选取，如果零件表面有功能要求，除选用上述高度特征参数外，还可选用附加的评定参数，如间距特征参数（轮廓单峰平均间距、轮廓微观不平度平均间距）和形状特征参数等。由于篇幅有限，在此不做介绍。Ra、Rz 参数见表 4-2 和表 4-3。

表 4-2 轮廓算术平均偏差 ***Ra*** 的数值 （摘自 GB/T 1031—2009） 单位：μm

系列值	补充系列	系列值	补充系列	系列值	补充系列	系列值	补充系列
	0.008						
	0.010						
0.012			0.125		1.25	12.5	
	0.016		0.160	1.6			16.0
	0.020	0.20			2.0		20
0.025			0.25		2.5	25	
	0.032		0.32	3.2			32
	0.040	0.40			4.0		40
0.050			0.50		5.0	50	
	0.063		0.63	6.3			63
	0.080	0.80			8.0		80
0.100			1.00		10.0	100	

表 4-3　轮廓最大高度 *Rz* 的数值　（摘自 GB/T1031—2009）　单位：μm

系列值	补充系列	系列值	补充系列	系列值	补充系列	系列值	补充系列	系列值	补充系列
			0.125		1.25	12.5			125
			0.160	1.6			16		160
		0.20			2.0		20	200	
0.025			0.25		2.5	25			250
	0.032		0.32	3.2			32		320
	0.040	0.40			4.0		40	400	
0.050			0.50		5.0	50			500
	0.063		0.63	6.3			63		630
	0.080	0.8			8.0		80	800	
0.100			1.0		10.0	100			1000

4.3.6　表面粗糙度的符号和标注

1. 表面粗糙度的符号和代号

GB/T 131—2006 对表面粗糙度符号、代号及标注都做了规定。如表 4-4 所示是表面粗糙度的符号及意义。

表 4-4　表面粗糙度的符号及意义

符　号	意　义
	基本图形符号，未指定工艺方法的表面。当通过一个注释解释时可以单独使用
	扩展图形符号，用去除材料的方法获得，如车、铣、刨、磨、钻、剪切、抛光、腐蚀、电火花加工、气割等
	扩展图形符号，不去除材料表面，也可以表示保持上道工序形成的表面，不管这种是通过去除还是不去除材料形成的
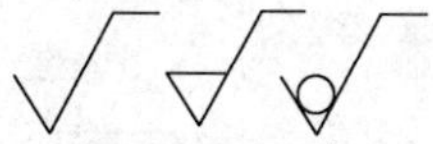	完整的表面粗糙度标注符号
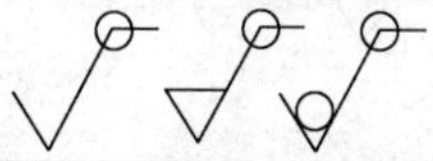	在上述三个符号的长边上加一小圆，表示所有表面具有相同的表面粗糙度要求

2. 表面粗糙度的标注

当对零件有表面粗糙度要求时，需同时给出表面粗糙度参数值和取样长度的要求。如果取样长度按表 4-1 取值时，则可省略标注。

表面粗糙度数值及其有关规定在符号中的注写位置如图 4-8 所示。

表面粗糙度高度特征参数是基本参数，在标注表面粗糙度值时，需在数值前标注 *Ra*、*Rz* 代号，如表 4-5 所示。表 4-5 中有关表面粗糙度参数的“上限值”（或“下限值”）和“最大值”（或“最小值”）的含义是不同的。“上限值”表示所有实测值中，允许有 16%的实测值可以超过规定值；而“最大值”表示不允许任何实测值超过规定值。

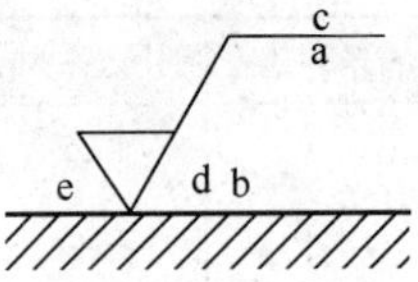

a—粗糙度代号与数值，如 *Ra*3.2；b—第二个表面结构要求；c—注写加工方法、表面处理、涂层或其他加工工艺；d—注写表面纹理和方向；e—注写加工余量

图 4-8　表面粗糙度补充要求注写

表 4-5　表面结构代号标注示例及意义

代　号	意　义
Ra 1.6	用去除材料方法获得的表面粗糙度，单向上限值，默认传输带，R 轮廓，表面粗糙度算术平均偏差为 1.6μm，评定长度为 5 个取样长度（默认），“16%规则”（默认）
Ra max 1.6	用去除材料方法获得的表面粗糙度，单向上限值，默认传输带，R 轮廓，表面粗糙度算术平均偏差为 1.6μm，评定长度为 5 个取样长度（默认），“最大规则”
Ra 3.2	用去除材料方法获得的表面粗糙度，单向上限值，默认传输带，R 轮廓，表面粗糙度最大高度为 3.2μm，评定长度为 5 个取样长度（默认），“16%规则”（默认）
Rz 0.4	不去除材料，单向上限值，默认传输带，R 轮廓，表面粗糙度最大高度为 0.4μm，评定长度为 5 个取样长度（默认），“16%规则”（默认）
−0.8/*Ra*3 3.2	表示去除材料，单向上限值，表面传输带：根据 GB/T 6062，取样长度为 0.8μm（λs 默认为 0.0025mm），R 轮廓，表面粗糙度算术平均偏差为 1.6μm，评定长度为 3 个取样长度（默认），“16%规则”（默认）

3. 表面粗糙度在图纸上的标注方法

图纸上的表面粗糙度符号一般标注在可见轮廓线、尺寸线或其引出线上；对于镀涂表面，可以标注在表示线（粗点画线）上；符号的尖端必须从材料外面指向实体表面，数字及符号的方向必须按图 4-9 和图 4-10 规定的要求标注。

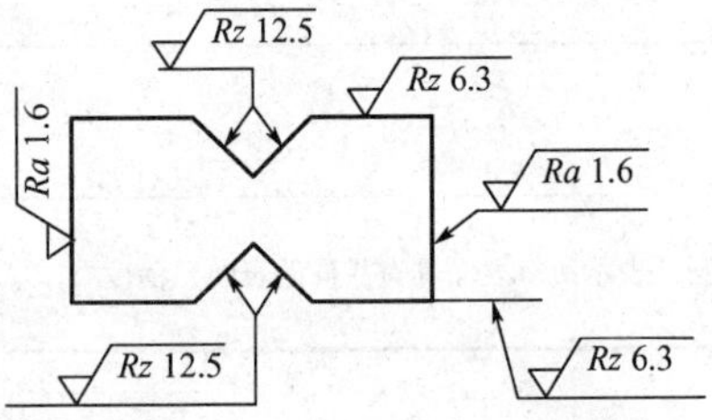

图 4-9　不同方向表面标注

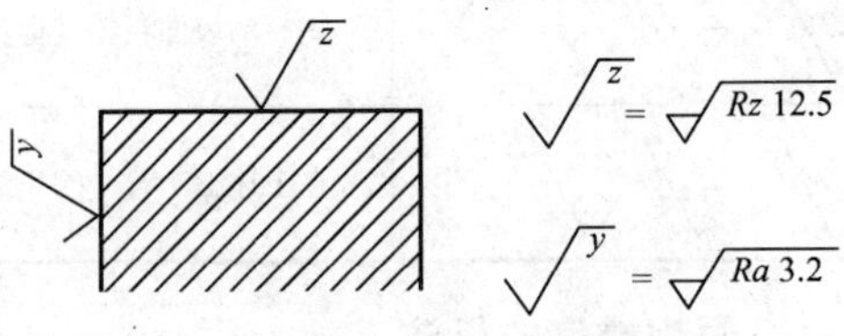

图 4-10　图纸空间有限时的简化注法

4.3.7　表面粗糙度的数值选择

零件表面粗糙度不仅对其使用性能的影响是多方面的，而且关系到产品质量和生产成本。因此在选择表面粗糙度数值时，应在满足零件使用功能要求的前提下，同时考虑工艺性和经济性。在确定零件表面粗糙度时，除了有特殊要求的表面外，一般采用类比法选取。

选取表面粗糙度数值时，在满足使用要求的情况下，应尽量选择较大的数值。除此之外，应考虑以下几方面。

（1）同一零件，配合表面、工作表面的数值小于非配合表面、非工作表面的数值。

（2）摩擦表面、承受重载荷和交变载荷表面的粗糙度数值应选小值。

（3）配合精度要求高的结合面、尺寸公差和几何公差精度要求高的表面，粗糙度选小值。

（4）同一公差等级的零件，小尺寸比大尺寸、轴比孔的粗糙度值要小。

（5）要求耐腐蚀的表面，粗糙度值应选小值。

（6）有关标准已对表面粗糙度要求做出规定的应按相应标准确定表面粗糙度数值。

如表 4-6 和表 4-7 所示是常用表面粗糙度推荐值、加工方法和应用举例，以供参考。

表 4-6 常用表面粗糙度推荐值

<table>
<tr><th colspan="3">表 面 特 征</th><th colspan="6">Ra/μm （不大于）</th></tr>
<tr><td rowspan="10">经常拆卸零件的配合表面
（如挂轮、滚刀等）</td><td rowspan="2">公差等级</td><td rowspan="2">表面</td><td colspan="6">基本尺寸/mm</td></tr>
<tr><td colspan="3">到 50</td><td colspan="3">大于 50～500</td></tr>
<tr><td rowspan="2">5</td><td>轴</td><td colspan="3">0.2</td><td colspan="3">0.4</td></tr>
<tr><td>孔</td><td colspan="3">0.4</td><td colspan="3">0.8</td></tr>
<tr><td rowspan="2">6</td><td>轴</td><td colspan="3">0.4</td><td colspan="3">0.8</td></tr>
<tr><td>孔</td><td colspan="3">0.4～0.8</td><td colspan="3">0.8～1.6</td></tr>
<tr><td rowspan="2">7</td><td>轴</td><td colspan="3">0.4～0.8</td><td colspan="3">0.8～1.6</td></tr>
<tr><td>孔</td><td colspan="3">0.8</td><td colspan="3">1.6</td></tr>
<tr><td rowspan="2">8</td><td>轴</td><td colspan="3">0.8</td><td colspan="3">1.6</td></tr>
<tr><td>孔</td><td colspan="3">0.8～1.6</td><td colspan="3">1.6～3.2</td></tr>
<tr><td rowspan="10">过盈配合的配合表面装配
① 按机械压入法
② 装配按热处理法</td><td rowspan="2">公差等级</td><td rowspan="2">表面</td><td colspan="6">公称尺寸/mm</td></tr>
<tr><td colspan="2">到 50</td><td colspan="2">大于 50～120</td><td colspan="2">大于 120～500</td></tr>
<tr><td rowspan="2">5</td><td>轴</td><td colspan="2">0.1～0.2</td><td colspan="2">0.4</td><td colspan="2">0.4</td></tr>
<tr><td>孔</td><td colspan="2">0.2～0.4</td><td colspan="2">0.8</td><td colspan="2">0.8</td></tr>
<tr><td rowspan="2">6～7</td><td>轴</td><td colspan="2">0.4</td><td colspan="2">0.8</td><td colspan="2">1.6</td></tr>
<tr><td>孔</td><td colspan="2">0.8</td><td colspan="2">1.6</td><td colspan="2">1.6</td></tr>
<tr><td rowspan="2">8</td><td>轴</td><td colspan="2">0.8</td><td colspan="2">0.8～1.6</td><td colspan="2">1.6～3.2</td></tr>
<tr><td>孔</td><td colspan="2">1.6</td><td colspan="2">1.6～3.2</td><td colspan="2">1.6～3.2</td></tr>
<tr><td rowspan="2">—</td><td>轴</td><td colspan="6">1.6</td></tr>
<tr><td>孔</td><td colspan="6">1.6～3.2</td></tr>
<tr><td rowspan="5">精密定心用配合的
零件表面</td><td colspan="2" rowspan="3">表面</td><td colspan="6">径向跳动公差/mm</td></tr>
<tr><td>2.5</td><td>4</td><td>6</td><td>10</td><td>16</td><td>25</td></tr>
<tr><td colspan="6">Ra/μm</td></tr>
<tr><td colspan="2">轴</td><td>0.05</td><td>0.1</td><td>0.1</td><td>0.2</td><td>0.4</td><td>0.8</td></tr>
<tr><td colspan="2">孔</td><td>0.1</td><td>0.2</td><td>0.2</td><td>0.4</td><td>0.8</td><td>1.6</td></tr>
</table>

续表

表面特征		*Ra*/μm （不大于）		
滑动轴承的配合表面	表面	公差等级		液体湿摩擦条件
		6～9	10～12	
		Ra/μm （不大于）		
	轴	0.4～0.8	0.8～3.2	0.1～0.4
	孔	0.8～1.6	1.6～3.2	0.2～0.8

表 4-7　表面粗糙度参数、加工方法和应用举例

Ra/μm	加工方法	应用举例
12.5～25	粗车、粗铣、粗刨、钻、毛锉、锯断等	粗加工非配合表面，如轴端面、倒角、钻孔、齿轮和带轮侧面、键槽底面、垫圈接触面及不重要的安装支承面
6.3～12.5	车、铣、刨、镗、钻、粗绞等	半精加工表面，如轴上不安装轴承、齿轮等处的非配合表面，轴和孔的退刀槽、支架、衬套、端盖、螺栓、螺母、齿顶圆、花键非定心表面等
3.2～6.3	车、铣、刨、镗、磨、拉、粗刮、铣齿等	半精加工表面，如箱体、支架、套筒、非传动用梯形螺纹等，以及与其他零件结合而无配合要求的表面
1.6～3.2	车、铣、刨、镗、磨、拉、刮等	接近精加工表面，如箱体上安装轴承的孔和定位销的压入孔表面及齿轮齿条、传动螺纹、键槽、皮带轮槽的工作面、花键结合面等
0.8～1.6	车、镗、磨、拉、刮、精绞、磨齿、滚压等	要求有定心及配合的表面，如圆柱销、圆锥销的表面、卧式车床导轨面、与P0和P6级滚动轴承配合的表面等
0.4～0.8	精绞、精镗、磨、刮、滚压等	要求配合性质稳定的配合表面及活动支承面，如高精度车床导轨面、高精度活动球状接头表面等
0.2～0.4	精磨、珩磨、研磨、超精加工等	精密机床主轴锥孔、顶尖圆锥面、发动机曲轴和凸轮轴工作表面、高精度齿轮齿面、与P5级滚动轴承配合面等
0.1～0.2	精磨、研磨、普通抛光等	精密机床主轴轴颈表面、一般量规工作表面、汽缸内表面、阀的工作表面、活塞销表面等
0.025～0.1	超精磨、精抛光、镜面磨削等	精密机床主轴轴颈表面、滚动轴承套圈滚道、滚珠及滚柱表面、工作量规的测量表面、高压液压泵中的柱塞表面等
0.012～0.025	镜面磨削等	仪器的测量面、高精度量仪等
≤0.012	镜面磨削、超精研等	量块的工作面、光学仪器中的金属镜面等

习题

1. 判断题：

（1）测量表面粗糙度时，取样长度过短不能反映表面的真实情况，因此越长越好。（　　）

（2）设计时，对于同一尺寸精度等级的表面，轴的粗糙度值应比孔的小。（　　）

（3）零件表面粗糙度数值越小，一般其尺寸公差和几何公差要求越高。（　　）

（4）表面粗糙度值越大，越有利于零件耐磨性和抗腐蚀性的提高。（　　）

（5）若零件承受交变载荷，表面粗糙度应选择较小值。（　　）

（6）表面粗糙度符号的尖端可以从材料的外面或里面指向被标注表面。（　　）

2．试述表面粗糙度评定参数 *Ra*、*Rz* 的含义。

3．评定表面粗糙度时，为什么要规定取样长度？有了取样长度，为何还规定评定长度？

4．图 4-11 所示是测量零件表面粗糙度的曲线放大图，坐标纸上的每一小格标定为 0.2μm，根据曲线确定 *Rz* 值。

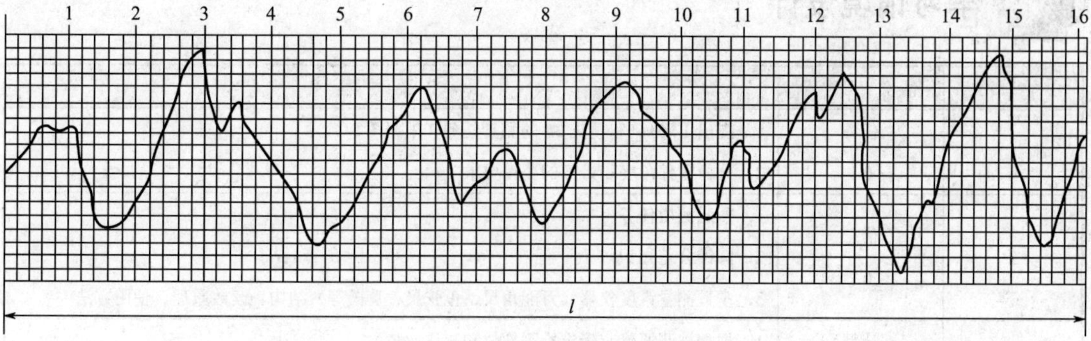

图 4-11　测量零件表面粗糙度的曲线放大图

项目5　角度与锥度测量

学习情境设计

序　号	情境（课时）	主 要 内 容
1	任务 0.1	1．提出 1 : 5±6′和莫氏 3# 的测量任务（根据图 5-1）； 2．分析零件角度和锥度的公差要求
2	信息 0.7	1．熟悉测量任务； 2．圆锥公差知识； 3．掌握测量锥度仪器（万能角尺、正弦尺、莫氏等）结构、读数原理、使用方法
3	计划 0.2	1．根据被测要素，确定检测部位和测量次数； 2．确定用万能角尺测量角度、正弦尺测量外锥度、莫氏塞规测量内锥度的测量方案
4	实施 1.5	1．清洁被测零件和计量器具的测量面； 2．选择合适的计量器具并能正确安装； 3．调整与校正计量器具； 4．记录数据，处理数据
5	检查 0.3	1．任务的完成情况； 2．复查，交叉互检
6	评估 0.2	1．分析整个工作过程，对出现的问题进行修改并优化； 2．判断被测要素的合格性； 3．出具测量报告，资料存档

5.1　任务提出

本项目任务如图 5-1 所示。

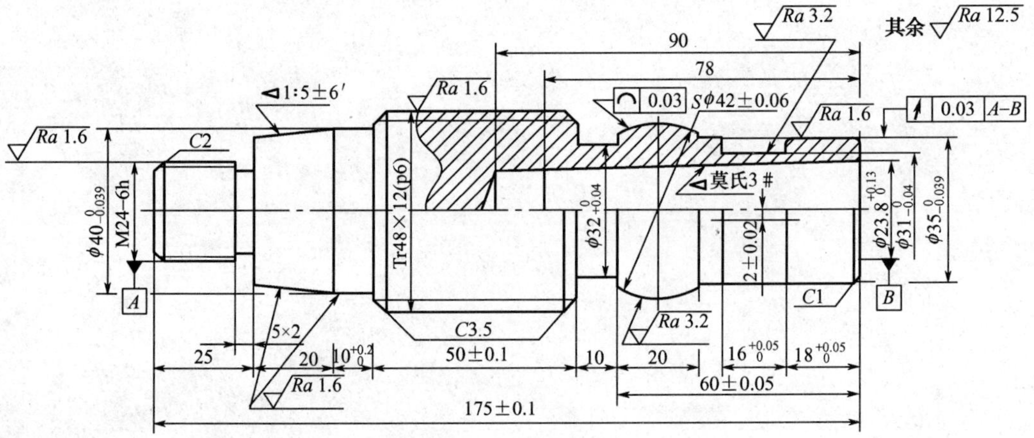

图 5-1　被测零件

5.2　学习目标

如图 5-1 所示是被测零件，图中有 1 : 5±6′、莫氏 3# 等的标注，请同学们从以下几方面进行学习。

（1）分析图纸，搞清楚精度要求。

（2）查阅相关国家计量标准，理解 1 : 5±6′、莫氏 3# 等的标注含义。

（3）选择计量器具，确定测量方案。

（4）使用哪些计量器具测量零件角度和锥度误差？

（5）如何对计量器具进行保养与维护？

（6）填写检测报告与处理数据。

5.3　圆锥的基础知识

圆锥配合是机器、仪器及工具结构中常用的配合。例如，工具圆锥与机床主轴的配合，是最典型的实例。如图 5-2 所示，在圆柱体间隙配合中，孔与轴的轴线间有同轴度误差，但在圆锥体结合中，只要使内外圆锥沿轴线做相对移动，就可以使间隙减小，甚至产生过盈，从而消除同轴度误差。圆锥配合与圆柱配合相比较，前者具有良好的同轴度，而且装拆方便、配合的间隙或过盈可以调整、密封性好。但是，圆锥配合在结构上比较复杂，影响其互换性的参数较多，加工和检测也较困难。为了满足圆锥配合的使用要求，保证圆锥配合的互换性，我国发布了一系列有关圆锥公差与配合及圆锥公差标注方法的标准，分别是《圆锥的锥度和角度系列》（GB/T 157—2001）、《圆锥公差》（GB/T 11334—2005）及《圆锥配合》（GB/T 12360—2005）等。

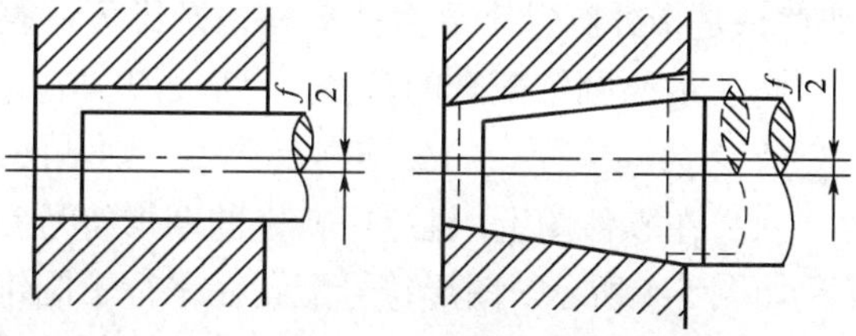

（a）圆柱结合　　（b）圆锥结合

图 5-2　圆柱配合与圆锥配合的比较

5.3.1　圆锥及其配合的主要几何参数

圆锥有内圆锥（圆锥孔）和外圆锥（圆锥轴）两种，其主要几何参数为圆锥角 α、圆锥直径、圆锥长度 L 和锥度 C 等，如图 5-3 和图 5-4 所示。

（1）圆锥角 α 指在通过圆锥轴线的截面内两条素线间的夹角。

（2）圆锥直径是指在垂直于其轴线的截面上的直径，圆锥大端直径用 D 表示，圆锥小端直径用 d 表示，给定截面上的圆锥直径用 d_x 表示。

（3）圆锥长度是指最大圆锥直径截面与最小圆锥直径截面之间的轴向距离，用 L 表示，给定截面的圆锥长度用 L_x 表示，结合长度用 L_p 表示。

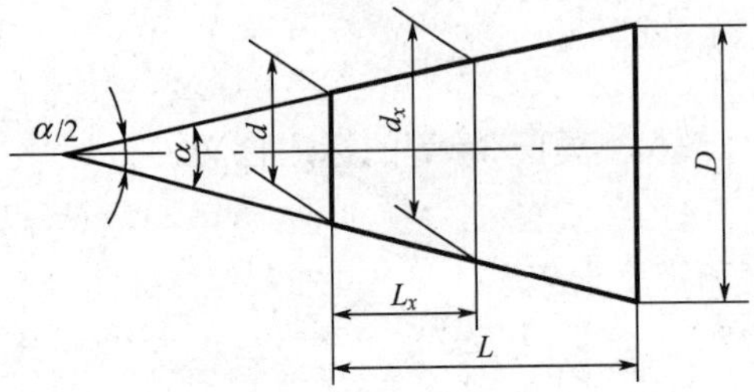

图 5-3　圆锥的主要几何参数

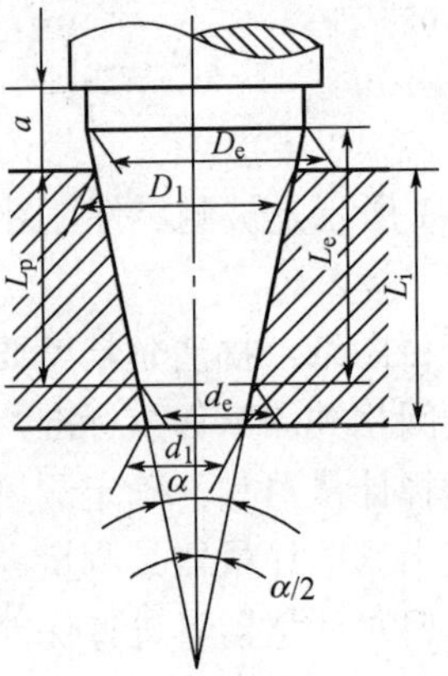

图 5-4　圆锥配合

（4）锥度 C 是指两个垂直于圆锥轴线的截面上的圆锥直径之差与该两截面间的轴向距离之比，圆锥角的大小常常用锥度表示。例如，最大圆锥直径 D 与最小圆锥直径 d 之差对圆锥长度 L 之比，即

$$C=(D-d)/L$$

锥度 C 与圆锥角 α 的关系为

$$C=2\tan\left(\frac{\alpha}{2}\right)$$

锥度一般用比例或分数表示，如 C=1∶5 或 C=1/5。光滑圆锥的锥度已标准化，GB/T 157—2001 规定了一般用途和特殊用途的锥度与圆锥角系列。

（5）基面距 a 是指内、外圆锥基准平面之间的距离。基面距用来确定内、外圆锥之间最终的轴向相对位置，基面距 a 的位置取决于所选的圆锥配合的公称圆锥直径。

圆锥配合的公称圆锥直径是指外圆锥小端直径 d_e 与内圆锥大端直径 D_1。若以外圆锥小端直径 d_e 为圆锥配合的直径，则基面距 a 在小端；若以内圆锥大端直径 D_1 为圆锥配合的公称圆锥直径，则基面距 a 在大端。

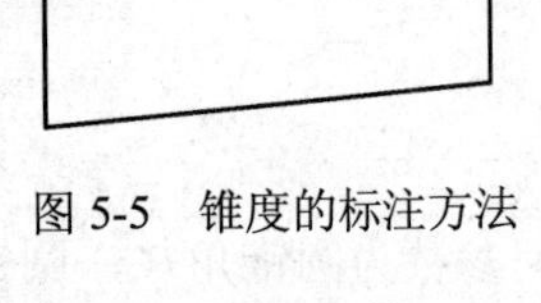

图 5-5　锥度的标注方法

在零件图上，锥度用特定的图形符号和比例（或分数）来标注，如图 5-5 所示。图形符号配置在平行于圆锥轴线的基准线上，并且其方向与圆锥方向一致，在基准线上标注锥度的数值。用指引线将基准线与圆锥素线相连。在图纸上标注了锥度，就不必标注圆锥角，两者不应重复标注。

此外，对圆锥只要标注了最大圆锥直径 D 和最小圆锥直径 d 中的一个直径及圆锥长度 L、圆锥角 α（或锥度 C），则该圆锥就完全确定。

5.3.2　锥度与锥角

为了尽可能减少生产圆锥零件所需要的定值刀具、量具的种类和规格，在设计圆锥零件时应选择标准锥度或标准锥角。

如表 5-1 所示为一般用途的锥度和锥角系列，其锥角 α 从 120° 到 0° 或锥度 C 从 1 : 0.288 675 到 1 : 500。它适用于一般机械工程中的光滑圆锥，不适用于棱锥、锥螺纹和锥齿轮等。选用时应优先选用第一系列，然后选用第二系列。如表 5-2 所示为特殊用途的锥度和锥角系列，仅适用于某些特殊行业。

表 5-1　一般用途圆锥的锥度和锥角

基本值		推算值			应用举例
系列 1	系列 2	圆锥角 α		锥度 C	
120°				1 : 0.288 675	节气阀、汽车、拖拉机阀门
90°				1 : 0.500 000	重型顶尖、重型中心孔、阀的阀销锥体
	75°			1 : 0.651 613	埋头螺钉、小于 10mm 的丝锥
60°				1 : 0.866 025	顶尖、中心孔、弹簧夹头、埋头钻、埋头与半埋头铆钉
45°				1 : 1.207 107	摩擦轴节、弹簧卡头、平衡块
30°				1 : 1.866 025	受力方向垂直于轴线易拆开的连接
1 : 3		18° 55′28.7″	18.924 644°		受力方向垂直于轴线的连接
	1 : 4	14° 15′0.1″	14.250 033°		
1 : 5		11° 25′16.3″	11.421 186°		锥形摩擦离合器、磨床主轴、重型机床主轴
	1 : 6	9° 31′38.2″	9.527 283°		
	1 : 7	8° 10′16.4″	8.171 234°		
	1 : 8	7° 9′9.6″	7.152 669°		
1 : 10		5° 43′29.3″	5.724 810°		受轴向力和扭转力的连接处。主轴承受轴向力、调节套筒
	1 : 12	4° 46′18.8″	4.771 888°		
	1 : 15	3° 49′5.9″	3.818 305°		主轴齿轮连接处，受轴向力之机件连接处，如机车十字头轴
1 : 20		2° 51′51.1″	2.864 192°		机床主轴、刀具刀杆的尾部、锥形铰刀芯轴
1 : 30		1° 54′34.9″	1.906 82°		锥形铰刀、套式铰刀、扩孔钻的刀杆，主轴颈
	1 : 40	1° 25′56.4″	1.432 320°		
1 : 50		1° 8′45.2″	1.145 877°		锥销、手柄端部，锥形铰刀、量具尾部
1 : 100		0° 34′22.6″	0.572 953°		受振及静变负载不拆开的连接件，如芯轴等
1 : 200		0° 17′11.3″	0.286 478°		导轨镶条，受振及冲击负载不拆开的连接件
1 : 500		0° 6′52.5″	0.114 592°		

表 5-2　特殊用途的锥度和锥角系列

基本值	推算值			备注
	圆锥角 α		锥度 C	
7 : 24	16°　35′39.4″		1 : 3.428 571	机床主轴，工具配合
1 : 16.666				医疗设备
1 : 19.002		3.014 554°		莫氏锥度　№5
1 : 19.180	2°　59′11.7″	2.986 590°		莫氏锥度　№6
1 : 19.212	2°　58′53.8″	2.981 618°		莫氏锥度　№0
1 : 19.254	2°　58′30.4″	2.975 117°		莫氏锥度　№4
1 : 19.922	2°　52′31.4″	2.875 402°		莫氏锥度　№3
1 : 20.020	2°　51′40.8″	2.861 332°		莫氏锥度　№2
1 : 20.047	2°　51′26.9″	2.857 480°		莫氏锥度　№1

莫氏圆锥共有 7 种，从 0 号到 6 号，其中，0 号尺寸最小，6 号尺寸最大。每个莫氏号的圆锥不但尺寸不同，而且锥度虽然都接近 1 : 20，也都不相同，所以，只有相同号的内、外莫氏圆锥才能配合。

5.3.3　圆锥公差及其应用

1. 有关圆锥公差的术语

（1）公称圆锥。公称圆锥是指设计时给定的理想圆锥。它所有的尺寸分别为公称圆锥直径、公称圆锥长度 L、公称锥度 C 和公称圆锥角（或公称锥度）等。

（2）极限圆锥、圆锥直径公差和圆锥直径公差带。极限圆锥是指与公称圆锥共轴线且圆锥角相等、直径分别为最大极限尺寸和最小极限尺寸的两个圆锥，如图 5-6 所示。在垂直于圆锥轴线的所有截面上，这两个圆锥的直径差都相等，且等于圆锥直径公差 T_D。直径为最大极限尺寸（D_{max}、d_{max}）的圆锥称为最大极限圆锥，直径为最小极限尺寸（D_{min}、d_{min}）的圆锥称为最小极限圆锥。

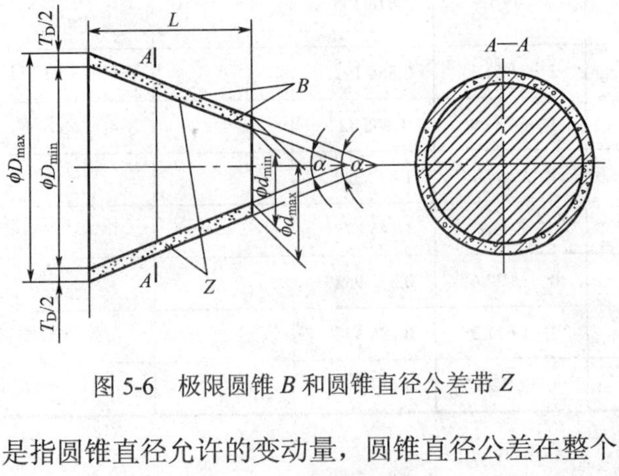

图 5-6　极限圆锥 B 和圆锥直径公差带 Z

圆锥直径公差 T_D 是指圆锥直径允许的变动量，圆锥直径公差在整个圆锥长度内都适用。以公称圆锥的大端直径为公称尺寸，按 GB/T 1800.3—1998 规定的标准公差选取。其数值适用于圆锥长度范围内的所有圆锥直径。为了使圆锥结合的基面距变动量不致太大，有配合要求的圆锥直径公差等级不能太低，一般为 IT5～IT8。

两个极限圆锥所限定的区域称为圆锥直径公差带 Z。

（3）极限圆锥角、圆锥角公差和圆锥角公差带。极限圆锥角是指允许的最大圆锥角和最小圆锥角，它们分别用符号 α_{max} 和 α_{min} 表示，如图 5-7 所示。圆锥角公差是指圆锥角的允许变动量。当圆锥角公差以弧度或角度为单位时，用代号 AT_α 表示；以长度为单位时，用代号 AT_D 表示。极限圆锥角 α_{max} 和 α_{min} 所限定的区域称为圆锥角公差带 Z_α。

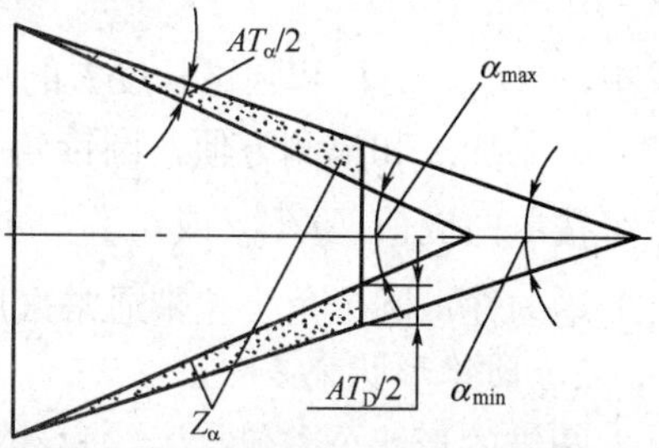

图 5-7 极限圆锥角和圆锥角公差带

2. 圆锥公差

1）圆锥角公差及其应用

圆锥角公差 AT 共分 12 个公差等级，它们分别用 AT1，AT2，…，AT12 表示，其中 AT1 精度最高，等级依次降低，AT12 精度最低。GB/T 11334—2005《圆锥公差》规定的圆锥角公差的数值见表 5-3。常用的锥角公差等级 AT4～AT12 的应用举例如下：AT4～AT6 用于高精度的圆锥量规和角度样板；AT7～AT9 用于工具圆锥、圆锥销、传递大转矩的摩擦圆锥；AT10、AT11 用于圆锥套、圆锥齿轮之类的中等精度零件；AT12 用于低精度的零件。

各个公差等级所对应的圆锥角公差值的大小与圆锥长度有关。由表 5-3 可以看出，圆锥角公差值随着圆锥长度的增加反而减小，这是因为圆锥长度越大，加工时其圆锥角精度越容易保证。圆锥角公差值的线性值 AT_D 在圆锥长度的每个尺寸分段中，其数值是一个范围值，每个 AT_D 首尾两端的值分别对应尺寸分段的最大值和最小值。若需要知道每个尺寸分段对应的 AT_D 值，可用与 AT_D 的换算关系计算而得。

表 5-3 圆锥角公差 （摘自 GB/T 11334—2005）

公称圆锥长度 L/mm	AT5			AT6			AT7		
	AT_α		AT_D	AT_α		AT_D	AT_α		AT_D
	μrad		μm	μrad		μm	μrad		μm
>25～40	160	33″	>4.0～6.3	250	52″	>6.3～10.0	400	1′22″	>10.0～16.0
>40～63	125	26″	>5.0～8.0	200	41″	>8.0～12.5	315	1′05″	>12.5～20.0
>63～100	100	21″	>6.3～10.0	160	33″	>10.0～16.0	250	52″	>16.0～25.0
>100～160	80	16″	>8.0～12.5	125	26″	>12.5～20.0	200	41″	>20.0～32.0
>160～250	63	13″	>10.0～16.0	100	21″	>16.0～25.0	160	33″	>25.0～40.0
公称圆锥长度 L/mm	AT8			AT9			AT10		
	AT_α		AT_D	AT_α		AT_D	AT_α		AT_D
	μrad		μm	μrad		μm	μrad		μm
>25～40	630		>16.0～20.5	1000	3′26″	>25～40	1600	5′30″	>40～63
>40～63	500	1′43″	>20.0～32.0	800	2′45″	>32～50	1250	4′18″	>50～80
>63～100	400	1′22″	>25.0～40.0	630	2′10″	>40～63	1000	3′26″	>63～100
>100～160	315	1′05″	>32.0～50.0	500	1′43″	>50～80	800	2′45″	>80～125
>160～250	250	52″	>40.0～63.0	400	1′22″	>63～100	630	2′10″	>100～160

$$AT_D = AT_\alpha \times L \times 10^{-5}$$

式中，AT_D、AT_α 和圆锥长度 L 的单位分别为μm、μrad 和 mm。

为了加工和检测方便，圆锥角公差可用角度值 AT_α 或线性值 AT_D 给定，圆锥角的极限偏差可按单向取值（$\alpha^{+AT_\alpha}_{\ 0}$ 或 $\alpha^{\ \ 0}_{-AT_\alpha}$）或者双向对称取值（$\alpha \pm AT_D/2$）。为了保证内、外圆锥接触的均匀性，圆锥角公差带通常采用对称于公称圆锥角分布。

2）圆锥形状公差

圆锥的形状公差包括素线直线度公差和任意横截面上的圆度公差。在图纸上可以标注圆锥的这两项形状公差或其中某一项公差，或者标注圆锥的面轮廓度公差。对于要求不高的圆锥零件，其形状误差一般由圆锥直径公差 T_D 加以限制。

3. 圆锥公差的给定和标注

只有具有相同的公称圆锥角（或公称锥度），同时标注直径公差的圆锥直径也具有相同的公称尺寸的内、外圆锥才能相互配合。在图纸上标注配合内、外圆锥的尺寸和公差的方法有下列三种。

（1）图 5-8 给出了圆锥的理论正确圆锥角 $\boxed{\alpha}$，如图 5-8（a）所示；或锥度 $\boxed{C}$），如图 5-8（b）所示；理论正确圆锥直径（$\boxed{D}$ 或 $\boxed{d}$）和圆锥长度 L，并标注面轮廓度公差值。必要时，还可以给出附加的几何公差值，但只占面轮廓度公差的一部分，几何误差在面轮廓度公差带内浮动。此法适用于有配合要求的结构型内、外圆锥。它是常用的圆锥公差给定方法，由面轮廓度公差带确定最大与最小极限圆锥，将圆锥的直径偏差、圆锥角偏差、素线直线度误差和横截面圆度误差等都控制在面轮廓度公差带内。

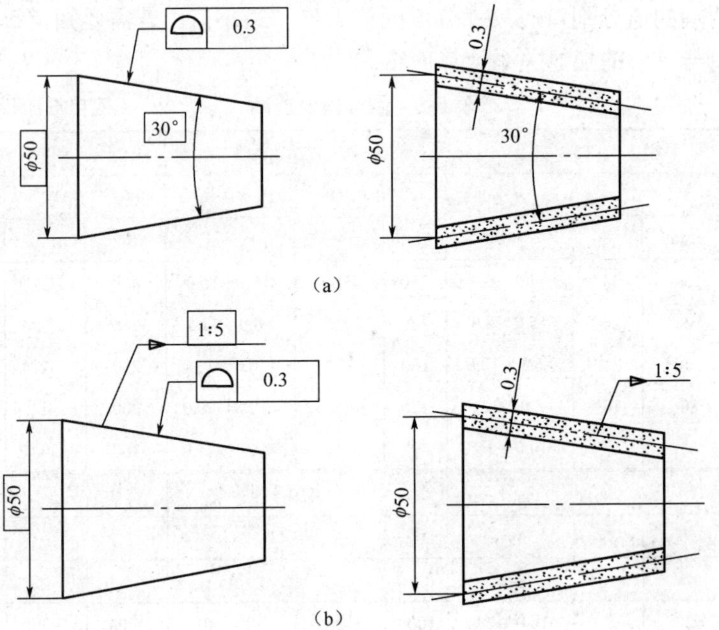

图 5-8　标注圆锥公差的方法一

（2）图 5-9 给出了圆锥的理论正确圆锥角 α 和圆锥长度 L，标注公称圆锥直径（D 或 d）及其极限偏差（按相对于该直径对称分布取值）。其特征是按圆锥直径为最大和最小实体尺寸构成的同轴圆锥面来形成两个具有理想形状的包容面公差带。实际圆锥不得超越这两个包容面。此法适用于有配合要求的结构型和位移型内、外圆锥。

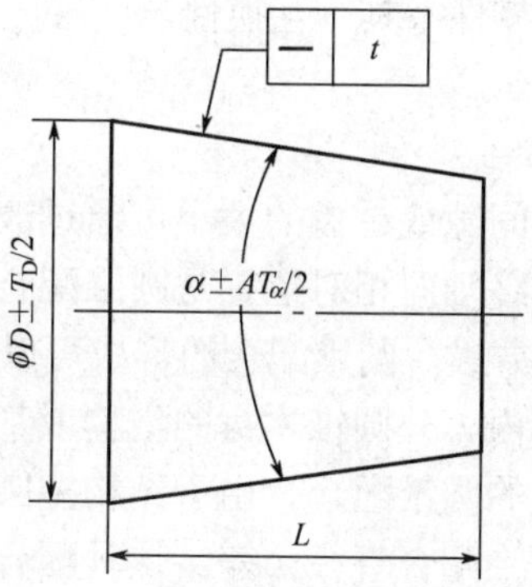

图 5-9　标注圆锥公差的方法二

（3）图 5-10 同时给出了最大（或最小）圆锥直径的极限偏差和圆锥角极限偏差，并标注圆锥长度。它们各自独立，分别满足各自的要求。此法适用于非配合圆锥，也适用于对某给定截面直径有较高要求的圆锥。

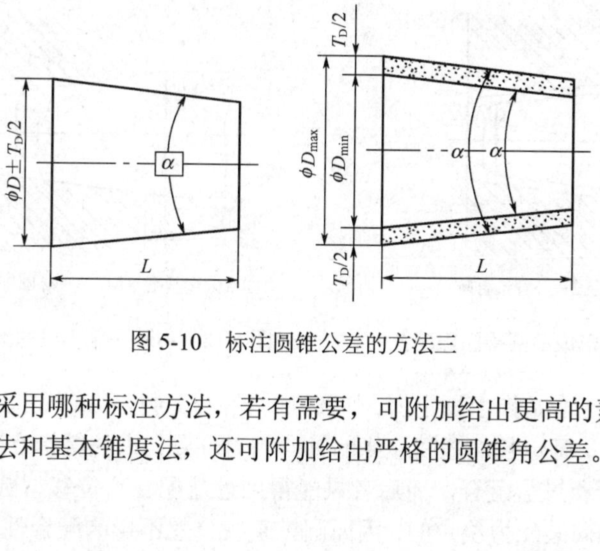

图 5-10　标注圆锥公差的方法三

应当指出，无论采用哪种标注方法，若有需要，可附加给出更高的素线直线度、圆度公差要求；对于轮廓度法和基本锥度法，还可附加给出严格的圆锥角公差。

5.3.4　圆锥配合

1. 圆锥配合及其种类

圆锥配合是指公称尺寸相同的内、外圆锥的直径之间由于结合松紧不同所形成的相互关系。圆锥配合分为下列三种配合。

（1）间隙配合是指具有间隙的配合。间隙的大小可以在装配时和在使用中通过内、外圆锥的轴向相对位移来调整。间隙配合主要用于有相对转动的机构中，如精密车床主轴轴颈与圆锥滑动轴承衬套的配合。

（2）过盈配合是指具有过盈的配合。过盈的大小也可以通过内、外圆锥的轴向相对位移来调整。在承载情况下利用内、外圆锥间的摩擦力自锁，可以传递很大的转矩，如钻头、铰刀和铣刀等工具锥柄与机床主轴锥孔的配合。

（3）过渡配合是指可能具有间隙，也可能具有过盈的配合。其中，要求内、外圆锥紧密接触，间隙为零或稍有过盈的配合称为紧密配合，此类配合具有良好的密封性，可以防止漏水和漏气。它用于对中定心或密封。为了保证良好的密封，对内、外圆锥的形状精度要求很高，通常将它们配对研磨，这类零件不具有互换性。

2. 圆锥配合的形成

在实际应用中，圆锥配合的间隙或过盈的大小可通过改变内、外圆锥间的轴向相对位置来调整。因此，内、外圆锥的最终轴向相对位置是圆锥配合的重要特征。按照确定内、外圆锥间最终的轴向相对位置采用的方式，圆锥配合的形成可以分为下列两种形成方式。

（1）结构型圆锥配合是指由内、外圆锥本身的结构或基面距确定它们之间最终的轴向相对位置，从而获得指定配合性质的圆锥配合。由于结构型圆锥配合轴向相对位置是固定的，其配合性质主要取决于内、外圆锥配合直径公差。这种配合方式可获得间隙配合、过渡配合和过盈配合。

如图 5-11 所示，用内、外圆锥的结构即内圆锥端面 1 与外圆锥台阶 2 接触来确定装配时最终的轴向相对位置，以获得指定的圆锥间隙配合。又如图 5-12 所示，用内圆锥大端基准平面 1 与外圆锥大端基准圆平面 2 之间的距离 a （基面距）确定装配时最终的轴向相对位置，以获得指定的圆锥过盈配合。

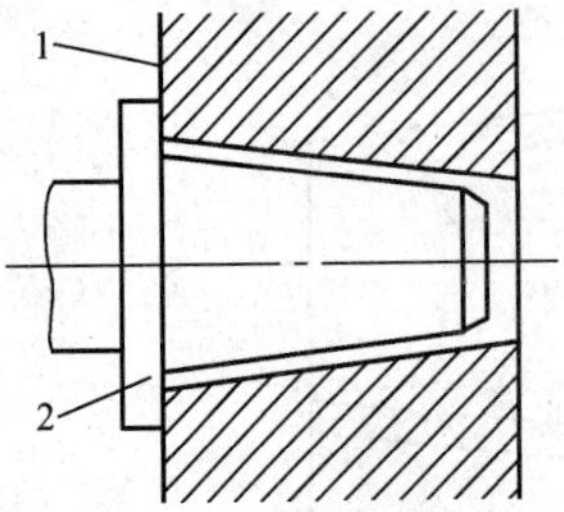

1—内圆锥端面；2—外圆锥台阶

图 5-11　由结构形成的圆锥间隙配合

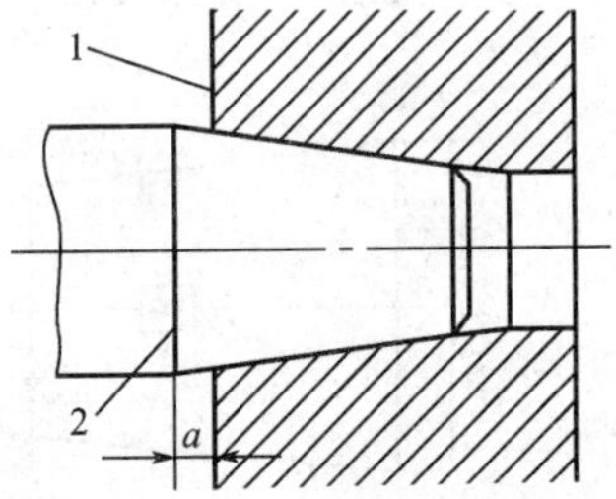

1—内圆锥大端基准平面；2—外圆锥大端基准平面

图 5-12　由基面距形成的圆锥过盈配合

（2）位移型圆锥配合是指由规定内、外圆锥的轴向相对位移或规定施加一定的装配力（轴向力）产生轴向位移，确定它们之间最终的轴向相对位置，来获得指定配合性质的圆锥配合。前者可获得间隙配合和过盈配合，而后者只能得到过盈配合。位移型圆锥配合的配合性质是由轴向相对位移或轴向装配力决定的，因而圆锥直径公差不影响配合性质，但影响初始位置、位移公差（允许位置的变动量）、基面距和接触精度。因此，位移型圆锥配合的公差等级不能太低。

如图 5-13 所示，在不受力的情况下内、外圆锥相接触，由实际初始位置 P_a 开始，内圆锥向右做轴向位移 E_a，到达终止位置 P_f，以获得指定的圆锥间隙配合。又如图 5-14 所示，在不受力的情况下，内、外圆锥相接触，由实际初始位置 P_a 开始，对内圆锥施加一定的装配力，使内圆锥向左做轴向位移 E_a （虚线位置），达到终止位置 P_f，以获得指定的圆锥过盈配合。

轴向位移 E_a 与间隙 X （或过盈 Y ）的关系为

$$E_a = X\text{（或}Y\text{）}/C$$

式中　C——内、外圆锥的锥度。

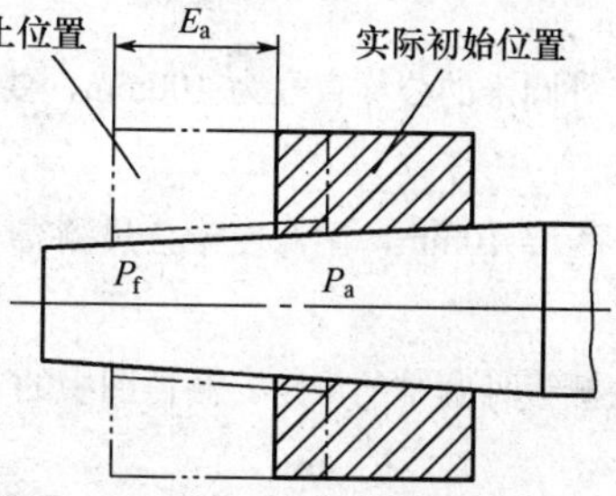

图 5-13 由轴向位移形成圆锥间隙配合

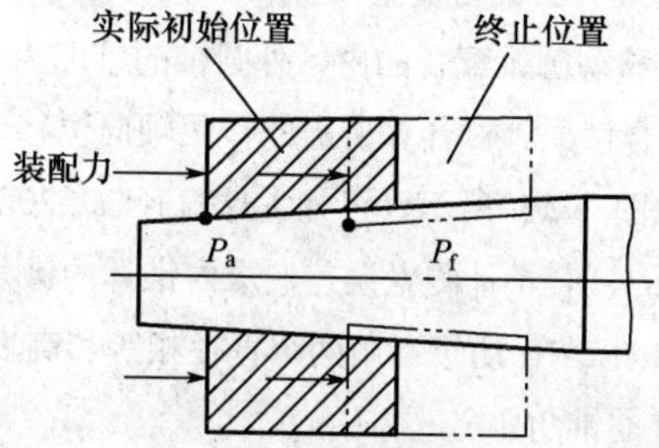

图 5-14 由施加装配力形成圆锥过盈配合

5.3.5 未注圆锥公差角度的极限偏差

国家对金属切削加工工件的未注公差角度规定了极限偏差，即 GB/T 11335—1989《未注公差角度的极限偏差》，将未注公差角度的极限偏差分为三个等级，见表 5-4。以角度的短边长度查取。用于圆锥时，以圆锥素线长度查取。

表 5-4 未注圆锥公差角度的极限偏差

公差等级	长度/mm				
	≤10	>10～50	>50～120	>120～400	>400
m（中等级）	±1°	±30′	±20′	±10′	±5′
c（粗糙级）	±1° 30′	±1°	±30′	±15′	±10′
v（最粗级）	±3°	±2°	±1°	±30′	±20′

未注公差角度的公差等级在图纸或技术文件上用标准号和公差等表示，例如，选用粗糙级时表示为 GB11335-c。

习题

1．判断题：

（1）在不同的轴截面，圆锥的实际圆锥角不一定相同。（ ）

（2）在圆锥的任意正截面上，最大极限圆锥和最小极限圆锥的直径之差都相等。（ ）

（3）圆锥配合时，可沿轴向进行相互位置的调整，从而获得间隙、过盈配合，所以比圆柱配合的互换性好。（ ）

2．选择题：

（1）圆锥配合和圆柱配合相比较，其特点是（ ）。

A．定心精度高　B．加工方便　C．装拆不方便　D．密封性差

（2）圆锥以（ ）作为公称尺寸。

A．大端直径　B．小端直径　C．长度　D．锥度

（3）圆锥的锥度 C=1∶10，小端直径为 30mm，圆锥长为 70mm，则大端直径为（ ）mm。

A．32.5　B．37　C．31.4　D．44

3．圆锥配合与圆柱配合相比较，具有哪些优点？

4．有一外圆锥的最大圆锥直径 D 为 200mm，圆锥长度 L 为 400mm，圆锥直径公差 T_D 取为 IT9。求 T_D

所能限制的最大圆锥角偏差 $\Delta\alpha_{max}$。

5．位移型圆锥配合的内、外圆锥的锥度为 1∶50，内、外圆锥的公称直径为 100mm，要求装配后得到 H8/u7 的配合性质。试计算所需的极限轴向位移。

6．如图 5-15 所示，已知大球直径 D=20mm，小球直径 d=10mm，用深度千分尺测得 h=3.860mm，H=28.192mm，若不计测量误差，求内锥体的锥角。

7．如图 5-16 所示，用两个直径相等和高度相等的量块测量外圆锥的锥角。测得图中的 m、h、M，试计算该圆锥的锥角。

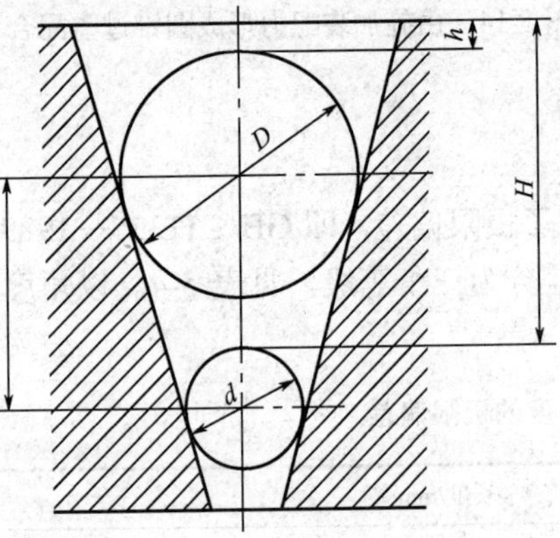

图 5-15

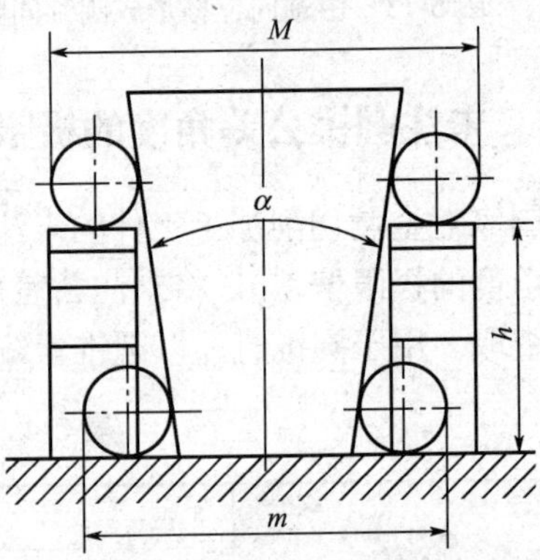

图 5-16

8．如图 5-17 所示，用两对不同直径的圆柱测量外圆锥角，试写出圆锥角的计算式。

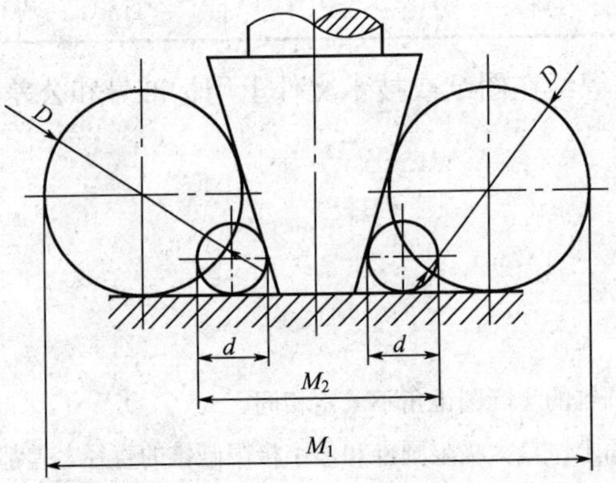

图 5-17

项目 6　螺纹误差测量

学习情境设计

序　　号	情境（课时）	主 要 内 容
1	任务 0.1	1．提出螺纹中径、螺距和牙型半角测量任务（根据图 6-1）； 2．分析零件上螺纹参数的公差要求
2	信息 0.7	1．螺纹种类、使用要求、普通螺纹基本牙型、主要几何参数、参数对互相性的影响； 2．螺纹千分尺、螺纹量规使用等； 3．螺纹中径、螺纹的综合测量方法
3	计划 0.2	1．根据螺纹被测要素，确定检测部位和测量次数； 2．确定普通螺纹和梯形螺纹中径的测量方案
4	实施 1.5	1．清洁被测零件和计量器具的测量面； 2．选择合适的计量器具并能正确安装； 3．调整与校正计量器具； 4．记录数据，处理数据
5	检查 0.3	1．任务的完成情况； 2．复查，交叉互检
6	评估 0.2	1．分析整个工作过程，对出现的问题进行修改并优化； 2．判断被测要素的合格性； 3．出具测量报告，资料存档

6.1　任务提出

本项目任务如图 6-1 所示。

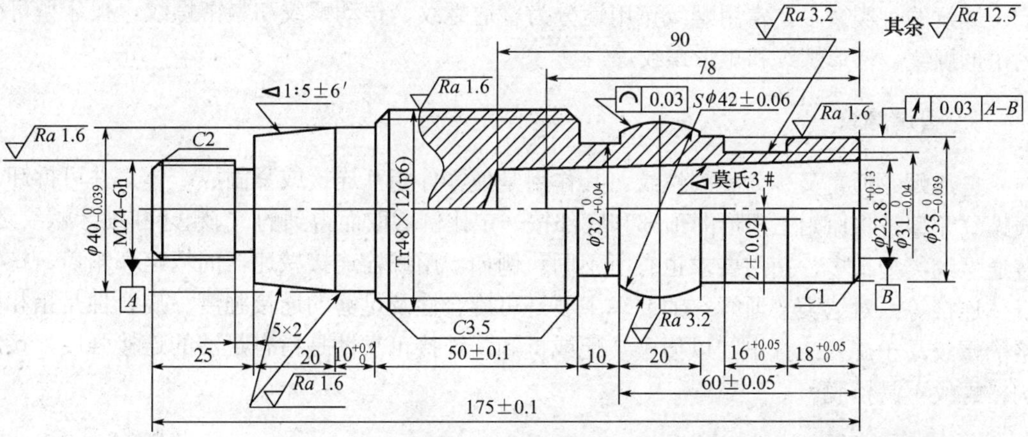

图 6-1　被测零件

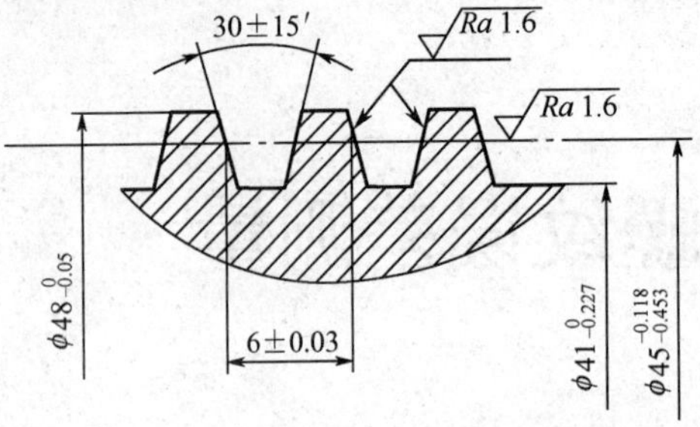

d_0=3.106mm时，M=48.912mm

图 6-1　被测零件（续）

6.2　学习目标

根据图 6-1，请同学们从以下几方面进行学习。

（1）分析图 6-1 中螺纹的精度要求。

（2）查阅相关国家计量标准，理解 M24-6h、Tr48×12（p6）的标注含义。

（3）选择检测所给零件螺纹合适的计量器具和辅助工具。

（4）填写检测报告与处理数据。

6.3　普通螺纹的基础知识

图 6-1 中的零件有两处螺纹，分别标有 M24-6h、Tr48×12（p6）。请同学们弄清楚这些螺纹标记的含义。

一个完整的螺纹标记由螺纹特征代号、尺寸代号、螺纹公差代号及其他有必要进一步说明的信息组成。

图 6-1 中，M、Tr 是螺纹特征代号；M24 中的 24 和 Tr48×12 中的 40×7 是尺寸代号；6h 是螺纹的公差代号。

6.3.1　螺纹的种类和使用要求

提出问题：螺纹用在什么地方？

螺纹的种类繁多，常用螺纹按用途分为普通螺纹、传动螺纹和紧密螺纹。按牙型可分为三角形螺纹、梯形螺纹和矩形螺纹等。

1. 普通螺纹

普通螺纹通常又称为紧固螺纹。其作用是使零件相互连接或紧固成一体，并可拆卸。普通螺纹牙型是将原始三角形的顶部和底部按一定比例截取而得到的，有粗牙和细牙螺纹之分。普通螺纹类型很多，使用要求也有所不同。例如，用螺栓连接减速器的箱座和箱盖、螺钉与机体连接等，对这类普通螺纹的要求主要是可旋合性及足够的连接强度。旋合性是指相同规格的螺纹易于旋入或拧出，以便于装配或拆卸。连接可靠性是指有足够的连接强度，接触均匀，螺纹不易松脱。

2. 传动螺纹

传动螺纹用于传递动力和位移。例如，千斤顶的起重螺杆和摩擦压力机的传动螺纹，主要用来传递动力，同时可以使物体产生位移，但对所移位置没有严格要求，这类螺纹连接需有足够的强度。而机床进给机构中的微调丝杠、计量器具中的测微丝杠，主要用来传递精确位移，故要求传动准确。传动螺纹的牙型常用梯形、锯齿形和矩形等。

3. 紧密螺纹

紧密螺纹又称密封螺纹，主要用于水、油、气的密封，如管道连接螺纹。这类螺纹连接应具有一定的过盈，以保证具有足够的连接强度和密封性。

本项目主要介绍普通螺纹及其公差标准。

6.3.2 普通螺纹的基本几何参数

1. 基本牙型

按 GB/T 192—2003 规定，普通螺纹的基本牙型如图 6-2 所示，它是在螺纹轴剖面上，将高度为 H 的原始等边三角形的顶部截去 $H/8$ 和底部截去 $H/4$ 后形成的。内、外螺纹的大径、中径、小径和螺距等基本几何参数都在基本牙型上定义。

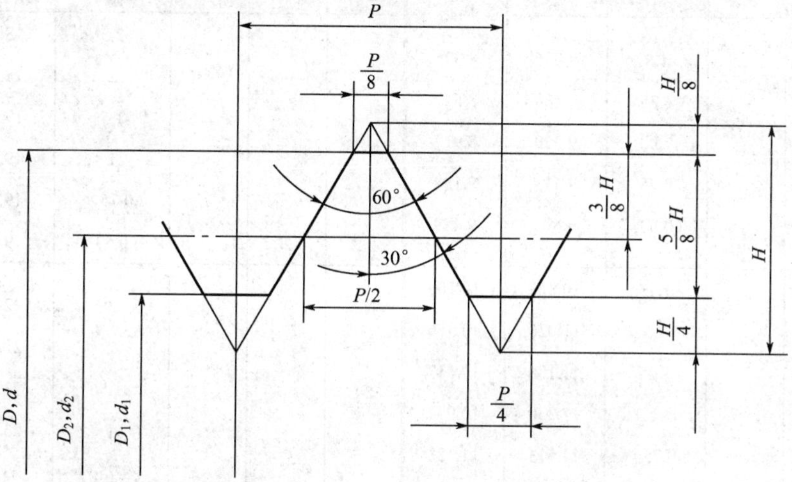

图 6-2 普通螺纹的基本牙型

2. 几何参数

（1）大径 D 或 d 。大径是指与外螺纹牙顶或与内螺纹牙底相重合的假想圆柱面的直径。国家标准规定，大径的基本尺寸作为螺纹的公称直径。

（2）小径 D_1 或 d_1 。小径是指与外螺纹牙底或内螺纹牙顶相重合的假想圆柱面的直径。在强度计算中常作为螺杆危险剖面的计算直径。外螺纹的大径和内螺纹的小径统称为顶径，外螺纹的小径和内螺纹的大径统称为底径。

（3）中径 D_2 或 d_2 。中径是一个假想圆柱面的直径，该圆柱面的母线位于牙体和牙槽宽度相等处，即 $H/2$ 处。

（4）单一中径 D_{2a} 或 d_{2a}。单一中径是一个假想圆柱面的直径，该圆柱面的母线位于牙槽宽度等于螺距基本尺寸一半处。单一中径用三针法测得，用来表示螺纹中径的实际尺寸。

（5）螺距 P 和导程 L。螺距是指螺纹相邻两牙在中径线上对应两点间的轴向距离；导程是指同一条螺旋线上相邻两牙在中径线上对应两点间的轴向距离。螺距和导程的关系是

$$L = nP$$

式中　n——螺纹的头数或线数。

（6）　牙型角 α 和牙型半角 $\frac{\alpha}{2}$。牙型角是指螺纹牙型上相邻两侧间的夹角；牙型半角是指牙侧与螺纹轴线的垂线之间的夹角。米制普通螺纹牙型角为 60°，牙型半角为 30°。

（7）原始三角形高度 H。原始三角形高度 H 是指原始三角形顶点到底边的垂直距离。

（8）螺纹旋合长度 L。螺纹旋合长度 L 是指两个相配合螺纹沿螺纹轴线方向相互旋合部分的长度。

GB/T 196—2003 规定了普通螺纹的基本尺寸，见表 6-1。

表 6-1　普通螺纹的基本尺寸　　（摘自 GB/T 196—2003）　单位：mm

公称直径（大径）D、d			螺距 P	中径 D_2，d_2	小径 D_1，d_1	公称直径（大径）D、d			螺距 P	中径 D_2，d_2	小径 D_1，d_1
第一系列	第二系列	第三系列				第一系列	第二系列	第三系列			
10			**1.5**	9.026	8.376	20			**2.5**	18.376	17.294
			1.25	9.188	8.647				2	18.701	17.835
			1	9.350	8.917				1.5	19.026	18.376
			0.75	9.513	9.188				1	19.350	18.917
			（0.5）	9.675	9.459				（0.75）	19.613	19.188
									（0.5）	19.675	19.459
12			**1.75**	10.863	10.106	24			**3**	22.051	20.752
			1.5	11.026	10.376				2	22.701	21.835
			1.25	11.188	10.647				1.5	23.026	22.376
			1	11.350	10.917				1	23.350	22.917
			（0.75）	11.513	11.188				（0.75）	23.513	23.188
			（0.5）	11.675	11.459						
16			**2**	14.701	13.835	30			**3.5**	27.727	26.211
			1.5	15.026	14.376				（3）	28.051	26.752
			1	15.350	14.917				2	28.701	27.835
			（0.75）	15.513	15.188				1.5	29.026	28.376
			（0.5）	15.675	15.459				1	29.350	28.917
									（0.75）	29.513	29.188

注：带括号的螺距尽量不用。

6.3.3　螺纹几何参数对互换性的影响

内、外螺纹加工后，外螺纹的大径和小径要分别小于内螺纹的大径和小径，才能保证旋合性。

由于螺纹旋合后主要依靠螺牙侧面工作，如果内、外螺纹的牙侧接触不均匀，就会造成负荷分布不均，势必降低螺纹的配合均匀性和连接强度。因此对螺纹互换性影响较大的参数是中径、螺距和牙型半角。

1. 螺距误差对互换性的影响

螺距偏差可分为单个螺距偏差和螺距累积偏差两种。

（1）单个螺距偏差是指单个螺距的实际值与其基本值的代数差，它与旋合长度无关。

（2）螺距累积偏差是指在规定的螺纹长度内，任意两同名牙侧与中径线交点间的轴向距离与其基本值的最大差值，它与旋合长度有关。螺距累积偏差对互换性的影响更为明显。

如图 6-3 所示，假设内螺纹具有基本牙型，仅与存在螺距偏差的外螺纹结合。外螺纹 N 个螺距的累积误差为 ΔP_{Σ}。内、外螺纹牙侧产生干涉而不能旋合。为防止干涉，为使具有 ΔP_{Σ} 的外螺纹旋入理想的内螺纹，就必须使外螺纹的中径减小一个数值 f_{p}。

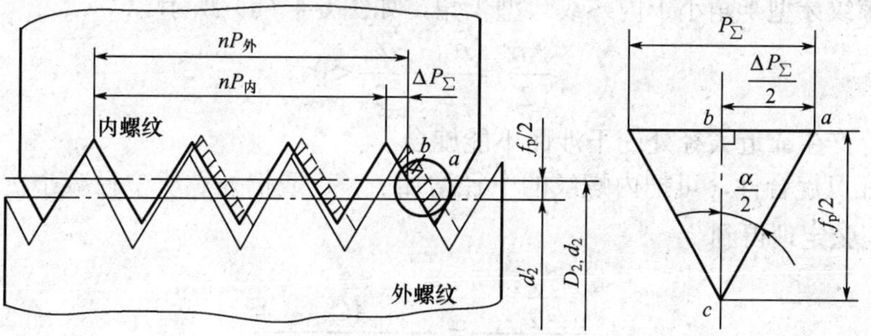

图 6-3　螺距累积误差

f_{p} 就是为补偿螺距累积误差而折算到中径上的数值，称为螺距误差的中径当量。为讨论方便，设内、外螺纹的中径和牙型半角均无误差，内螺纹无螺距误差，仅外螺纹有螺距误差。此误差 ΔP_{Σ} 相当于使外螺纹中径增加了一个 f_{p} 值，此 f_{p} 值称为螺距误差的中径当量。从△abc 中可知

$$f_{\mathrm{p}} = |\Delta P_{\Sigma}| \cot\frac{\alpha}{2}$$

当 $\alpha = 60^{\circ}$ 时，则

$$f_{\mathrm{p}} = 1.732|\Delta P_{\Sigma}|$$

2. 牙型半角误差对互换性的影响

牙型半角偏差是指牙型半角的实际值对公称值的代数差，是螺纹牙侧相对于螺纹轴线的位置误差。对螺纹的旋合性和连接强度均有影响。牙型半角偏差对旋合性的影响如图 6-4 所示。

牙型半角误差可能是由于牙型角 α 本身不准确或由于它与轴线的相对位置不正确而造成

的，也可能是两者综合误差的结果。

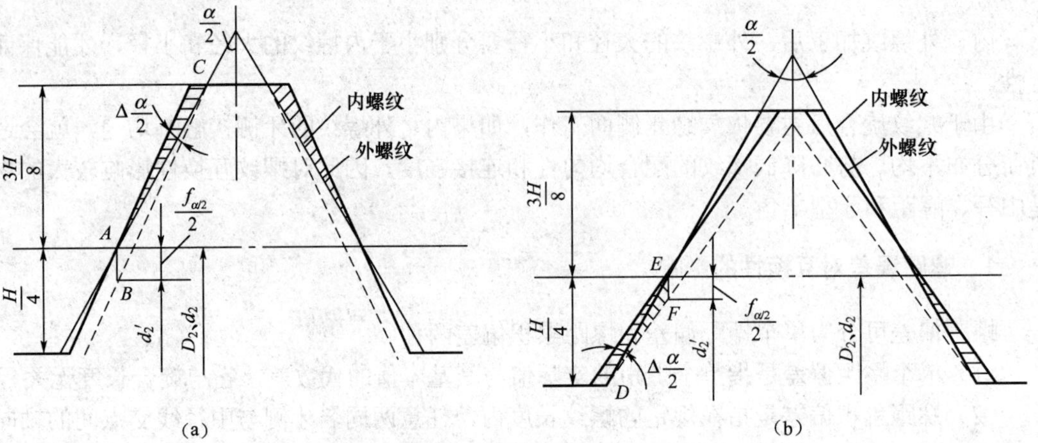

图 6-4　牙型半角误差与中径当量的关系

为便于分析，设内螺纹具有理想牙型，外螺纹的中径和螺距与内螺纹相同，仅有半角误差，现分两种情况讨论。

（1）外螺纹牙型半角小于内螺纹牙型半角，如图 6-4（a）所示。

$$\frac{\Delta\alpha}{2}=\frac{\alpha_{外}}{2}-\frac{\alpha_{内}}{2}<0$$

剖线部分产生靠近大径处的干涉而不能旋合。

为了保证可旋合性，可把内螺纹的中径增加 $f_{\alpha/2}$，或把外螺纹中径减小 $f_{\alpha/2}$，由图中的 $\triangle ABC$，按正弦定理得到

$$\frac{\dfrac{f_{\alpha/2}}{2}}{\sin\left(\Delta\dfrac{\alpha}{2}\right)}=\frac{AC}{\sin\left(\dfrac{\alpha}{2}-\Delta\dfrac{\alpha}{2}\right)}$$

因 $\Delta\dfrac{\alpha}{2}$ 很小，有

$$AC=\frac{3H/8}{\cos\dfrac{\alpha}{2}}，\ \sin\left(\Delta\frac{\alpha}{2}\right)\approx\Delta\frac{\alpha}{2}，\ \sin\left(\frac{\alpha}{2}-\Delta\frac{\alpha}{2}\right)\approx\sin\frac{\alpha}{2}$$

若 $\Delta\dfrac{\alpha}{2}$ 以“分”计，H、P 以 mm 计，得

$$f_{\alpha/2}=(0.44H/\sin\alpha)\left|\Delta\frac{\alpha}{2}\right|\ (\mu m)$$

当 $\alpha=60^\circ$ 时，H=0.866P，得到

$$f_{\alpha/2}=0.44P\left|\Delta\frac{\alpha}{2}\right|\ (\mu m)$$

（2）外螺纹牙型半角大于内螺纹牙型半角，如图 6-4（b）所示。

$$\frac{\Delta\alpha}{2}=\frac{\alpha_{外}}{2}-\frac{\alpha_{内}}{2}>0$$

剖线部分产生靠近小径处的干涉而不能旋合。

同理得出

$$f_{\alpha/2} = (0.291H/\sin\alpha)\left|\Delta\frac{\alpha}{2}\right| \text{（μm）}$$

当 $\alpha = 60^\circ$ 时，H=0.866P，得到

$$f_{\alpha/2} = 0.291P\left|\Delta\frac{\alpha}{2}\right| \text{（μm）}$$

一对内外螺纹，实际制造与结合通常是左、右不相等，产生牙型歪斜。$\Delta\frac{\alpha}{2}$可能为正，也可能为负，同时产生上述两种干涉，因此可按上述两式的平均值计算，即

$$f_{\alpha/2} = 0.36P\left|\Delta\frac{\alpha}{2}\right| \text{（μm）}$$

当左右牙型半角误差不相等时，$\Delta\frac{\alpha}{2}$可按$\Delta\frac{\alpha}{2} = \left(\left|\Delta\frac{\alpha_{左}}{2}\right| + \left|\Delta\frac{\alpha_{右}}{2}\right|\right)/2$平均计算。

3. 单一中径误差的影响

螺纹的中径误差$\Delta D_{2单一}$或$\Delta d_{2单一}$将直接影响螺纹的旋合性和结合强度。若$D_{2单一} \gg d_{2单一}$，则结合过松而结合强度不够；若$D_{2单一} < d_{2单一}$，则因结合过紧而无法自由旋合。$\Delta d_{2单一}$或$\Delta D_{2单一}$的大小随螺纹的实际中径大小而变化。

影响螺纹互换性的参数主要是中径、螺距和牙型半角。由于螺距误差和牙型半角误差对螺纹互换性的影响可以折算为中径当量，因此，可以不单独规定螺距公差和牙型半角公差，而仅规定一项中径公差，以控制中径偏差、螺距误差和牙型半角误差的综合结果。

4. 作用中径与螺纹中径合格性判断原则

由于螺距误差和牙型半角误差均用中径补偿，对内螺纹讲相当于螺纹中径变小，对外螺纹讲相当于螺纹中径变大，此变化后的中径称为作用中径，即螺纹配合中实际起作用的中径。

$$D_{2作用} = D_{2单一} - f_p - f_{\alpha/2}$$

$$d_{2作用} = d_{2单一} + f_p + f_{\alpha/2}$$

作用中径把螺距误差ΔP_Σ、牙型半角误差$\Delta\frac{\alpha}{2}$及单一中径误差三者联系在一起，它是保证螺纹互换性最主要的参数。米制普通螺纹仅用中径公差即可综合控制三项误差。

判断螺纹中径的合格性，根据螺纹的极限尺寸判断原则（泰勒原则），即内螺纹的作用中径应不小于最小极限尺寸，单一中径应不大于最大极限尺寸。

$$D_{2作用} \geqslant D_{2\min}$$

$$D_{2单一} \leqslant D_{2\max}$$

外螺纹作用中径应不大于中径最大极限尺寸，单一中径应不小于中径最小极限尺寸。

即

$$d_{2作用} \leqslant d_{2\max}$$

$$d_{2单一} \geqslant d_{2\min}$$

6.3.4 普通螺纹的公差与配合

1. 普通螺纹的公差带

国家标准《普通螺纹》GBT 197—2003 将螺纹公差带的两个基本要素——公差带大小（公差等级）和公差带位置（基本偏差）进行标准化，组成各种螺纹公差带。

螺纹配合由内、外螺纹公差带组合而成。考虑到旋合长度对螺纹精度的影响，由螺纹公差带与螺纹旋合长度构成螺纹精度，从而形成了比较完整的螺纹公差体制。

1）螺纹公差带的位置和基本偏差

普通螺纹公差带是以基本牙型为零线布置的，所以螺纹的基本牙型是计算螺纹偏差的基准。内、外螺纹的公差带相对于基本牙型的位置，与圆柱体的公差带位置一样，由基本偏差来确定。对于外螺纹，基本偏差是上偏差 es；对于内螺纹，基本偏差是下偏差 EI，则外螺纹下偏差 ei=es−T，内螺纹上偏差 ES=EI+T（T 为螺纹公差）。

国标对内螺纹的中径和小径规定了 G、H 两种公差带位置，以下偏差 EI 为基本偏差，由这两种基本偏差所决定的内螺纹的公差带均在基本牙型之上，如图 6-5 所示。

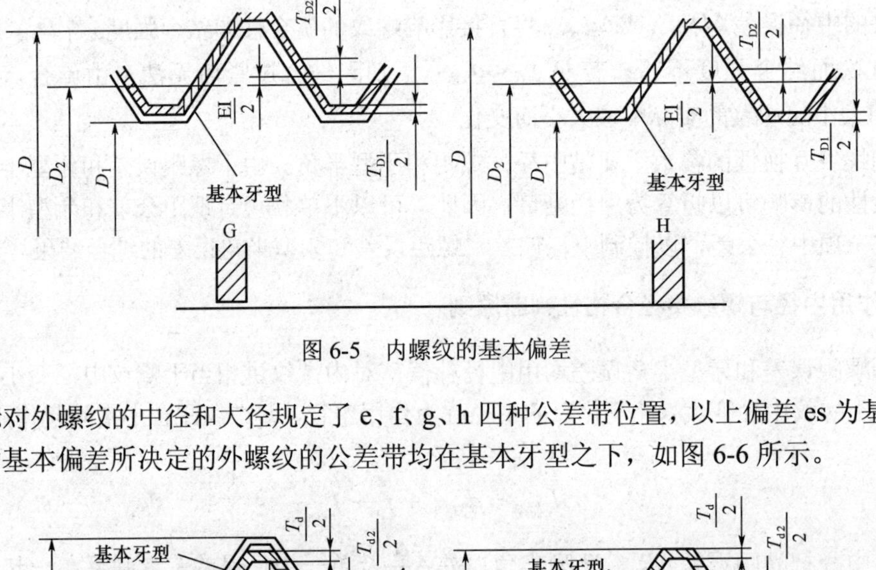

图 6-5 内螺纹的基本偏差

国标对外螺纹的中径和大径规定了 e、f、g、h 四种公差带位置，以上偏差 es 为基本偏差，由这四种基本偏差所决定的外螺纹的公差带均在基本牙型之下，如图 6-6 所示。

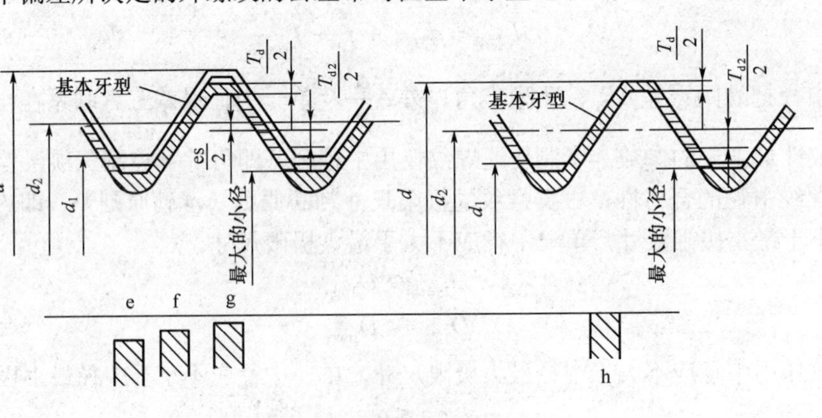

图 6-6 外螺纹的基本偏差

内、外螺纹基本偏差的含义和代号取自《公差与配合》标准中相对应的孔和轴，其值见表6-2。标准中对内螺纹的中径和小径规定采用G、H两种公差带位置，对外螺纹大径和中径规定了e、f、g、h四种公差带位置。

表6-2 普通螺纹的基本偏差 （摘自GB/T 197—2003）

螺纹 / 基本偏差 / 螺距 P/mm	内螺纹		外螺纹			
	G	H	e	f	g	h
	EI/μm		es/μm			
0.75	+22	0	−56	−38	−22	0
0.8	+24		−60	−38	−24	
1	+26		−60	−40	−26	
1.25	+28		−63	−42	−28	
1.5	+32		−67	−45	−32	
1.75	+34		−71	−48	−34	
2	+38		−71	−52	−38	
2.5	+42		−80	−58	−42	
3	+48		−85	−63	−48	

2）螺纹公差带的大小和公差等级

国家标准规定了内、外螺纹的公差等级，其值和孔、轴公差值不同，有螺纹公差的系列和数值。普通螺纹公差带的大小由公差值确定，公差值又与螺距和公差等级有关。GB/T 197—2003规定的普通螺纹公差等级见表6-3。各公差等级中3级最高，9级最低，6级为基本级。由于内螺纹较难加工，因此同样公差等级的内螺纹中径公差比外螺纹中径公差大32%左右。对外螺纹的小径和内螺纹的大径不规定具体的公差数值，而只规定内、外螺纹牙底实际轮廓上的任何点均不得超越按基本偏差所确定的最大实体牙型。此外，还规定了外螺纹的最小牙底半径。

表6-3 普通螺纹的公差等级

螺纹直径	公差等级	螺纹直径	公差等级
内螺纹中径 D_2	4，5，6，7，8	外螺纹中径 d_2	3，4，5，6，7，8，9
内螺纹小径 D_1	4，5，6，7，8	外螺纹大径 d_1	4，6，8

另外，国标对内、外螺纹的顶径和中径规定了公差值，具体数值可查表6-4和表6-5。

2. 螺纹旋合长度及其配合精度

1）螺纹旋合长度

国家标准以螺纹公称直径和螺距为基本尺寸，对螺纹连接规定了三组旋合长度：短旋合长度（S）、中等旋合长度（N）和长旋合长度（L），其值可从表6-6中选取。一般情况采用中等旋合长度，其值往往取螺纹公称直径的0.5～1.5倍。

表 6-4　普通螺纹的顶径公差　　（摘自 GB/T 197—2003）

公差项目 / 公差等级 / 螺距 P/mm	内螺纹小径公差 T_{D1} /μm					外螺纹大径公差 T_d/μm		
	4	5	6	7	8	4	6	8
0.75	118	150	190	236	—	90	140	—
0.8	125	160	200	250	315	95	150	236
1	150	190	236	300	375	112	180	280
1.25	170	212	265	335	425	132	212	335
1.5	190	236	300	375	475	150	236	375
1.75	212	265	335	425	530	170	265	425
2	236	300	375	475	600	180	280	450
2.5	280	355	450	560	710	212	335	530
3	315	400	500	630	800	236	375	600

表 6-5　普通螺纹的中径公差　　（摘自 GB/T 197—2003）

公称直径 D/mm		螺距	内螺纹中径公差 T_{D2}/μm					外螺纹中径公差 T_{d2}/μm						
>	≤	P/mm	公差等级					公差等级						
			4	5	6	7	8	3	4	5	6	7	8	9
5.6	11.2	0.75	85	106	132	170	–	50	63	80	100	125	–	–
		1	95	118	150	190	236	56	71	95	112	140	180	224
		1.25	100	125	160	200	250	60	75	95	118	150	190	236
		1.5	112	140	180	224	280	67	85	106	132	170	212	295
11.2	22.4	1	100	125	160	200	250	60	75	95	118	150	190	236
		1.25	112	140	180	224	280	67	85	106	132	170	212	265
		1.5	118	150	190	236	300	71	90	112	140	180	224	280
		1.75	125	160	200	250	315	75	95	118	150	190	236	300
		2	132	170	212	265	335	80	100	125	160	200	250	315
		2.5	140	180	224	280	355	85	106	132	170	212	265	335
22.4	45	1	106	132	170	212	—	63	80	100	125	160	200	250
		1.5	125	160	200	250	315	75	95	118	150	190	236	300
		2	140	180	224	280	355	85	106	132	170	212	265	335
		3	170	212	265	335	425	100	125	160	200	250	315	400
		3.5	180	224	280	355	450	106	132	170	212	265	335	425
		4	190	236	300	375	415	112	140	180	224	280	355	450
		4.5	200	250	315	400	500	118	150	190	236	300	375	475

表 6-6　螺蚊的旋合长度　　　　（摘自 GB/T 197—2003）　单位：mm

公称直径 D，d		螺距 P	旋合长度			
			S	N		L
>	≤		≤	>	≤	>
5.6	11.2	0.75	2.4	2.4	7.1	7.1
		1	2	2	9	9
		1.25	4	4	12	12
		1.5	5	5	15	15
11.2	22.4	0.75	2.7	2.7	8.1	8.1
		1	3.8	3.8	11	11
		1.25	4.5	4.5	13	13
		1.5	5.6	5.6	16	16
		1.75	6	6	18	18
		2	8	8	24	24
		2.5	10	10	30	30

2）配合精度

GB/T 197—2003 将普通螺纹的配合精度分为精密级、中等级和粗糙级三个等级，见表 6-7。精密级用于配合性质要求稳定及保证定位精度的场合；中等级用于一般螺纹连接，如应用在一般的机器、仪器和机构中；粗糙级用于精度要求不高（即不重要的结构）或制造较困难的螺纹（如在较深的盲孔中加工螺纹）中，也用于工作环境恶劣的场合。

表 6-7　普通螺纹推荐公差带　　　　（摘自 GB/T 197—2003）

公差精度	公差带位置 G			公差带位置 H		
	S	N	L	S	N	L
精密	–	–	–	4H	5H	6H
中等	（5G）	6G*	（7G）	5H*	6H*	7H*
粗糙	-	（7G）	（8G）	–	7H	8H

公差精度	公差带位置 e			公差带位置 f			公差带位置 g			公差带位置 h		
	S	N	L	S	N	L	S	N	L	S	N	L
精密	–	–	–	–	–	–	–	（4g）	（5g4g）	（3h4h）	4h*	（5h4h）
中等	-	6e*	（7e6e）	-	6f*	-	（5g6g）	6g*	（7g6g）	（5h6h）	6h	（7h6h）
粗糙		（8e）	（9e8e）	-	-	-	-	8g	（9g8g）	—	—	—

注：其中大量生产的精制紧固螺纹，推荐采用带方框的公差带；带“*”的公差带应优先选用，其次是不带“*”的公差带；括号内的公差带尽量不用。

3）配合的选用

由表 6-7 所示的内、外螺纹的公差带组合可得到多种供选用的螺纹配合，螺纹配合的选用主要根据使用要求来确定。为了保证螺母、螺栓旋合后的同轴度及连接强度，一般选用最小间隙为零的 H/h 配合。为了便于装拆、提高效率及改善螺纹的疲劳强度，可以选用 H/g 或

G/h 配合。对单件、小批量生产的螺纹，可选用最小间隙为零的 H/h 配合。对需要涂镀或在高温下工作的螺纹，通常选用 H/g、H/e 等较大间隙的配合。

3. 螺纹标注

1）单个螺纹的标记

普通螺纹的完整标记由螺纹代号、螺纹公差带代号和旋合长度代号组成。标注中，左旋螺纹需在螺纹代号后加注“LH”，细牙螺纹需要标注出螺距。中径和顶径公差带代号两者相同时，可只标一个代号；两者代号不同时，前者表示中径公差带代号，后者表示顶径公差带代号。中等旋合长度 N、右旋螺纹和粗牙螺距可以省略标注。

【例 6-1】 M30×2－5g6g

表示：公称直径为 30mm，螺距为 2mm，中径和顶径公差带分别为 5g、6g 的普通细牙外螺纹。

【例 6-2】 M20×2LH－5H－L

表示：公称直径为 20mm，螺距为 2mm，中径和顶径公差带都为 5H 的长旋合长度的左旋普通细牙内螺纹（LH 为左旋，L 指长旋合长度）。

【例 6-3】 M16×P_h3P1.5

表示：公称直径为 16mm，导程为 3mm，螺距为 1.5mm 的普通细牙螺纹。

2）螺纹配合的标记

标注螺纹配合时，内、外螺纹的公差带代号用斜线分开，左边（分子）为内螺纹公差带代号，右边（分母）为外螺纹公差带代号。

【例 6-4】 M20×2－5H/5g6g

表示：公称直径为 20mm，螺距为 2mm，中径、顶径公差带都为 5H 的内螺纹与中径、顶径公差带分别为 5g、6g 的外螺纹旋合。

螺纹在图纸上的标注如图 6-7 和图 6-8 所示。

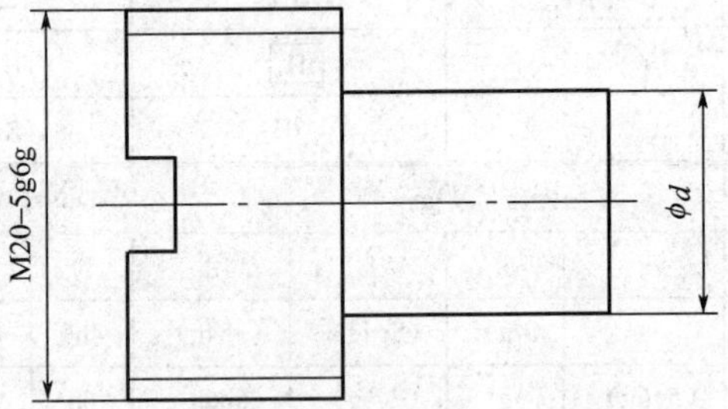

图 6-7　外螺纹标注

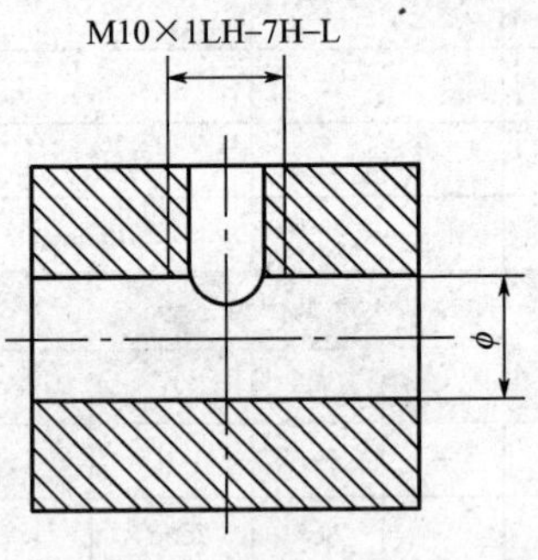

图 6-8　内螺纹标注

【例 6-5】 有一M20×1－6g 的外螺纹，试查表求出螺纹的中径、小径和大径的极限偏差，并计算中径、小径和大径的极限尺寸。

解： 查表确定中径、小径和大径的基本尺寸和基本偏差。

由表 6-1 得知小径 d_1=18.917 mm，中径 d_2=19.350 mm，由表 6-2 得知大径和中径的基本偏差 es=−26μm；由表 6-4 得知大径的公差 T_d=180μm；由表 6-5 得知中径的公差 T_{d2}=118μm，由以上数据经过偏差与公差的关系、极限尺寸与极限偏差的关系等相关公式计算得螺纹的中径、小径和大径的极限偏差和极限尺寸，将结果列入表 6-8。

表 6-8　极限偏差和极限尺寸

基本尺寸名称	外螺纹的基本尺寸数值	
大径	d=20	
中径	d_2=19.350	
小径	d_1=18.917	
极限偏差	es	ei
大径	−0.026	−0.206
中径	−0.026	−0.144
小径	−0.026	按牙底形状
极限尺寸	最大极限尺寸	最小极限尺寸
大径	19.974	19.794
中径	19.324	19.206
小径	18.891	牙底轮廓不超出 H/8 削平线

6.4　拓展知识——梯形螺纹丝杠与螺母标准简介

1. 简述

梯形螺纹的主要用途是传递运动和动力，因传动平稳、可靠，常用它将螺旋运动转化为直线运动，如机床的进给机构、车床尾座、压力机等均被广泛采用。

由于国际梯形螺纹（GB/T 5796.1～5796.4—2005）是一般用途的传动螺纹，它采用了普通螺纹的公差原理，主要参数：牙型角 30° 的单线螺纹、公称直径 d 和螺距 P，外螺纹大径是基本尺寸。丝杠与螺母的中径基本尺寸相同，但大、小径的基本尺寸各不相同，因此有装配间隙 a_c，如图 6-9 所示。

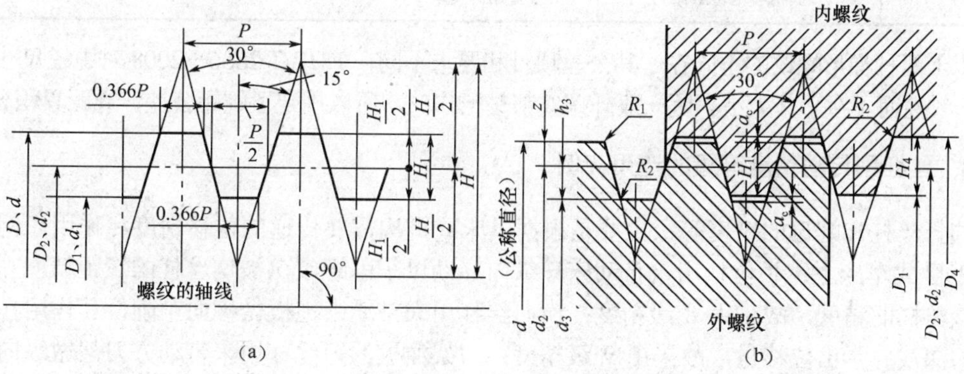

图 6-9　螺纹牙型

2. 丝杠螺纹的精度等级

梯形螺纹有两个标准，一个是 GB/T 5796.4—2005 规定的梯形螺纹公差，它对内螺纹大径 D_4、中径 D_2、小径 D_1 和外螺纹大径 d、小径 d_3 分别只规定了一种公差带位置 H 和 h，其基本偏差为零。只有外螺纹中径 d_2 规定了三种公差 h、e、c，以适应配合的需要。标准还对应了中等和粗糙两种精度，一般传力螺旋和重载调整螺旋多选中等精度，要求不高时，可选粗糙精度。其中径公差带见表 6-9。

表 6-9 梯形螺纹的中径公差带

精度	内螺纹		外螺纹	
	N	L	N	L
中等	7H	8H	7e	8e
粗糙	8H	9H	8c	9c

另一个是用于精确运动的传动梯形螺纹，如金属切削机床的丝杠副。对螺旋线误差有较严格的要求，需要更高的精度，则应根据标准 JB/T 2886—1992 确定其精度。丝杠及螺母的精度根据用途和使用要求分为七级，即 3、4、5、6、7、8、9 级。3 级最高，依次降低。各种精度等级的梯形螺纹丝杠副具体使用范围见表 6-10，供使用时参考。

表 6-10 机床用梯形螺纹丝杠、螺母精度的适用范围

精度等级	适用范围	应用举例
3 和 4	精度特别高的丝杠	超高精度的螺纹磨床，坐标镗床、磨床的传动丝杠
5 和 6	高精度的传动丝杠	坐标镗铣床、高精度丝杠车床和齿轮磨床的主传动丝杠，不带校正装置的分度机构和仪器的测微丝杠
7	精确的传动丝杠	精密螺纹车床、镗床、外圆磨床和平面磨床的进给丝杠，精密齿轮加工机床分度机构用丝杠
8	一般传动丝杠	普通螺纹车床和铣床用的传动丝杠
9	低精度传动丝杠	分度盘用的传动丝杠

以上两种梯形螺纹的不同在于其公差项目和要求不同，如 JB/T 2886—2008 对中径尺寸只看重其一致性而不在乎其大小。因一般外螺纹都是配作的，所以规定了螺距公差、螺距累积公差。

3. 丝杠副传动精度等级的选用实例

选择丝杠和螺母的精度等级主要是根据机床或机构需要传递的位移精度和作用。例如，C6132 卧式车床上：长丝杠用来带动床鞍纵向移动以车削螺纹，被切丝杠的螺距精度主要取决于该丝杠的精度，故采用 8 级精度；横向丝杠用来带动中拖板做横向车削，其作用在于变更吃刀深浅并示出位移量，故采用 9 级精度；刀架溜板的短丝杠用来带动方刀架做纵向（或斜向）移动以调节刀具位置，虽需有读数，但均为低精度传动丝杠，故也采用 9 级精度；至于尾座里的丝杠只用来使套筒进出，无须示出位移量，故不规定其精度，只按梯形螺纹规定其公差，即按 GB/T 5796.4—2005 选丝杠 Tr18×4LH-7h、螺母为 Tr18×4LH-7H 对螺纹部位进

行标注，如图 6-10（a）、（b）所示。

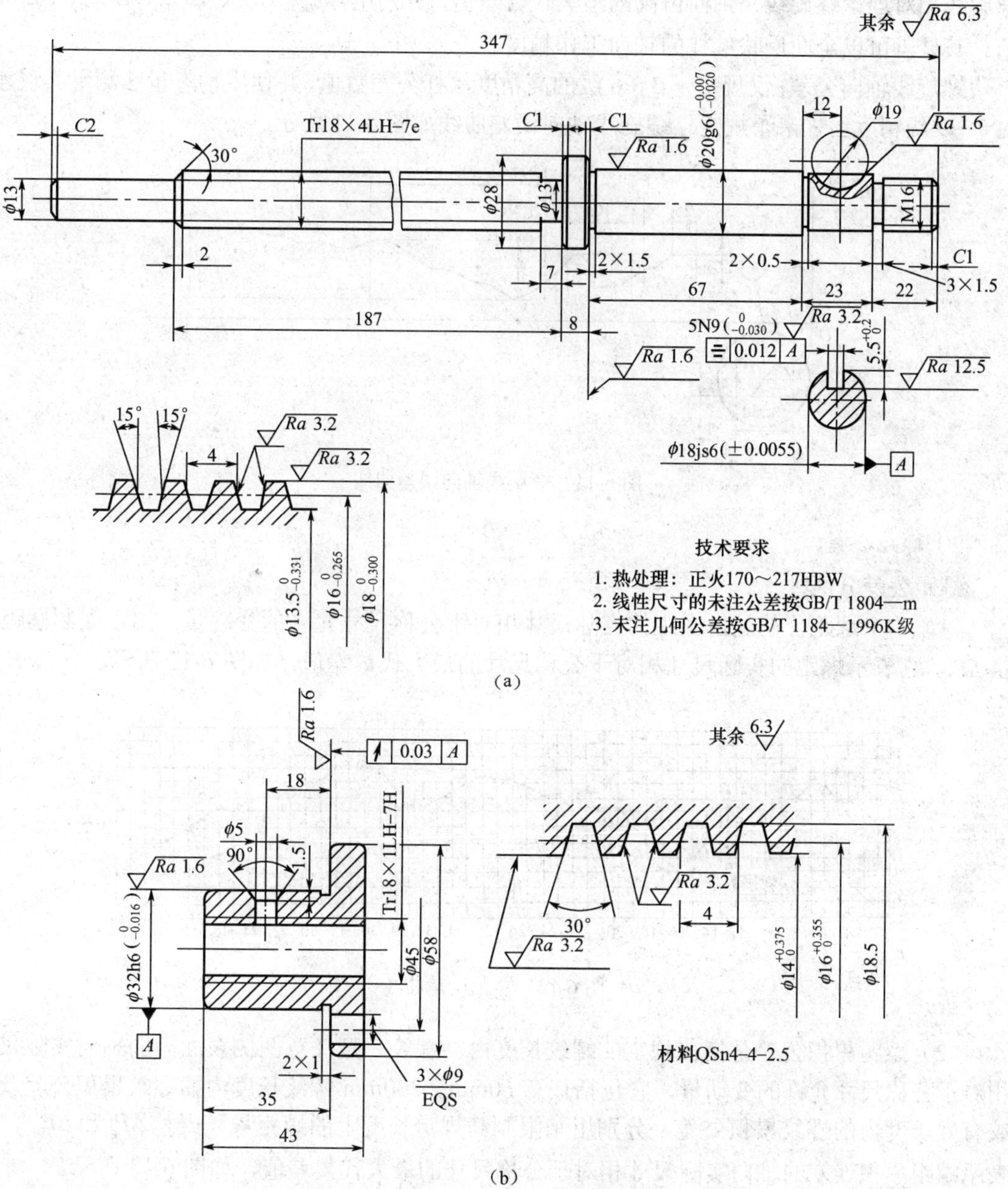

（b）

图 6-10 车床尾座丝杠副

4. 保证丝杠精度的公差项目（JB/T 2886—2008）

1）螺旋线轴向公差

螺旋线轴向公差是指螺旋线轴向实际测量值相对于理论值允许的变动量。它包括任意 2πrad 内螺旋线轴向公差，以 $\delta_{L2\pi}$ 表示；任意 25 mm、100mm、300 mm 螺纹长度内的螺旋线轴向公差和螺纹有效长度内的螺旋线轴向公差，分别以 δ_{L25}、δ_{L100}、δ_{L300} 和 δ_{Lu} 表示。

该公差用于限制对应不同螺纹长度上的螺旋线轴向误差，需在螺纹中径线上测量其实际螺旋线相对理论螺旋线在轴向偏离的最大代数差值，分别用$\Delta L_{2\pi}$、ΔL_{25}、ΔL_{100}、ΔL_{300}、ΔL_{Lu}表示。其误差可以全面反映丝杠的轴向工作精度。

螺旋线轴向公差，仅规定了3～6级的高精度丝杠公差数值，并使用动态量法测量其误差，对7～9级精度丝杠未予规定。螺旋线轴向误差曲线如图6-11所示。

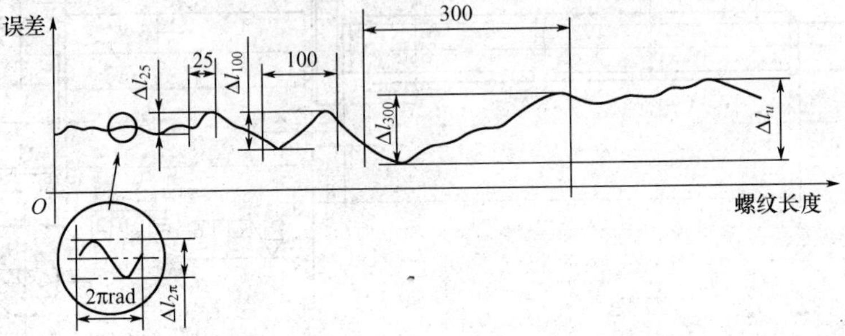

图6-11　螺旋线轴向误差曲线

2）螺距公差

螺距公差分两种。

（1）单个螺距公差是指螺距的实际尺寸相对于公称尺寸允许的变动量，用于限制螺距误差ΔP，它表示螺距的实际尺寸相对于公称尺寸的最大代数差值，如图6-12所示。

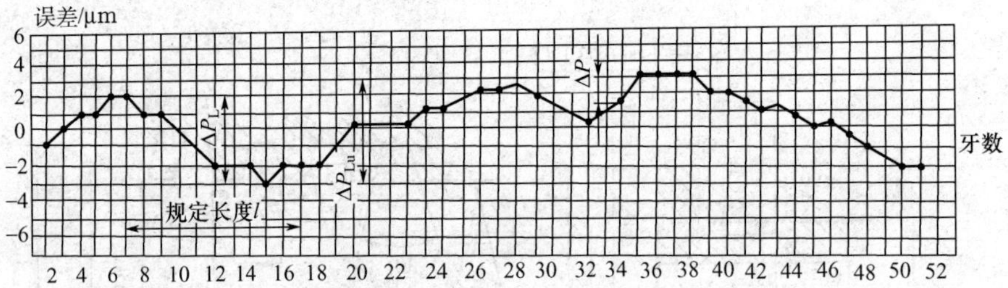

图6-12　螺距误差曲线

（2）螺距累积公差是指在规定的螺纹长度内，螺纹牙型任意两侧表面间的轴向实际尺寸相对于公称尺寸允许的变动量。它包括任意60mm、300mm螺纹长度内的螺纹累积公差及螺纹有效长度内的螺纹累积公差，分别用来限制其规定长度上的螺距累积误差ΔP_L和ΔP_{Lu}，它表示螺距累积误差的轴向实际尺寸相对于公称尺寸的最大代数差值，如图6-12所示。

标准规定，螺旋线轴向误差、螺距误差、螺距累积误差均在螺纹中径线上测量；只对7、8、9级精度丝杠检测螺距误差和螺距累积误差有要求，且检测方法不予限制。

3）丝杠螺纹牙型半角的极限偏差

该项目公差值随螺距减小而增大；牙型半角误差使牙侧接触部位减小、易于磨损，进而影响位移精度。

4）丝杠螺纹的大径、中径、小径的极限偏差

为了使丝杠易于旋转和储存润滑油，故大、中、小径处均有间隙，其公差值的大小，从理论上将只影响配合的松紧程度，不影响传动精度，所以均规定了较大的公差值。对于需配作螺母的6级以上的丝杠，其中径公差带相对其基本尺寸线（中径线）是对称分

布的。

5）丝杠螺纹有效长度上的中径尺寸的一致性

中径尺寸变动会影响丝杠螺母配合间隙的均匀性和丝杠两螺旋面的一致性，故规定了公差。其变动量大小规定在同一轴截面内测量。

6）丝杠螺纹的大径对螺纹轴线的径向跳动

丝杠为细长件，易发生弯曲变形，为控制丝杠与螺母的配合偏心，提高位移精度，标准规定了其径向圆跳动公差。

5. 保证螺母精度的公差项目

1）螺母螺纹大径、小径的极限偏差

在螺母的大径和小径处均有较大的间隙，因此对此尺寸精度要求不高，故公差值较大。

2）螺母的中径公差

螺母的中径公差是指非配作螺母的公差，其下偏差为零，上偏差值由表查得。由于螺母的螺距和牙型半角很难测量，标准未单独规定公差，而是用中径公差来综合控制，它不仅控制螺母的实际中径偏差，也控制螺距和牙型半角误差。

与丝杠配作的螺母，其中径的极限尺寸是以丝杠的实际中径为基值，按 JB/T 2886—2008 规定的丝杠与螺母配作的中径径向间隙来确定的，精度越高，公差越小，保证间隙也越小。

6. 丝杠和螺母的螺纹表面粗糙度

JB/T 2886—2008 标准对丝杠和螺母的螺牙侧面、顶径和底径均规定了相应的表面粗糙度和外观要求，以保证和满足丝杠和螺母的使用质量。

7. 梯形螺纹的标记

单个螺纹：Tr40×14（P7）LH-8e

Tr40×7-7H

螺旋副：Tr40×7-7H/7e-L

单个螺纹和螺旋副均按 GB/T 5796—2005 进行标注，表示螺纹种类代号 Tr 后跟公称直径×导程（或 P 螺距）；旋向代号（左旋为 LH），右旋不写，依次接公差带代号和旋合长度代号。

机床梯形螺纹丝杠、螺母均按 JB/T 2886—2008 标准进行标注：

T55×12-6

T55×12LH-6

标注中，T 为螺纹种类代号，6 为精度等级，其他代号同前。

丝杠或螺母工作图中，应画出牙型工作图，并注出大、中、小径公差，单个螺距公差，牙型半角公差、几何公差及表面粗糙度等，技术条件中应注明螺纹精度等级、螺纹累积公差及热处理要求等，如图 6-13 所示。

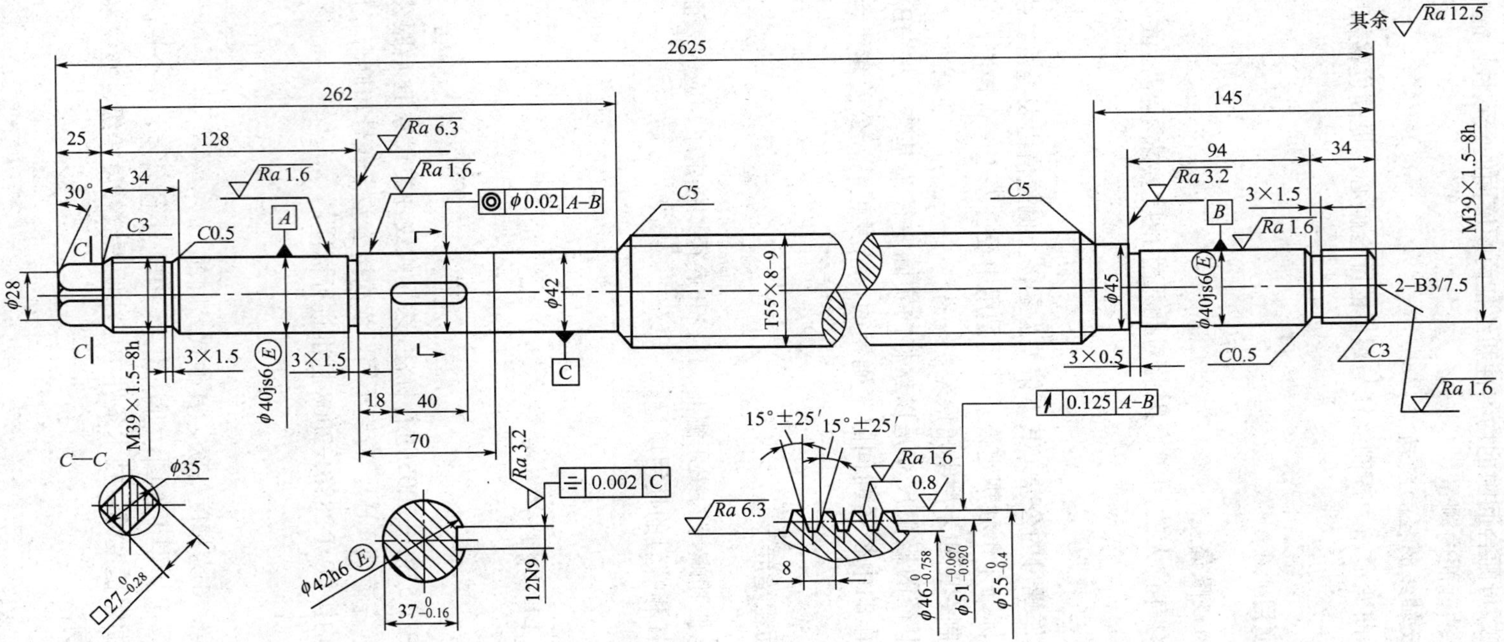

名称：X255铣床丝杠
材料：40Mn

1. 粗车螺纹后，时效处理。
2. 螺距公差$\Delta P \leqslant 0.012$mm。
3. 螺距累积公差在任意60、300mm螺纹长度内$\Delta P_{60} \leqslant 0.02$mm、$\Delta P_{300} \leqslant 0.035$mm，有效长度内$\Delta P_{Lu} \leqslant 0.07$mm。
4. 螺纹有效长度上中径尺寸的一致性为0.05mm。
5. 一般公差按GB/T 1804—m。
6. 未注几何公差按GB/T 1184—K。

图 6-13　铣床丝杠工作图

习题

1．判断题：

（1）螺纹的牙型半角是指相邻两牙侧间夹角的一半。（　　）

（2）普通螺纹的中径公差，可以同时限制中径、螺距和牙型角三个参数的误差。（　　）

（3）螺纹标记为 M16×1-6g 时，对顶径公差有要求，对中径公差无要求。（　　）

（4）外螺纹与内螺纹相比，后者中径公差等级的选择范围较宽。（　　）

（5）普通螺纹公差标准中，除了规定中径的公差和基本偏差外，还规定了螺距和牙型半角的公差。（　　）

（6）普通螺纹只有单一中径和作用中径合格才可判断该螺纹合格。（　　）

（7）一般说，螺纹长度长有利于装配后的稳定性，故优先选用长旋合长度。（　　）

（8）国标规定，螺纹在图纸上的标注方法：内外螺纹均标注在大径处。（　　）

2．选择题：

（1）内螺纹作用中径与单一中径的关系是（　　）。

A．前者大于后者　　　　B．前者小于后者

C．二者相等　　　　D．二者没关系

（2）用三针法测量并经计算出的螺纹中径是（　　）。

A．单一中径　　　　B．作用中径

C．中径基本尺寸　　　　D．大径与小径的平均尺寸

（3）螺纹量规止端做成截短的不完整牙型的主要目的是（　　）。

A．减小牙型半角误差的影响　　　　B．减小单一中径误差的影响

C．减小大径误差的影响　　　　D．减小小径误差的影响

（4）普通螺纹的配合精度取决于（　　）。

A．基本偏差与旋合长度

B．作用中径和牙型半角

C．公差等级、基本偏差和旋合长度

D．公差等级和旋合长度

（5）假定螺纹的实际中径在其中径极限尺寸的范围内，则可以判断螺纹是（　　）。

A．合格品　　　　B．不合格品　　　　C．无法判断

（6）螺纹量规的通端用于控制（　　）。

A．作用中径不超过最大实体尺寸

B．作用中径不超过最小实体尺寸

C．实际中径不超过最大实体尺寸

D．实际中径不超过最小实体尺寸

3．有一 M24×2-6g-S 螺栓，试查表求出螺纹的中径、小径和大径的极限偏差，并计算中径、小径和大径的极限尺寸。

4．试说明下列螺纹标注中各代号的含义：

（1）M24-7H

（2）M36×2-5g6g-S

（3）M30×2-6H/5g6g-L

（4）Tr48×6-7H

（5）T60×12-6

5．以外螺纹为例，试比较螺纹的中径、单一中径、作用中径之间的异同点。如何判断中径的合格性？

6．同一精度的螺纹，为什么旋合长度不同，中径公差等级也不同？

7．丝杠螺纹和普通螺纹的精度要求有何区别？

8．螺纹的测量方法有哪些？螺纹中径的测量主要有哪些方法？三针测量法是测螺纹的哪个参数？最佳针径如何确定？

项目 7　齿轮误差测量

学习情境设计

序　　号	情境（课时）	主 要 内 容
1	任务 0.5	1．提出圆柱齿轮公法线长度等 4 项的测量任务（根据图 7-1）； 2．分析齿轮各项公差要求
2	信息 4.7	1．介绍齿轮传动要求和标注； 2．单个齿轮偏差项目，齿轮副精度知识； 3．万能测齿仪、齿厚卡尺、齿圈跳动检查仪、周节仪等结构、读数原理、使用方法
3	计划 0.7	1．根据被测要素，确定检测部位和测量次数； 2．确定测量公法线长度、分度圆齿厚、齿圈径向跳动、齿距偏差的测量方案
4	实施 3.2	1．清洁齿轮和计量器具的测量面； 2．选择万能测齿仪的测头，调整与校正万能测齿仪； 3．测量齿距偏差、齿圈跳动误差； 4．计算弦齿高，调整齿厚卡尺的竖直游标，测量齿厚偏差； 5．选择齿圈跳动检查仪的测头并调整与校正，测齿圈跳动误差； 6．调整周节仪，测量齿距偏差； 7．记录数据，处理数据
5	检查 0.6	1．任务的完成情况； 2．复查，交叉互检
6	评估 0.3	1．分析整个工作过程，对出现的问题进行修改并优化； 2．判断被测要素的合格性； 3．出具测量报告，资料存档

7.1　任务提出

本项目任务如图 7-1 所示。

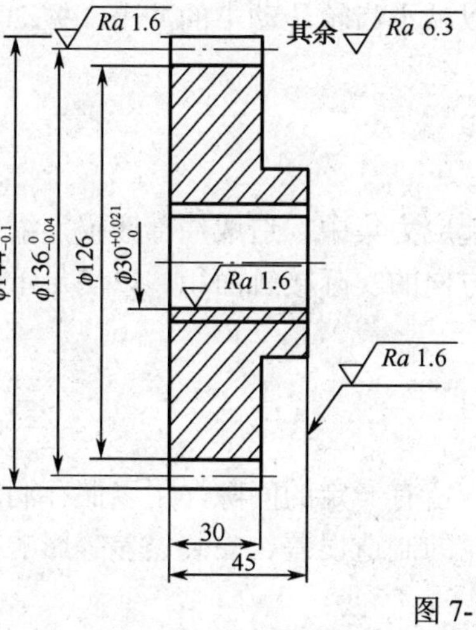

齿数	Z	34
模数	m	4
压力角	α	20°
齿顶高系数	h_a^*	1
螺旋角	B	0
变位系数	X	0
精度等数	7GJ GB10095—88	
公法线平均长度	W_K	$43.232_{-0.176}^{-0.127}$
跨齿数	n	4

图 7-1　被测齿轮

7.2 学习目标

如图 7-1 所示是一齿轮减速箱的一个齿轮零件，图中有公法线长度、精度等级、齿厚和齿圈径向跳动等的要求，请同学们从以下几方面进行学习。

（1）分析图纸，搞清楚精度要求。

（2）查阅和学习相关国家计量标准，理解公法线长度、精度等级等要求含义。

（3）选择计量器具，确定测量方案。

（4）使用哪些计量器具测量齿轮精度等级评定参数的误差？

（5）如何对计量器具进行保养与维护？

（6）填写检测报告与处理数据。

7.3 齿轮的基础知识

7.3.1 圆柱齿轮传动的要求

齿轮传动是一种重要的传动方式，广泛地应用在各种机器和仪表的传动装置中，常用来传递运动和动力。由于机器和仪表的工作性能、使用寿命与齿轮的制造和安装精度密切相关，因此，正确地选择齿轮公差项目，并进行合理的检测是十分重要的。齿轮传动的用途不同，对齿轮传动的使用要求也不同，归纳起来主要有以下四方面。

1. 传递运动的准确性

传递运动的准确性就是要求从动齿轮在一转范围内的最大转角误差不超过规定的数值，以使齿轮在一转范围内传动比的变化尽量小，满足传递运动的准确性要求。由于齿轮副的制造误差和安装误差，使从动齿轮的实际转角与理论转角产生偏离，导致实际传动比与理论传动比产生差异。

2. 传动平稳性

要求齿轮传动的瞬时传动比的变化尽量小，以减小齿轮传动中的冲击、振动和噪声，保证传动平稳性要求。

3. 载荷分布的均匀性

齿轮传动中如果齿面的实际接触不均匀会引起应力集中，造成局部磨损，缩短齿轮的使用寿命。因此，必须保证啮合齿面沿齿宽和齿高方向的实际接触面积，以满足承载的均匀性要求。

4. 侧隙的合理性

装配好的齿轮副啮合传动时，非工作齿面间应留有一定的间隙，用以储存润滑油，补偿因温度变化和弹性变形引起的尺寸变化，以及齿轮的制造误差、安装误差等影响，防止齿轮传动时出现卡死或烧伤现象。

但是由于齿轮的用途和工作条件不同，对齿轮上述四项使用要求的侧重点也会有所不同。例如，精密机床、分度齿轮和测量仪器的读数齿轮主要要求传递运动的准确性，对传动平稳性也有一定的要求，当需要正、反向传动时，应对齿侧间隙加以限制，以减小反转时的空程误差，而对载荷分布均匀性要求不高。汽车、拖拉机和机床的变速齿轮主要要求传递运动的平稳性，以减小振动和噪声。轧钢机械、起重机械和矿山机械等重型机械中的低速重载齿轮主要要求载荷分布的均匀性，以保证足够的承载能力。汽轮机和蜗轮机中的高速重载齿轮，对运动的准确性、平稳性和承载的均匀性均有较高的要求，同时还应具有较大的间隙，以储存润滑油和补偿受力产生的变形。

7.3.2　圆柱齿轮加工误差和评定参数

1. 齿轮加工误差的主要来源及其特性

产生齿轮加工误差的原因很多，其主要来源于加工齿轮的机床、刀具、夹具和齿坯本身的误差及其安装、调整误差。

按误差相对于齿轮的方向特征，齿轮的加工误差可分为切向误差、径向误差和轴向误差；按误差在齿轮一转中出现的次数分为长周期误差和短周期误差。

1）几何偏心

当齿坯孔基准轴线与机床工作台回转轴线不重合时，产生几何偏心。例如，滚齿加工时，由于齿坯定位孔与机床心轴之间的间隙等原因，会造成滚齿时的回转中心线可能为 O_1-O_1'，与齿轮内孔轴心线 $O-O'$ 不重合，如图 7-2 所示。由于该偏心的存在，加工完的齿轮齿顶圆到心轴中心的距离不相等，造成齿轮径向误差，引起侧隙和转角的变化，从而影响传动的准确性。

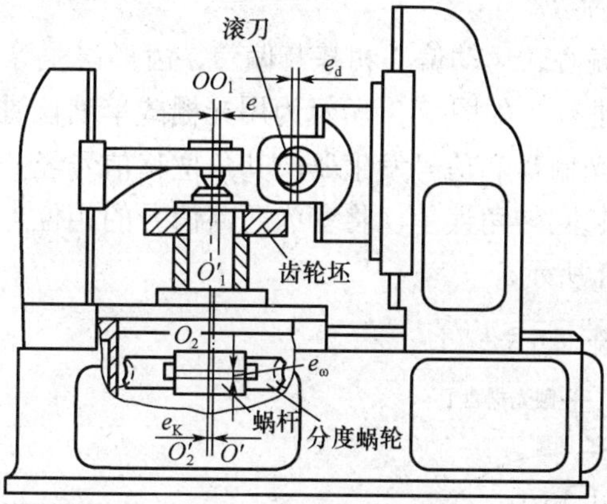

图 7-2　滚齿加工

2）运动偏心

运动偏心是指加工时齿轮加工机床传动不正确而引起的，如滚齿加工时机床分度蜗轮与工作台中心线有安装偏心时，就会使工作台回转不均匀，致使被加工齿轮的轮齿在圆周上分布不均匀，也就是轮齿沿圆周分布发生了错位，引起齿轮切向误差。

几何偏心和运动偏心产生的误差在齿轮一转中只出现一次，属于长周期误差，其主要影响齿轮传递运动的准确性。

3）滚刀误差

滚刀误差包括制造误差与安装误差。滚刀本身的齿距、齿形等有制造误差时，会使滚刀一转中各个刀齿周期性地产生过切或少切现象，造成被切齿轮的齿廓形状变化，引起瞬时传动比的变化。由于滚刀的转速比齿坯的转速高得多，滚刀误差在齿轮一转中重复出现，因此是短周期误差，主要影响齿轮传动的平稳性和载荷分布的均匀性。

4）机床传动链误差

齿轮加工机床传动链中各个传动元件的制造、安装误差及其磨损等，都会影响齿轮的加工精度。当滚齿机床的分度蜗杆存在安装误差和轴向窜动时，蜗轮转速发生周期性的变化，使被加工齿轮出现齿距偏差和齿廓偏差，产生切向误差。机床分度蜗杆造成的误差在齿轮一转中重复出现，是短周期误差。

2. 单个齿轮的评定指标

GB/T 10095.1—2008《轮齿同侧齿面偏差的定义和允许值》和 GB/T 10095.2—2008《径向综合偏差和径向跳动的定义和允许值》等国家标准，对齿轮、齿轮副的误差及齿轮副的侧隙规定了一系列的评定指标。根据齿轮各项误差对使用要求的主要影响，将齿轮误差划分为主要影响传递运动准确性的误差、主要影响传动平稳性的误差和主要影响载荷分布均匀性的误差。控制这些误差的公差，相应地分为第Ⅰ、第Ⅱ和第Ⅲ公差组。

1）影响传递运动准确性的指标项目

影响传递运动准确性的误差主要是几何偏心和运动偏心造成的长周期误差，主要有以下误差项目。

(1) 齿轮切向综合误差 $\Delta F_i'$。切向综合误差 $\Delta F_i'$ 是指被测齿轮与理想精确的测量齿轮单面啮合时，在被测齿轮一转内，其实际转角与理论转角的最大差值，其量值以分度圆弧长计。

$\Delta F_i'$ 是由齿轮的安装偏心、运动偏心和基节偏差、齿形误差等综合影响的结果。

$\Delta F_i'$ 的测量用单啮仪进行，如图 7-3 所示为用光栅式单啮仪进行测量。标准蜗杆与被测齿轮啮合，两者各有一个光栅盘和信号发生器，其角位移信号经分频器后变为同频信号。当被测齿轮有误差时，将引起回转角误差，将变为两路信号的相位差，经过比相器、记录器，记录出的误差曲线如图 7-4 所示。

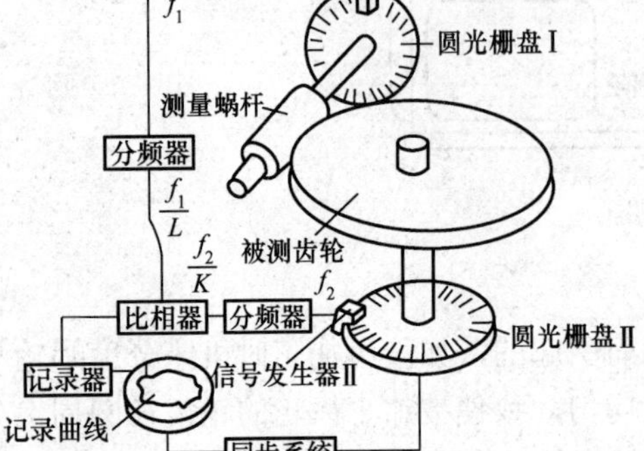

图 7-3　用光栅式单啮仪进行测量

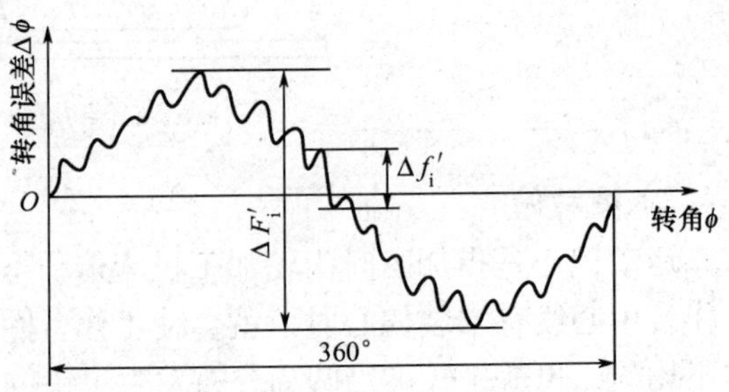

图 7-4　切向综合误差曲线

（2）齿距累积误差 ΔF_p。齿距累积误差 ΔF_p 是指在齿轮分度圆上任意两个同侧齿面之间实际弧长与理论弧长的最大差值的绝对值，如图 7-5 所示。

齿距累积误差 ΔF_p 是由齿轮安装偏心和运动偏心引起的综合反映。

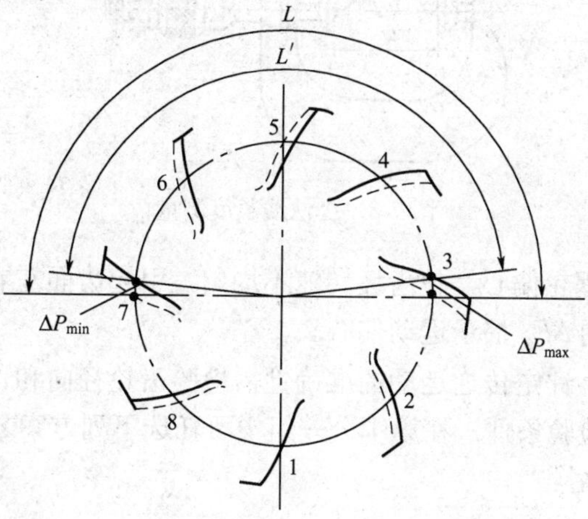

图 7-5　齿距累积误差

（3）齿圈径向跳动误差 ΔF_r。ΔF_r 是指在齿轮一转范围内，测头在齿槽内位于齿高中部和齿面双面接触，测头相对于齿轮轴线的最大和最小径向距离之差，如图 7-6 所示。

齿圈径向跳动主要反映几何偏心引起的轮齿沿径向分布不均匀性，该指标仅反映出齿轮的径向误差，是齿轮径向长周期误差，主要影响齿轮传动的准确性。

（4）径向综合误差 $\Delta F_i''$。$\Delta F_i''$ 是指被测齿轮与理想精确的测量齿轮双面啮合时，被测齿轮一转范围内双啮中心距的最大变动量，如图 7-7 所示。

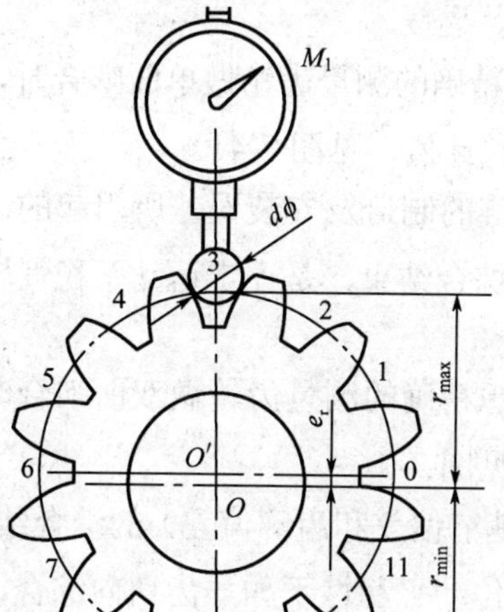

图 7-6　齿圈径向跳动测量

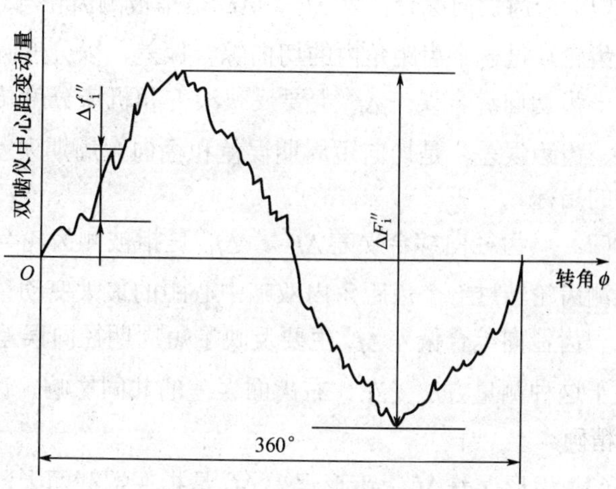

图 7-7　径向综合误差

径向综合误差 $\Delta F_i''$ 主要反映几何偏心造成的径向长周期误差和齿廓偏差、基节偏差等短周期误差。

（5）公法线长度变动ΔF_W。它是指在齿轮一周范围内，实际公法线长度最大值与最小值之差，即$\Delta F_W = W_{max} - W_{min}$，如图 7-8 所示。

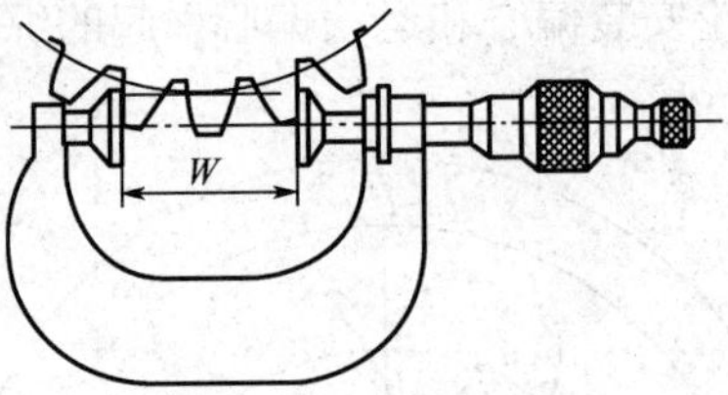

图 7-8　公法线长度测量

ΔF_W是由机床分度蜗轮偏心，使齿坯转速不均匀，引起齿面左右切削不均匀所造成的齿轮切向长周期误差，即用ΔF_W揭示运动偏心。

根据以上分析可知，评定传递运动的准确性需检验齿轮径向和切向两方面的误差。由齿轮传动的用途、生产及检验条件，在第Ⅰ公差组中可任选下列方案之一评定齿轮精度。

① 切向综合误差$\Delta F_i'$；

② 齿距累积误差ΔF_p；

③ 径向综合误差$\Delta F_i''$与公法线长度变动ΔF_W；

④ 齿圈径向跳动ΔF_r与公法线长度变动ΔF_W；

⑤ 齿圈径向跳动ΔF_r（用于 10～12 级精度齿轮）。

第Ⅰ公差组检验结果，只能评定齿轮的本组精度是否合格。而断定整个齿轮的合格性还需检验第Ⅱ、Ⅲ公差组指标的情况。

2）影响传动平稳性的指标项目

影响传递运动平稳性的误差主要是由刀具误差和机床传动链误差造成的短周期误差，主要有以下指标项目。

（1）一齿切向综合误差$\Delta f_i'$。$\Delta f_i'$是指被测齿轮与理想精确的测量齿轮做单面啮合时，在被测齿轮转过一个齿距角内的切向综合偏差，以分度圆弧长计值，见图 7-4。

一齿切向综合误差$\Delta f_i'$主要反映滚刀和机床分度传动链的制造及安装误差所引起的齿廓偏差、齿距误差，是切向短周期误差和径向短周期误差的综合结果，是评定运动平稳性较为完善的指标。

（2）一齿径向综合误差$\Delta f_i''$。$\Delta f_i''$是指被测齿轮与理想精确的测量齿轮做双面啮合时，在被测齿轮转过一个齿距角内双啮中心距的最大变动量，见图 7-7。

一齿径向综合偏差$\Delta f_i''$主要反映了短周期径向误差（基节偏差和齿廓偏差）的综合结果，但由于这种测量方法受左、右齿面误差的共同影响，评定传动平稳性不如一齿切向综合误差$\Delta f_i''$精确。

（3）齿形误差Δf_f。齿形误差Δf_f是指在端截面上，齿形工作部分内（齿顶倒棱部分除外）包容实际齿形且距离为最小的两条设计齿形间的距离，如图 7-9 所示。当无其他限定时，设计齿廓是指端面齿廓。

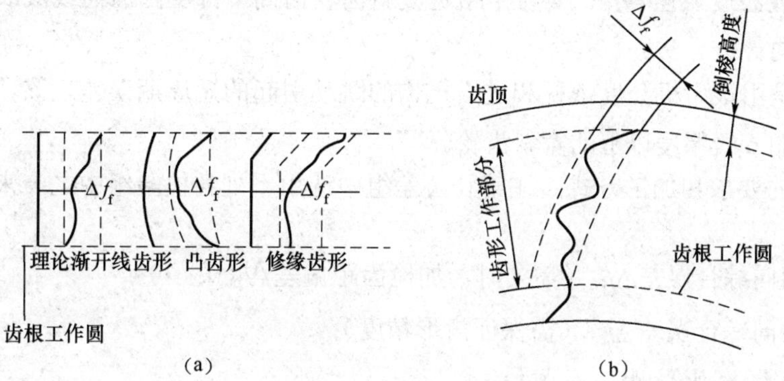

图 7-9　齿形误差

由于齿形误差Δf_f影响了齿轮的正确啮合，使瞬时速比发生变化，影响传动平稳性，所以，齿形误差Δf_f是评定传动平稳性的一项基本的重要的单项指标。

齿形误差主要是由刀具的齿形误差、安装误差及机床分度运动的传动链误差造成的。存在齿形误差的齿轮啮合时，齿廓的接触点会偏离啮合线，如图 7-10 所示。两啮合齿应在啮合线a点接触，由于齿轮有齿廓偏差，使接触点偏离了啮合线，在啮合线外a'点啮合，引起瞬时传动比的变化，影响传动平稳性。

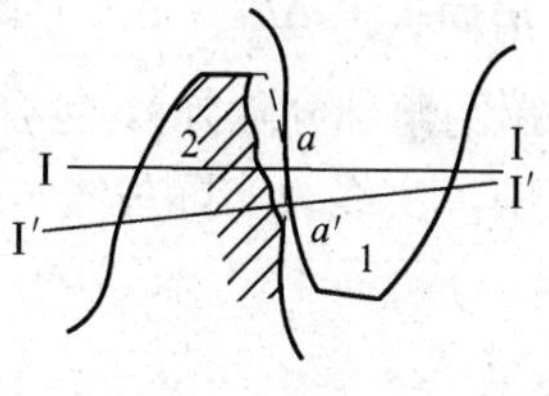

图 7-10　齿廓偏差对传动平稳性的影响

（4）基节偏差Δf_{pb}。基节偏差Δf_{pb}是实际基节与公称基节之差，如图 7-11 所示。实际基节是指基圆柱切平面所截两相邻同侧齿面的交线之间的法向距离。

Δf_{pb}主要是由刀具的基节和齿形角误差造成的。例如，滚齿加工时，齿轮基节两端点是由刀具相邻齿同时切出的，故与机床传动链误差无关。

（5）齿距偏差（又称周节偏差）Δf_{pt}。齿距偏差Δf_{pt}是指在分度圆柱面上，实际齿距与公称齿距之差，如图 7-12 所示。公称齿距是指所有实际齿距的平均值。

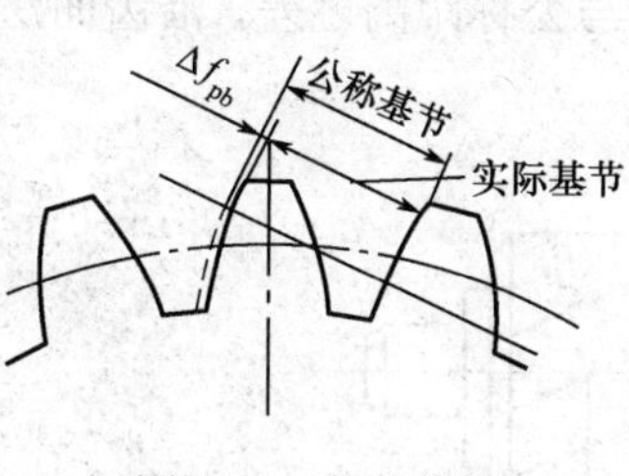

图 7-11　基节偏差

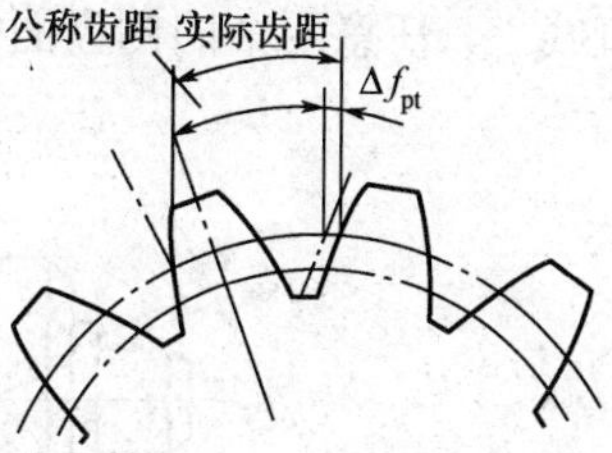

图 7-12　齿距偏差

滚齿加工时，齿距偏差Δf_{pt}主要是由分度蜗杆跳动及轴向窜动，即机床传动链误差造成的，所以Δf_{pt}可以用来揭示传动链的短周期误差或加工中的分度误差。

测量方法及使用仪器与齿距累积误差ΔF_p测量相同。

（6）螺旋线波度误差$\Delta f_{f\beta}$。$\Delta f_{f\beta}$是指宽度斜齿轮齿高中部实际齿向线波纹的最大波幅，沿齿面法线方向计值。

$\Delta f_{f\beta}$主要是由滚齿机分度蜗杆和进给机构的跳动引起的短周期误差。该项目用以评定功率大、转速高的6级精度以上的宽斜齿轮。

根据不同的要求和加工方式，在第Ⅱ公差组中选用下列各检验组中之一来评定齿轮的传动平稳性精度。

① 一齿切向综合误差$\Delta f_i'$（需要时，加检齿距偏差Δf_{pt}）；

② 一齿径向综合误差$\Delta f_i''$（需保证齿形精度）；

③ 齿形误差Δf_f与齿距偏差Δf_{pt}；

④ 齿形误差Δf_f与基节偏差Δf_{pb}；

⑤ 齿距偏差Δf_{pt}与基节偏差Δf_{pb}（用于9～12级精度）；

⑥ 螺旋线波度误差$\Delta f_{f\beta}$（用于ε_β>1.25，6级及以上精度的斜齿轮或人字齿轮）。

3）影响载荷分布均匀性的指标项目

（1）齿向误差ΔF_β。ΔF_β是指在分度圆柱面上（允许在齿高中部测量），齿宽工作部分范围内（齿端倒角部分除外），包容实际齿线的两条最近的设计齿线之间的端面距离，如图7-13所示。其中，实线为实际齿线，虚线为设计齿线。

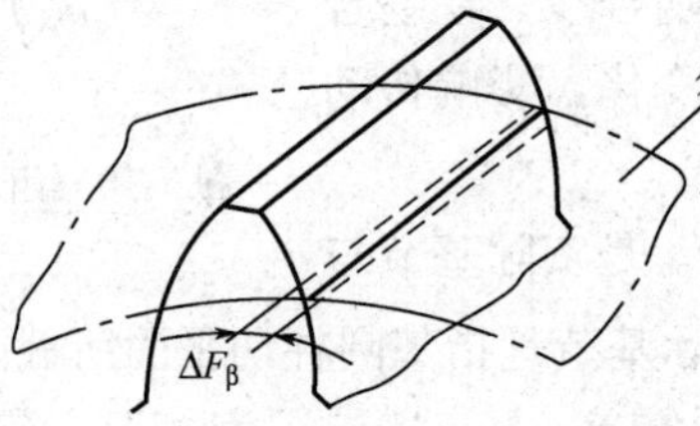

图7-13 齿向误差

齿向误差ΔF_β主要是由于机床导轨倾斜和齿坯装歪所引起的，它使轮齿的实际接触面积减小，影响了载荷分布均匀性。

（2）轴向齿距偏差ΔF_{px}。轴向齿距偏差ΔF_{px}是指在与齿轮基准轴线平行而大约通过齿高中部的一条直线上，任意两个同侧齿面间的实际距离与公称距离之差，沿齿面法线方向计值，如图7-14所示。

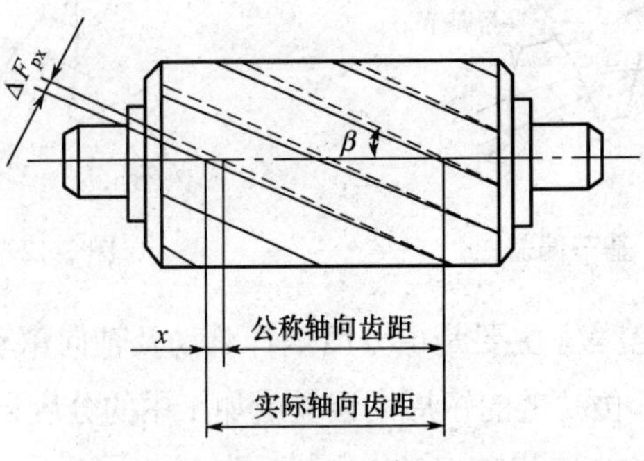

图7-14 轴向齿距偏差

轴向齿距偏差 ΔF_{px} 主要反映斜齿轮的螺旋角误差。此项误差影响轮齿齿长方向的接触长度，并使宽斜齿轮有效接触齿数减少，从而降低了齿轮承载能力，故宽斜齿轮应控制该项误差。

ΔF_{px} 产生的原因及所用检验仪器基本与齿向误差相同。

（3）接触线误差 ΔF_b。ΔF_b 是指在基圆柱的切平面内，平行于公称接触线并包容实际接触线的两条最近的直线间的法向距离，如图 7-15 所示。接触线是齿廓表面和啮合平面的交线，ΔF_b 反映了接触线的形状和位置误差，直接影响齿轮沿齿长接触的情况。对于直齿圆柱齿轮，齿线就是接触线，两者的误差是相同的。

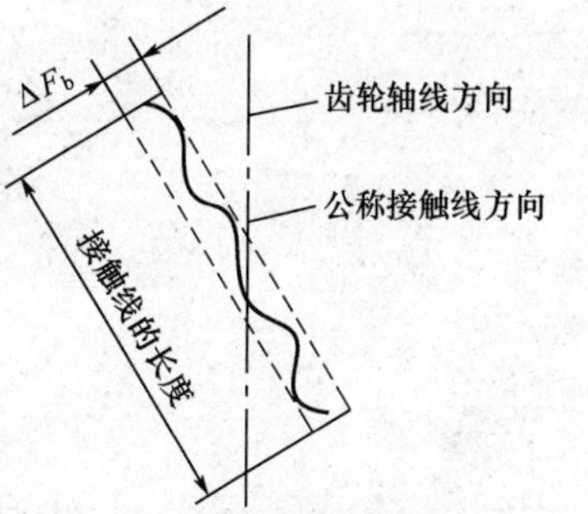

图 7-15　接触线误差

ΔF_b 主要用于斜齿轮的接触精度，它是窄斜齿轮接触长度和接触高度的综合项目，是刀具制造与安装误差、机床进给链误差所造成的齿轮齿向与齿形误差的综合反映。

第Ⅲ公差组选用下列检验组之一来评定齿轮的载荷分布均匀性。

① 齿向误差 ΔF_β 可用于直齿或斜齿轮；

② 接触线误差 ΔF_b 仅用于轴向重合度 ε_β 等于或小于 1.25、齿向线不做修正的斜齿轮；

③ 轴向齿距误差 ΔF_{px} 与接触线误差 ΔF_b 或齿形误差 Δf_f 仅用于轴向重合度 ε_β 大于 1.25、齿向线不做修正的斜齿轮。

4）影响齿轮副侧隙的偏差的指标项目

（1）齿厚偏差 ΔE_s：在分度圆柱面上，齿厚的实际值与公称值之差。

按定义，齿厚是以分度圆弧长计值，而实际测量时则以弦长计值。为此要计算与之对应的公称弦齿厚。

（2）公法线平均长度偏差 ΔE_{W_m}：在齿轮一周内，公法线长度的平均值与公称值之差。ΔE_{W_m} 不同于公法线长度变动量 ΔF_W。ΔE_{W_m} 是反映齿厚减薄量的另一种方式。

3. 齿轮副的误差项目及评定指标

齿轮副的安装误差会影响齿轮副的啮合精度，必须加以限制。评定齿轮副的精度指标包括齿轮副的切向综合公差、齿轮副的切向一齿综合公差、齿轮副的接触斑点及侧隙要求等，若上述齿轮副的四方面要求都能满足，则此齿轮副即认为合格。

1）齿轮副的切向综合误差 $\Delta F_{ic}'$

在设计中心距下安装好的齿轮副啮合转动足够多的转数内，一个齿轮相对于另一个齿轮的实际转角与理想转角的最大差值，以分度圆弧长计值。

2）齿轮副的切向一齿综合误差 $\Delta f_{ic}'$

$\Delta f_{ic}'$ 是指被测齿轮与理想精确的测量齿轮做单面啮合时，在被测齿轮转过一个齿距角内的切向综合偏差，以分度圆弧长计值。齿轮副的切向综合误差 $\Delta f_{ic}'$ 及齿轮副的切向一齿综合误差 $\Delta f_{ic}'$ 应在装配后实测，或按单个齿轮的切向综合误差之和及切向一齿综合误差之和分别进行考核。

3）齿轮副接触斑点的检测

装配好的齿轮副，在轻微的制动下运转后齿面上分布的接触擦亮痕迹，如图 7-16 所示。接触痕迹的大小在齿面展开图上用百分数计算。

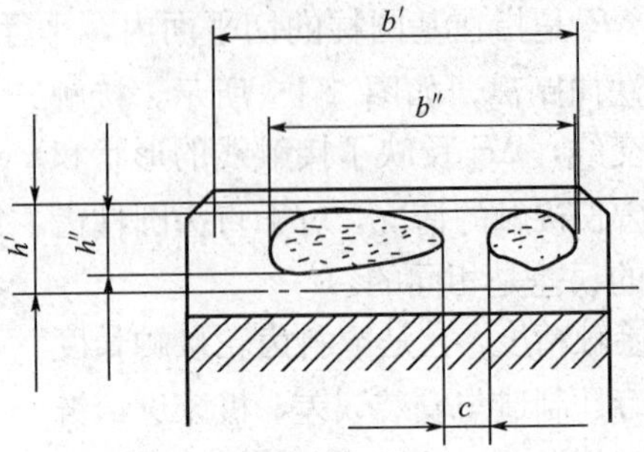

图 7-16　齿轮副的接触斑点

沿齿长方向为接触痕迹的长度 b''（扣除超过模数值的断开部分 c）与工作长度 b' 百分数，即

$$\frac{b''-c}{b'}\times 100\%$$

沿齿高方向为接触痕迹的平均高度 h'' 与工作高度 h' 之比的百分数，即

$$\frac{h''}{h'}\times 100\%$$

接触斑点的分布位置应接近齿面中部，齿顶和两端部棱边处不允许接触。若齿轮副接触斑点的分布位置和大小确有保证时，则此齿轮副中单个齿轮的第Ⅲ公差组项目可不予考虑。

一般齿轮副接触斑点的分布位置及大小依照表 7-9 中的规定。

此项误差主要反映载荷分布均匀性，检验时可使用滚动检验机。它综合反映了齿轮加工误差和安装误差对载荷分布的影响。因此，若接触斑点的分布位置和大小确有保证时，则此齿轮副中单个齿轮的第Ⅲ公差组项目可不予检验。

标准规定检验接触斑点不得用红丹粉，但可以使用国内已经生产的 CT1 或 CT2 等齿轮接触涂料着色法，代替接触擦亮痕迹法。

4）齿轮副侧隙

齿轮副侧隙分圆周侧隙 j_t 和法向侧隙 j_n。

（1）如图 7-17（a）所示，齿轮副圆周侧隙 j_t 是指装配好的齿轮副中一个齿轮固定时，另一个齿轮的圆周晃动量，以分度圆弧长计。

（2）如图 7-17（b）所示，齿轮副法向侧隙 j_n 是指装配好的齿轮副中两齿轮的工作齿面接触时，非工作齿面之间的最小距离。

测量圆周和法向侧隙是等效的，齿轮副法向侧隙 j_n 可用塞尺或压铅丝后测量其厚度值。

5）齿轮副的中心距偏差和轴线的平行度误差

齿轮副的中心距偏差 Δf_a 和轴线的平行度误差 Δf_x、Δf_y 都是齿轮副的安装误差，如图 7-18 所示。齿轮副的中心距偏差是指在齿轮副的齿宽中间平面内实际中心距 a' 与公称中心距 a 之差，如图 7-18（a）所示。它影响齿轮副的侧隙。

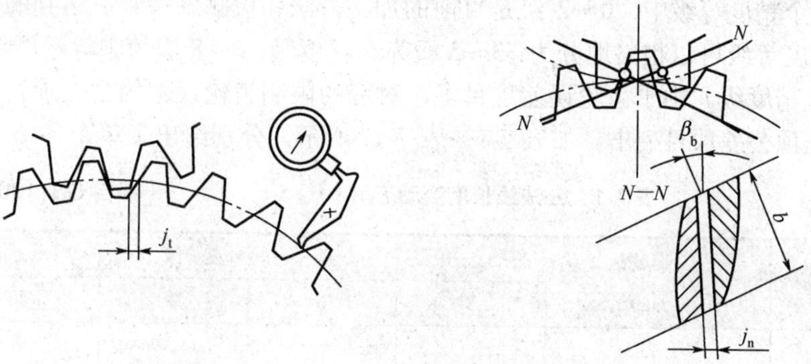

（a）圆周侧隙　　（b）法向侧隙

图 7-17　齿轮副的侧隙

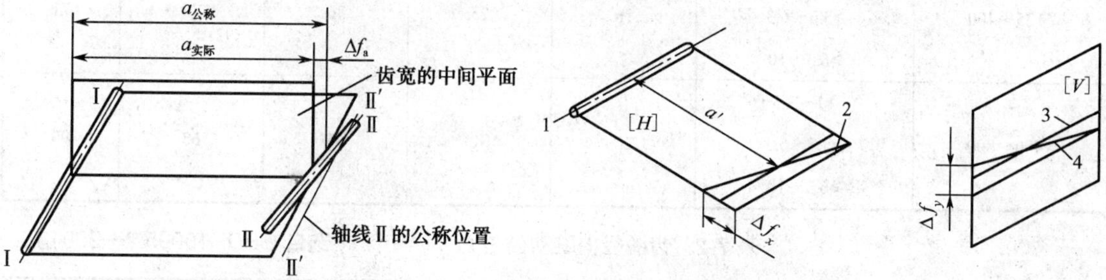

（a）中心距偏差　　（b）x方向平行度误差　　（c）y方向平行度误差

图 7-18　齿轮副的安装误差

图 7-18 中，1 为基准轴线；2 为另一轴线在[H]平面上的投影；3 为基准轴线在[V]平面上的投影；4 为另一轴线在[V]平面上的投影。

齿轮副两条轴线中任何一条轴线都可作为基准轴线来测量另一条轴线的平行度误差。该误差可分成 x 方向和 y 方向的误差。为此，取包含基准轴线并通过由另一轴线与齿宽中间平面相交的点（中点 M）所形成的平面作为基准平面[H]。

图 7-18（b）中，x 方向轴线的平行度误差 Δf_x 是指一对齿轮的轴线在基准平面[H]上的投影 1 和 2 的平行度误差。图 7-18（c）中，y 方向轴线的平行度误差 Δf_y 是指一对齿轮的轴线在垂直于基准平面[H]，并且平行于基准轴线的平面[V]上的投影 3 和 4 的平行度误差。它们都在全齿宽的长度上测量，都影响齿轮副的接触斑点和侧隙。

7.3.3　渐开线圆柱齿轮精度标准及其应用

我国现行的渐开线圆柱齿轮标准主要有 GB/T 10095.1—2001 和 GB/T 10095.2—2001。此标准适用于平行轴传动的渐开线圆柱齿轮及其齿轮副（即包括内、外啮合的直齿轮和斜齿轮及人字齿轮）等，齿轮的法向模数 m_n≥1mm，基本齿廓按 GB/T 1356—2001 的规定。

1. 精度等级

国标对渐开线圆柱齿轮除 F_i'' 和 f_i'（F_i'' 和 f_i' 规定了 4～12 共 9 个精度等级）以外的评定项目规定了 0，1，2，3，…，12 共 13 个精度等级，其中，0 级精度最高，12 级精度最低。

在齿轮的 13 个精度等级中，0～2 级是目前的加工方法和检测条件难以达到的，属于未来发展级。其他精度等级可以粗略地分为：3～5 级为高精度级；6～8 级为中等精度级，使用最广；9～12 级为低精度级。由于齿轮误差项目多，对应的限制齿轮误差的公差项目也很多，本书只将常用的几项公差项目列出，如表 7-1～表 7-11 所示，分别给出了单个各项公差数值。

表 7-1　公法线长度变动 F_W　（摘自 GB 10095—1988）

分度圆直径/mm	法向模数 m_n/mm	精度等级/μm				
		5	6	7	8	9
～125	≥1～3.5 ≥3.5～6.3 ≥6.3～10	12	20	28	40	56
>125～400	≥1～3.5 ≥3.5～6.3 ≥6.3～10	16	25	36	50	71
>400～800	≥1～3.5 ≥3.5～6.3 ≥6.3～10	20	32	45	63	90

表 7-2　齿圈径向跳动公差 F_r　（选自 GB/T 10095.2—2001）

分度圆直径 d/mm	法向模数 m_n/mm	精度等级/μm					
		4	5	6	7	8	9
50<d≤125	0.5≤m_n≤2	10	15	21	29	42	59
	2<m_n≤3.5	11	15	21	30	43	61
	3.5<m_n≤6	11	16	22	31	44	62
	6<m_n≤10	12	16	23	33	46	65
	10<m_n≤16	12	18	25	35	50	70
125<d≤280	0.5≤m_n≤2	14	20	28	39	55	78
	2<m_n≤3.5	14	20	28	40	56	80
	3.5<m_n≤6	14	20	29	41	58	82
	6<m_n≤10	15	21	30	42	60	85
	10<m_n≤16	16	22	32	45	63	89

表 7-3　齿距累积总偏差 F_p　（选自 GB/T10095.1—2008）

分度圆直径 d/mm	模数 m/mm	精度等级/μm					
		4	5	6	7	8	9
50<d≤125	0.5≤m≤2	13	18	26	37	52	74
	2<m≤3.5	13	19	27	38	53	76
	3.5<m≤6	14	19	28	39	55	78
	6<m≤10	14	20	29	41	58	82

续表

分度圆直径 d/mm	模数 m/mm	精度等级/μm					
		4	5	6	7	8	9
125<d≤280	0.5≤m≤2	17	24	35	49	69	98
	2<m≤3.5	18	25	35	50	70	100
	3.5<m≤6	18	25	36	51	72	102
	6<m≤10	19	26	37	53	75	106

表 7-4　径向综合公差 F_i''　　（选自 GB/T 10095.2—2001）

分度圆直径 d/mm	法向模数 m_n/mm	精度等级/μm					
		4	5	6	7	8	9
50<d≤125	1.0< m_n≤1.5	14	19	27	39	55	77
	1.5<m_n≤2.5	15	22	31	43	61	86
	2.5<m_n≤4.0	18	25	36	51	72	102
	4.0<m_n≤6.0	22	31	44	62	88	124
	6.0<m_n≤10	28	40	57	80	114	161
125<d≤280	1.0<m_n≤1.5	17	24	34	48	68	97
	1.5<m_n≤2.5	19	26	37	53	75	106
	2.5<m_n≤4.0	21	30	43	61	86	121
	4.0<m_n≤6.0	25	36	51	72	102	144
	6.0<m_n≤10	32	45	64	90	127	180

表 7-5　齿形公差 f_f　　（摘自 GB 10095—1988）

分度圆直径/mm	法向模数 m_n/mm	精度等级/μm				
		5	6	7	8	9
~125	≥1～3.5	6	8	11	14	22
	≥3.5～6.3	7	10	14	20	32
	≥6.3～10	8	12	17	22	36
>125～400	≥1～3.5	7	9	13	18	28
	≥3.5～6.3	8	11	16	22	36
	≥6.3～10	9	13	19	28	45

表 7-6　基节极限偏差 $\pm f_{pb}$　(摘自 GB 10095—1988)

分度圆直径 /mm	法向模数 m_n/mm	精度等级/μm				
		5	6	7	8	9
～125	≥1～3.5	5	9	13	18	25
	≥3.5～6.3	7	11	16	22	32
	≥6.3～10	8	13	18	25	36
＞125～400	≥1～3.5	6	10	14	20	30
	≥3.5～6.3	8	13	18	25	36
	≥6.3～10	9	14	20	30	40

表 7-7　单个齿距偏差 $\pm f_{pt}$　（选自 GB/T1009—1988）

分度圆直径 d/mm	模数 m/mm	精度等级/μm					
		4	5	6	7	8	9
50<d≤125	0.5≤m≤2	3.8	5.5	7.5	11.0	15.0	21.0
	2<m≤3.5	4.1	6.0	8.5	12.0	17.0	23.0
	3.5<m≤6	4.6	6.5	9.0	13.0	18.0	26.0
	6<m≤10	5.0	7.5	10.0	15.0	21.0	30.0
125<d≤280	0.5≤m≤2	4.2	6.0	8.5	12.0	17.0	24.0
	2<m≤3.5	4.6	6.5	9.0	13.0	18.0	26.0
	3.5<m≤6	5.0	7.0	10.0	14.0	20.0	28.0
	6<m≤10	5.5	8.0	11.0	16.0	23.0	32.0

表 7-8　齿向公差 F_β　（摘自 GB 10095—1988）

齿轮宽度/mm		精度等级/μm				
大于	到	5	6	7	8	9
—	40	7	9	11	18	28
40	100	10	12	16	25	40
100	160	12	16	20	32	50

表 7-9　接触斑点　（摘自 GB 10095—1988）

接触斑点	精度等级/μm			
	6	7	8	9
按高度不小于（%）	50（40）	45（35）	40（30）	30
按长度不小于（%）	70	60	50	40

注：① 接触斑点的分布位置应趋近齿面中部，齿顶和两端部棱边处不允许接触；

② 括号内数值用于轴向重合度>0.8 的斜齿轮。

表 7-10　中心距极限偏差 $\pm f_a$　　　　（摘自 GB10095—1988）

第Ⅱ公差组精度等级	5～6	7～8	9～10
f_a	$\frac{1}{2}$IT7	$\frac{1}{2}$IT8	$\frac{1}{2}$IT9

注：按中心距查取 IT 值。

表 7-11　一齿径向综合公差 f_i''　　　　（摘自 GB/T 10095.2—2001）

分度圆直径 d/mm	法向模数 m_n/mm	精度等级/μm					
		4	5	6	7	8	9
$20<d\leqslant50$	$1.5<m_n\leqslant2.5$	4.5	6.5	9.5	13	19	26
	$2.5<m_n\leqslant4.0$	7.0	10	14	20	29	41
	$4.0<m_n\leqslant6.0$	11	15	22	31	43	61
	$6.0<m_n\leqslant10$	17	24	34	48	67	95
$50<d\leqslant125$	$1.5<m_n\leqslant2.5$	4.5	6.5	9.5	13	19	26
	$2.5<m_n\leqslant4.0$	7.0	10	14	20	29	41
	$4.0<m_n\leqslant6.0$	11	15	22	31	44	62
	$6.0<m_n\leqslant10$	17	24	34	48	67	95
$125<d\leqslant280$	$1.5<m_n\leqslant2.5$	4.5	6.5	9.5	13	19	27
	$2.5<m_n\leqslant4.0$	7.5	10	15	21	29	41
	$4.0<m_n\leqslant6.0$	11	15	22	31	44	62
	$6.0<m_n\leqslant10$	17	24	34	48	67	95

2. 精度等级的选择

齿轮精度等级选择的主要依据是齿轮传动的用途、使用要求、工作条件及其他技术要求。要综合考虑传递运动的精度、齿轮圆周速度的大小、传递功率的高低、润滑条件、持续工作时间的长短、制造成本和使用寿命等因素，在满足使用要求的前提下，应尽量选择较低精度的公差等级。精度等级的选择方法有计算法和类比法。

1）计算法

计算法是根据工作条件和具体要求，通过对整个传动链的运动误差计算确定齿轮的精度等级；或者根据传动中允许的振动和噪声指标，通过动力学计算确定齿轮的精度等级；也可以根据对齿轮的承载要求，通过强度和寿命计算确定齿轮的精度等级。计算法一般用于高精度齿轮精度等级的确定中。

2）类比法

类比法是根据生产实践中总结出来的同类产品的经验资料，经过对比选择精度等级。在实际生产中，常用的是类比法。

表 7-12 列出了各类机械中齿轮精度等级的应用范围，表 7-13 列出了齿轮精度等级与圆周速度的应用范围，选用时可作参考。

表 7-12 各类机械中齿轮精度等级的应用范围

应用范围	精度等级	应用范围	精度等级
单啮仪、双啮仪等使用的测量齿轮	2～5	载重汽车	6～9
蜗轮机减速器	3～6	通用减速器	6～9
精密切削机床	3～7	拖拉机	6～10
一般切削机床	5～8	轧钢机	6～10
航空发动机	4～7	起重机	7～10
轻型汽车	5～8	地质矿用绞车	8～10
内燃或电气机车	6～8	农业机械	8～11

表 7-13 齿轮精度等级与圆周速度的应用范围

精度等级	应用范围	圆周速度/（m/s）	
		直齿	斜齿
4	高精度和极精密分度机构的齿轮；要求极高的平稳性和无噪声的齿轮；检验 7 级精度齿轮的测量齿轮；高速蜗轮机齿轮	<35	<70
5	高精度和精密分度机构的齿轮；高速重载，重型机械进给齿轮，要求高平稳性和无噪声齿轮；检验 8、9 级精度齿轮的测量齿轮	<20	<40
6	一般分度机构的齿轮，3 级及以上精度机床中的进给齿轮；高速、重型机械传动中的动力齿轮；高速传动中的高效率、平稳性和无噪声齿轮；读数机构中的传动齿轮	<15	<30
7	4 级及以上精度机床中的进给齿轮；高速动力小而需要反向回转的齿轮；有一定速度的减速器齿轮，有平稳性要求的航空齿轮、船舶和轿车的齿轮	<10	<15
8	一般精度机床齿轮；汽车、拖拉机和减速器中的齿轮，航空器中的不重要的齿轮；农用机械中的重要齿轮	<6	<10
9	精度要求低的齿轮；没有传动要求的手动齿轮	<2	<4

3. 公差组的检验组及其选择

国标对三个公差组分别规定了一些检验组，见表 7-14。根据齿轮副的工作要求、检测条件和生产规模等，在各公差组中选定适当的检验组来评定和验收齿轮的精度。

表 7-14 公差组的检验组

公差组	检验组						
I	1	2	3	4	5	6	
	$\Delta F_i'$	ΔF_p 与 ΔF_{pk}	ΔF_p	$\Delta F_i''$ 与 ΔF_W ①	ΔF_r 与 ΔF_W ①	ΔF_r	
II	1	2	3	4	5	6	7
	$\Delta f_i'$ ②	Δf_f 与 Δf_{pb}	Δf_f 与 Δf_{pt}	Δf_β ③	$\Delta f_i''$ ④	Δf_{pt} 与 Δf_{pb} ⑤	Δf_{pt} 与 Δf_{pb} ⑥
III	1	2	3	4			
	ΔF_p	ΔF_b ⑦	ΔF_{px} 与 Δf_f ⑧	ΔF_{px} 与 ΔF_b ⑧			

注：①当其中有一项超差时，应按 ΔF_p 检定和验收齿轮的精度；②需要时，可加检 Δf_{pb}；③用于轴向重合度，$\varepsilon_\beta>1.25$ 的 6 级精度及以上的斜齿轮或人字齿轮；④须保证齿形精度；⑤仅用于 9～12 级；⑥仅用于 10～12 级；⑦仅用于轴向重合度$\varepsilon_\beta\leqslant1.25$，且齿线不做修正的窄斜齿轮；⑧仅用于轴向重合度$\varepsilon_\beta>1.25$，且齿线不做修正的宽斜齿轮。

4. 齿轮副极限侧隙

齿轮副在装配后应具有一定的侧隙，影响侧隙的主要因素有中心距偏差和齿厚偏差。确定齿轮副的极限侧隙可以有基中心距制和基齿厚制。考虑到齿轮加工和箱体加工的工艺特点，国标规定采用基中心距制，即固定中心距的极限偏差，且中心距的极限偏差相对于零线对称分布，通过改变齿厚的上偏差以得到最小极限侧隙。

1）齿厚极限偏差

齿厚极限偏差的数值已经标准化，国家标准规定了 14 种，并用大写英文字母表示。齿厚偏差 E_s 的数值以齿距偏差 f_{pt} 的倍数来表示，如图 7-19 所示。齿厚公差带用两个极限偏差的字母来表示，前后两个字母分别表示上偏差、下偏差公差带代号。14 种齿厚极限偏差可以任意组合，以满足各种不同的需要。

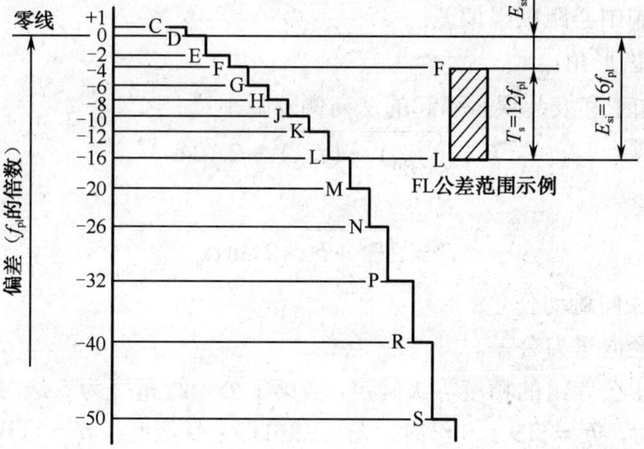

图 7-19　齿厚极限偏差代号

2）最小极限侧隙的确定

最小极限侧隙 j_{nmin} 应能保证齿轮正常时储存润滑油、补偿受热膨胀、受力变形及制造安装误差等。

① 补偿热变形所必需的法向侧隙 j_{n1}。

$$j_{n1}=A(\alpha_1\Delta t_1-\alpha_2\Delta t_2)2\sin\alpha$$

式中　A——齿轮副的中心距；

α_1、α_2——齿轮和箱体材料的线膨胀系数；

Δt_1、Δt_2——分别为齿轮、箱体的工作温度与标准温度 20℃之差；

α——齿轮的压力角 20°。

② 保证正常润滑条件所需的法向侧隙 j_{n2}。j_{n2} 取决于润滑方式和齿轮圆周速度，可参考表 7-15 选取。齿轮副所需的最小保证侧隙为 $j_{nmin}=j_{n1}+j_{n2}$。

表 7-15　保证正常润滑条件所需的法向侧隙 j_{n2}

润滑方式	圆周速度 v（m/s）			
	≤10	>10～25	>25～60	>60
喷油润滑	$0.01m_n$	$0.02m_n$	$0.03m_n$	（0.03～0.05）m_n
油池润滑	（0.005～0.1）m_n			

注：m_n 为法向模数（mm）。

3）齿厚极限偏差的确定

在上述的 14 种齿厚极限偏差中选取合适的代号组合。选取时要根据齿轮副工作所要求的最小侧隙 j_{nmin} 计算出齿厚的上偏差 E_{ss}，然后根据切齿时的进刀误差和能引起齿厚变化的齿圈径向跳动等，再计算出齿厚公差，最后计算出齿厚的下偏差 E_{si}。具体计算公式如下：

$$E_{ss}=-\left(f_a\tan\alpha_n+\frac{j_{nmin}+k}{2\cos\alpha_n}\right)$$

式中　f_a——齿轮副中心距极限偏差；

α_n——法向齿形角；

k——齿轮加工和安装误差引起的法向侧隙减小量

$$k=\sqrt{(f_{pb1})^2+(f_{pb2})^2+2.104F_\beta^2}$$

齿厚公差为

$$T_s=\sqrt{F_r^{\ 2}+b_r^2}\times 2\tan\alpha_n$$

式中　F_r——齿圈径向跳动公差；

b_r——切齿径向进刀公差。

b_r 值按齿轮第 I 公差组的精度等级确定，当第 I 公差组精度为 5 级时，$b_r=\text{IT8}$；6 级时，$b_r=1.26\text{IT8}$；7 级时，$b_r=\text{IT9}$；8 级时，$b_r=1.26\text{IT9}$；9 级时，$b_r=\text{IT10}$。b_r 按齿轮分度圆直径查表确定。

齿厚的下偏差

$$E_{si}=E_{ss}-T_s$$

将计算出的齿厚上、下偏差分别除以齿距极限偏差 f_{pt}，再按所得的值从图 7-19 中选取相应的齿厚偏差代号。

4）公法线平均长度极限偏差的计算

公法线平均长度的极限偏差是反映齿厚减薄量的另一种形式。由于测量公法线长度比测量齿厚方便、准确，且能在评定侧隙的同时测量公法线长度的变动来评定传递运动的准确性，所以在设计时，常常把齿厚的上下偏差分别换算成公法线平均长度上、下偏差 E_{wms}、E_{wmi}。

外齿轮：　$E_{wms}=E_{ss}\cos\alpha_n-0.72F_r\sin\alpha_n$

$E_{wmi}=E_{si}\cos\alpha_n+0.72F_r\sin\alpha_n$

内齿轮　$E_{wms}=-E_{ss}\cos\alpha_n-0.72F_r\sin\alpha_n$

$E_{wmi}=-E_{si}\cos\alpha_n+0.72F_r\sin\alpha_n$

5）齿坯精度

齿坯的尺寸偏差、几何误差和表面粗糙度对齿轮的加工精度、安装精度及齿轮副的接触条件和运转状况等会产生一定的影响，因此为了保证齿轮的传动质量，就必须控制齿坯精度，如图 7-20 和图 7-21 所示，以使加工的轮齿更易满足使用要求。

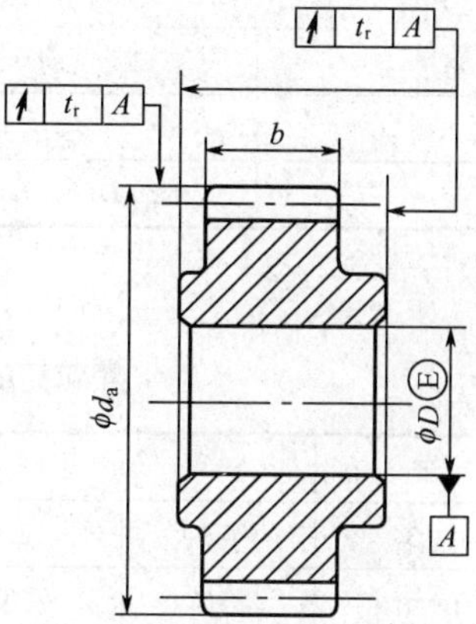

图 7-20　盘形齿轮的齿坯精度要求

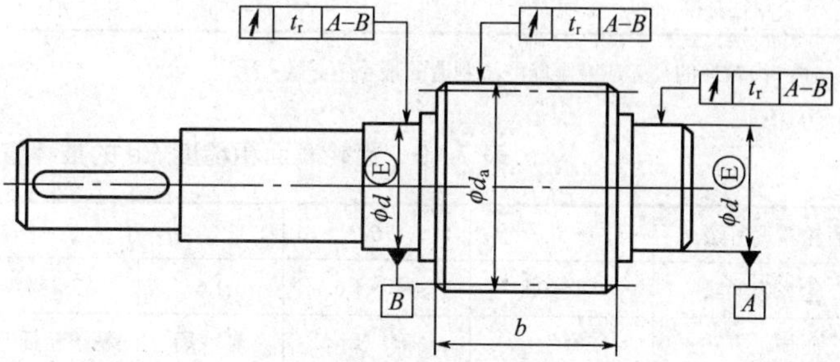

图 7-21　齿轮轴的齿坯精度要求

齿坯精度包括齿轮内孔、齿顶圆、齿轮轴的定位基准面和安装基准面的精度，以及各工作表面的粗糙度要求。齿轮内孔与轴颈常作为加工、测量和安装基准，按齿轮精度对它们的尺寸和位置也提出了一定的精度要求。齿坯精度可参照 GB 10095—1988，见表 7-16。

表 7-16　齿坯精度　　（摘自 GB 10095—1988）

齿轮精度等级		5	6	7	8	9
孔	尺寸、几何公差	IT5	IT6	IT7		IT8
轴		IT5		IT6		IT7
顶圆直径公差		IT7	IT8			IT9

注：当顶圆不作为测量基准时，其尺寸公差按 IT11 给定，但不大于 0.1mn。

齿轮的形状公差及基准面的跳动公差在国标里有明确规定，可查表 7-17 和表 7-18。

新国标没有规定齿轮各基准面的表面粗糙度，设计时齿轮表面粗糙度允许值可按 GB/Z 18620.4—2002 中的规定，见表 7-19 和表 7-20。

表 7-17　基准面和安装面的形状公差　　（摘自 GB/Z 18620.3—2002）

确定轴线的基准面	公差项目		
	圆　度	圆柱度	平面度
两个“短的”圆柱或圆锥形基准面	0.04（L/b）F_β 或 $0.1F_p$ 取两者之小值		
一个“长的”圆柱或圆锥形基准面		0.04（L/b）F_β 或 $0.1F_p$ 取两者之小值	
一个“短的”圆柱面和一个端面	$0.06F_p$		0.06（D_d/b）F

注：① 齿轮坯的公差应减至能经济制造的最小值；

② L 为较大的轴承跨距；D_d 为基准面直径；b 为齿宽。

表 7-18　安装面的跳动公差　　（摘自 GB/Z 18620.3—2002）

<table>
<tr><th rowspan="2">确定轴线的基准面</th><th colspan="2">跳动量　（总的指示幅度）</th></tr>
<tr><th>径　向</th><th>轴　向</th></tr>
<tr><td>仅指圆柱或圆锥形基准面</td><td colspan="2">0.15（L/b）F_β 或 0.32F_p 取两者之大者</td></tr>
<tr><td>一个圆柱基准面和一个端面基准</td><td>0.3F_p</td><td>0.2（D_d/b）F_β</td></tr>
</table>

注：齿轮坯的公差应减至能经济制造的最小值。

表 7-19　齿轮表面粗糙度 *Ra* 的推荐值　　单位：μm

<table>
<tr><td>齿轮精度等级</td><td>5</td><td>6</td><td colspan="2">7</td><td>8</td><td colspan="2">9</td></tr>
<tr><td>轮齿齿面</td><td>0.4～0.8</td><td>0.8～1.6</td><td>1.6</td><td>3.2</td><td>6.3</td><td>6.3</td><td>12.5</td></tr>
<tr><td>齿面加工方法</td><td>磨齿</td><td>磨或珩</td><td>剃或珩</td><td>精滚精插</td><td>插或滚齿</td><td>滚齿</td><td>铣齿</td></tr>
<tr><td>齿轮基准孔</td><td>0.4～0.8</td><td>1.6</td><td colspan="2">1.6～3.2</td><td>3.2</td><td colspan="2">6.3</td></tr>
<tr><td>齿轮轴基准轴颈</td><td>0.4</td><td>0.8</td><td colspan="2">1.6</td><td colspan="3">6.3</td></tr>
<tr><td>齿轮基准端面</td><td>3.2～6.3</td><td>3.2～6.3</td><td colspan="3">3.2～6.3</td><td colspan="2">6.3</td></tr>
<tr><td>齿轮顶圆</td><td>1.6～3.2</td><td>6.3</td><td colspan="3">6.3</td><td colspan="2">12.5</td></tr>
</table>

表 7-20　齿轮表面粗糙度　　（摘自 GB/Z 18620.4—2002）

<table>
<tr><th rowspan="2">齿轮精度等级</th><th colspan="2">Ra/μm</th><th colspan="2">Rz/μm</th></tr>
<tr><th>m_n<6</th><th>6≤m_n≤25</th><th>m_n<6</th><th>6≤m_n≤25</th></tr>
<tr><td>5</td><td>0.4</td><td>0.80</td><td>3.2</td><td>（4.0）</td></tr>
<tr><td>6</td><td>0.8</td><td>（1.00）</td><td>6.3</td><td>6.3</td></tr>
<tr><td>7</td><td>1.60</td><td>1.60</td><td>（8.0）</td><td>（10）</td></tr>
<tr><td>8</td><td>（2.0）</td><td>3.2</td><td>12.5</td><td>12.5</td></tr>
<tr><td>9</td><td>3.2</td><td>（4.0）</td><td>（20）</td><td>25</td></tr>
<tr><td>10</td><td>6.3</td><td>6.3</td><td>（32）</td><td>50</td></tr>
</table>

注：带括号的表示系列 2。

6）图纸标注

按照国标的规定：若齿轮各检验项目的精度等级不同时，应在精度等级后面用括号加注检验项目。例如，“6（Δf_f）7（ΔF_p、ΔF_β）GB/T 10095.1—2001”表示齿形误差 Δf_f 为 6 级精度、齿距累积误差 ΔF_p 和齿向误差 ΔF_β 均为 7 级精度的齿轮。而当齿轮的检验项目具有相同精度等级时，只需标注精度等级和标准号。例如，8GB/T 10095.1—2001 或 8GB/T 10095.2—2001 表示检验项目精度等级同为 8 级的齿轮。

由于齿轮公差项目较多，设计齿轮时，在齿轮的工作图上除了标注齿轮的精度外，还必须标注各公差组的检验组项目和公差（偏差）数值，作为检定和验收齿轮的依据。

7.3.4 圆柱齿轮精度设计举例

【例 7-1】 在某普通机床的主轴箱中有一对直齿圆柱齿轮副，采用油池润滑。已知：z_1=28，z_2=58，m=3mm，B_1=26mm，B_2=22mm，n=1800r/min。齿轮材料是 45 号钢，其线膨胀系数 $\alpha_1=11.5\times10^{-6}$。箱体为铸铁材料，其线膨胀系数 $\alpha_2=10.5\times10^{-6}$。齿轮工作温度 t_1=65℃，箱体温度 t_2=45℃。内孔直径为 ϕ45mm。对小齿轮进行精度设计，并将设计所确定的各项技术要求标注在齿轮工作图上。

解：（1）确定小齿轮的精度等级。因为小齿轮的转动速度高，主要要求其传递运动的平稳性，因此，按圆周速度选取小齿轮的精度等级。

$$v=\frac{\pi dn}{60\times1000}=\frac{\pi m z_1 n}{60\,000}=\frac{3.14\times3\times28\times1800}{60\,000}=7.9\text{m/s}$$

查表 7-13 选取平稳性精度为 7 级，由于传动准确性要求不高，可以降低一级取 8 级，而载荷分布均匀性一般不低于平稳性，也取 7 级，故齿轮的精度等级为 8-7-7。

（2）确定最小极限侧隙。保证补偿热变形所必需的法向侧隙为

$$j_{n1}=\frac{m(z_1+z_2)}{2}[\alpha_1(t_1-20)-\alpha_2(t_2-20)]\times2\sin\alpha$$
$$=\frac{3\times(28+58)}{2}\times[11.5\times(65-20)\times10^{-6}-10.5\times(45-20)\times10^{-6}]\times2\sin20^\circ=0.0225\text{mm}$$

正常润滑条件所需的法向侧隙

$$j_{n1}=0.01m_n=0.01\times3=30\mu\text{m}$$

因此，最小侧隙

$$j_{n\min}=j_{n1}+j_{n2}=22.5\mu\text{m}+30\mu\text{m}=52.5\mu\text{m}$$

（3）确定齿厚极限偏差和公差。因为第 I 公差组精度等级为 8 级，所以

b_r=1.26IT9=1.26×87μm≈109.6μm

由表 7-2 查得 $F_r=43\mu\text{m}$

由表 7-6 查得 $f_{pb1}=13\mu\text{m}$，$f_{pb2}=14\mu\text{m}$

由表 7-8 查得 $F_\beta=11\mu\text{m}$

由表 7-10 查得 $f_a=\frac{1}{2}\text{IT8}=31.5\mu\text{m}$

由表 7-7 查得 $f_{pt1}=\pm12\mu\text{m}$

$$k=\sqrt{(f_{pb1})^2+(f_{pb2})^2+2.104F_\beta^2}=24.89\mu\text{m}$$

$$E_{ss}=-\left(f_a\tan\alpha_n+\frac{j_{n\min}+k}{2\cos\alpha_n}\right)=-\left(31.5\times\tan20^\circ+\frac{52.5+24.89}{2\cos20^\circ}\right)=-52.64$$

E_{ss} 应为 f_{pt} 的倍数，即

$$\frac{E_{ss}}{f_{pt1}}=-\frac{52.64}{12}=-4.39\mu\text{m}$$

查图 7-19，为保证最小侧隙齿厚上偏差代号取 G，即 f_{pt} 的−6 倍。

计算齿厚公差，有

$$T_s=\sqrt{F_r^2+b_r^2}\times2\tan\alpha_n$$

b_r 值按齿轮第Ⅰ公差组的精度等级，有

$$b_r = 1.26\text{IT9} = 1.26 \times 87 = 109.62\mu\text{m}$$

$$T_s = \sqrt{F_r^2 + b_r^2} \times 2\tan\alpha_n = \sqrt{43^2 + 109.62^2} \times 2\tan 20^\circ = 86\mu\text{m}$$

齿厚下偏差

$$E_{si} = E_{ss} - T_s = -72 - 86 = -158\mu\text{m}$$

$$\frac{E_{si}}{f_{pt1}} = -\frac{158}{12} = -13.16\mu\text{m}$$

查图 7-19，得到齿厚下偏差代号为 L，即 f_{pt} 的−16 倍。

$$E_{si} = -124 f_{pt} = -11 \times 12 = -192\mu\text{m}$$

（4）齿轮公差组的检验组参数的确定。为提高检测的经济性，应尽量使用同一计量器具测量较多的评定指标。根据齿轮的用途，属于批量生产，一般常用双啮仪测量，参考表选取评定参数：准确性用 $\Delta F_i''$ 和 ΔF_W，平稳性用 $\Delta f_i''$，接触均匀性用 ΔF_β。由于准确性已经用了 ΔF_W，所以用公法线平均长度的极限偏差 E_{wm} 控制齿厚极限偏差更方便。各项公差值和极限偏差值查表和计算结果如下：

$F_i'' = 72\mu\text{m}$　　$F_W = 40\mu\text{m}$　　$f_i'' = 20\mu\text{m}$　　$F_\beta = 11\mu\text{m}$

$E_{wms} = E_{ss}\cos\alpha_n - 0.72F_r\sin\alpha_n = -72\cos20^\circ - 0.72F_r\sin20^\circ = -77\mu\text{m}$

$E_{wmi} = E_{si}\cos\alpha_n + 0.72F_r\sin\alpha_n = -192\cos20^\circ + 0.72F_r\sin20^\circ = -170\mu\text{m}$

跨齿数

$$k = z_1\frac{\alpha}{180^\circ} + 0.5 = 28 \times \frac{20^\circ}{180^\circ} + 0.5 \approx 3.6$$

取 $k=4$ 有 $W = m[1.476(2k-1) + 0.014z] = 3 \times [1.476 \times (2 \times 4 - 1) + 0.014 \times 28]\text{mm} = 32.17\text{mm}$

则

$$W = 32.17_{-0.170}^{-0.077}\ \text{mm}$$

（5）确定齿坯精度。

① 内径尺寸精度。内径尺寸精度选用 IT7 级，已知内径尺寸为 ϕ45mm，则内径尺寸公差带确定为 $\phi45\text{H7}\left(^{+0.025}_{0}\right)$，采用包容原则Ⓔ。

② 齿顶圆可作为加工基准，齿顶圆直径公差为 IT8 级，由于齿顶圆直径 $d_a=mz+2hm=90$mm，所以 IT8=0.054mm，齿顶圆直径的尺寸公差带为 $\phi90\text{h8}\left(^{0}_{-0.054}\right)$。

③ 基准面和安装面的形状公差。由于小齿轮在轴上是由一个短圆柱面和一个端面定位的，查表 7-17，短圆柱面的圆度公差为 $0.06F_p=0.06\times0.053=0.003$mm，端面的平面度公差为 $0.06(D_d/b)F_\beta=0.06\times(45/26)\times0.011=0.001$mm。

④ 安装面的跳动公差。查表径向跳动公差为 $0.3F_p=0.3\times0.053=0.016$mm，轴向跳动公差为 $0.2(D_d/b)F_\beta=0.2\times(45/26)\times0.011=0.004$mm。

（6）齿轮各个表面粗糙度 Ra 值。查表 7-19，齿面 Ra=3.2μm，顶圆 Ra=6.3μm，齿轮基准孔 Ra=1.6μm，齿轮基准端面 Ra=3.2μm。

（7）将上述各项要求标注在齿轮零件图上，则得到如图 7-22 所示的小齿轮的工作图。

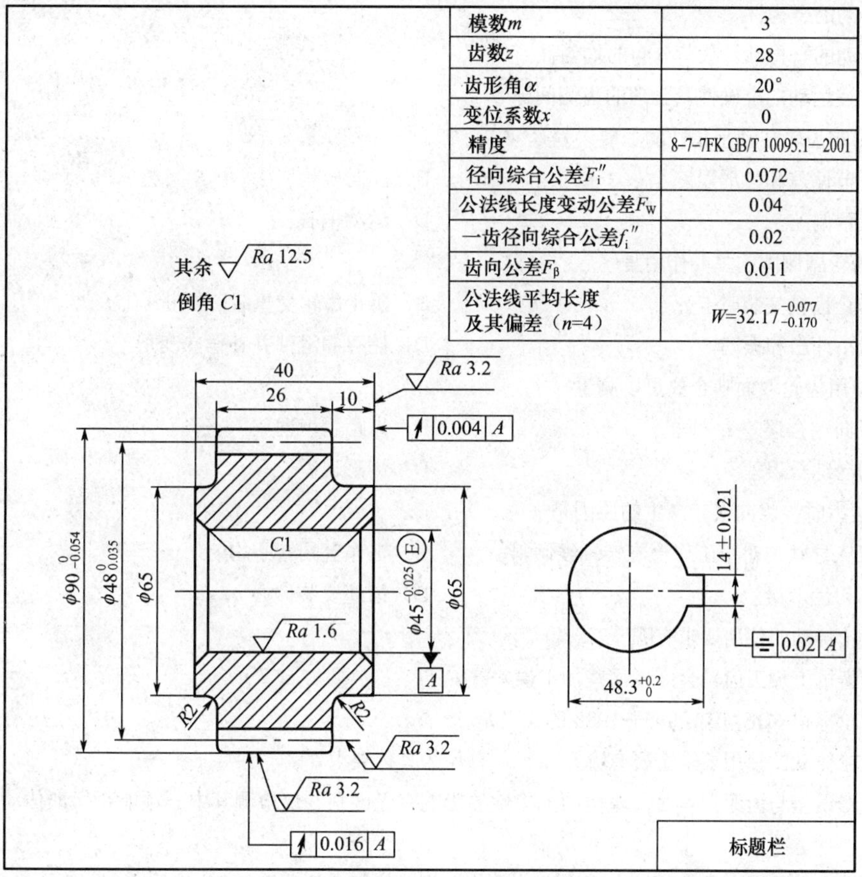

模数m	3
齿数z	28
齿形角α	20°
变位系数x	0
精度	8-7-7FK GB/T 10095.1—2001
径向综合公差F_i''	0.072
公法线长度变动公差F_W	0.04
一齿径向综合公差f_i''	0.02
齿向公差F_β	0.011
公法线平均长度及其偏差（n=4）	$W=32.17_{-0.170}^{-0.077}$

图 7-22　齿轮工作图

习题

1．判断题：

（1）加工齿轮时，齿坯安装偏心会引起齿向误差。（　　）

（2）齿厚的上偏差为正值，下偏差为负值。（　　）

（3）高速传力齿轮对传动平稳性和载荷分布均匀性的要求都很高。（　　）

（4）精密仪器中的齿轮对传递运动的准确性很高。（　　）

（5）齿轮的精度越高，则齿轮副的侧隙越小。（　　）

（6）齿轮传动的振动和噪声是由于齿轮传递运动的不准确性引起的。（　　）

（7）圆柱齿轮根据不同的传动要求，对三个公差组可以选用不同的精度等级。（　　）

（8）齿轮的单项测量，不能充分评定齿轮的工作质量。（　　）

2．选择题：

（1）圆柱齿轮规定了 12 个精度等级，一般机械传动中，齿轮常用的精度等级是（　　）。

A．3～5 级　　B．6～8 级　　C．9～11 级　　D．10～12 级

（2）一般机器中的动力齿轮，如机床、减速器等的变速齿轮，工作时主要应保证（　　）。

A．传递运动的准确性

B．传动的平稳性

C．传动的平稳性及载荷分布的均匀性

D．传递运动的准确性及合理的齿侧间隙

（3）影响齿轮传动平稳性的主要误差是（　　）。

A．基节偏差和齿形误差　　B．齿向误差

C．齿距偏差　　D．运动偏心

（4）齿轮副侧隙的主要作用是（　　）。

A．防止齿轮安装时卡死　　B．防止齿轮受重载时折断

C．减小冲击和振动　　D．储存润滑油并补偿热变形

（5）使用齿轮双面啮合仪可以测量（　　）。

A．径向综合误差　　B．齿距累积误差

C．切向综合误差　　D．齿形误差

（6）滚齿时，齿向误差产生的原因是（　　）。

A．机床导轨相对于工作台旋转轴线倾斜　　B．工作台回转不均匀

C．滚刀齿形误差　　D．齿坯安装偏心

3．齿轮传动的使用要求有哪些?

4．滚齿机上加工齿轮会产生哪些加工误差?

5．齿轮标记 6DF GB 10095—1988 的含义是什么？

6．齿轮传动的使用要求主要有哪几项？各有什么具体要求？

7．齿形误差与齿距偏差对齿轮传动平稳性的影响有无区别？仅检测其中一项能否保证传动平稳性？为什么?

8．评定齿轮传递运动准确性和评定齿轮传动平稳性的指标都有哪些?

9．在某普通机床的主轴箱中有一对直齿圆柱齿轮副，采用油池润滑。已知：z_1=20，z_2=48，m=2.75mm，B_1=24mm，B_2=20mm，n=1750r/min。齿轮材料是 45 号钢，其线膨胀系数$\alpha_1=11.5\times10^{-6}$。箱体为铸铁材料，其线膨胀系数$\alpha_2=10.5\times10^{-6}$。齿轮工作温度 t_1=60℃，箱体温度 t_2=40℃。内孔直径为 30mm。对小齿轮进行精度设计，并将设计所确定的各项技术要求标注在齿轮工作图上。

项目 8　三坐标测量

学习情境设计

序　　号	情境（课时）	主 要 内 容
1	任务 0.5	1．提出三坐标测量任务（根据图 8-1）； 2．分析零件精度（尺寸公差、几何公差）要求
2	信息 1.0	1．三坐标测量机的构造与原理； 2．三坐标测量机的使用方法
3	计划 0.5	1．根据被测要素，确定检测部位和测量次数； 2．确定测量方案
4	实施 1.5	1．清洁被测零件的测量面； 2．启动三坐标测量机； 3．测量尺寸和形位误差； 4．保存数据，打印数据
5	检查 0.3	1．任务的完成情况； 2．复查，交叉互查
6	评估 0.2	1．分析整个工作过程，对出现的问题进行修改并优化； 2．判断被测要素的合格性； 3．出具检测报告，资料存档

8.1　任务提出

本项目任务如图 8-1 所示。

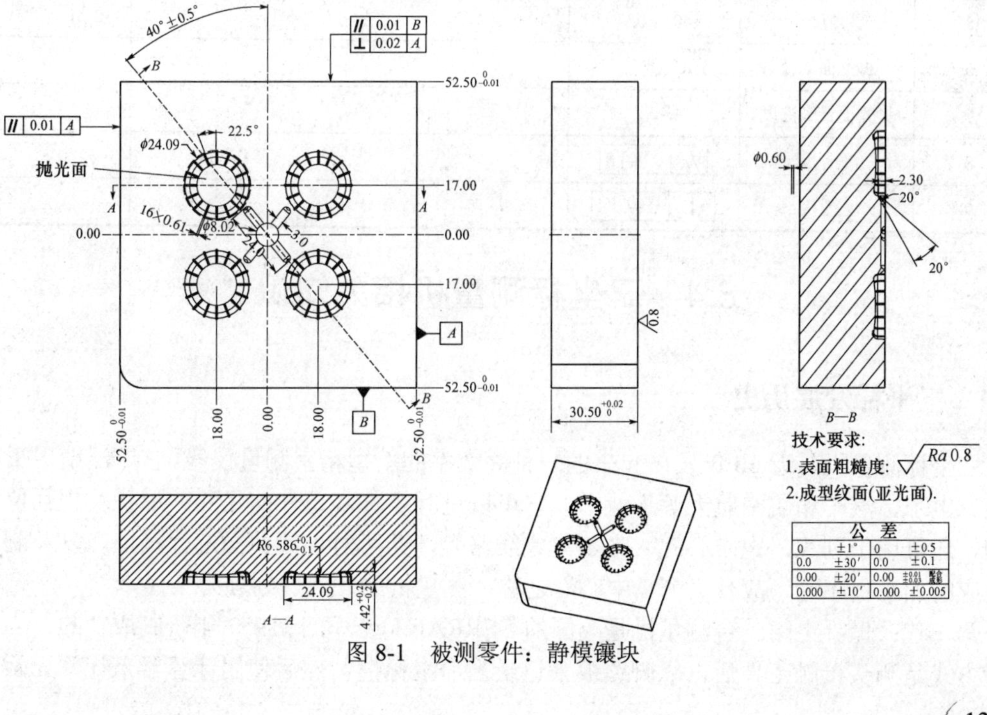

图 8-1　被测零件：静模镶块

8.2 学习目标

如图 8-1 所示是一套塑料模具（一腔四模）当中的静模镶块，图中有 $30.50^{+0.02}_{0}$，[// 0.01 B]，[⊥ 0.02 A]等的标注，请同学们从以下几方面进行学习。

（1）分析图纸，搞清楚精度要求。

（2）查阅相关国家计量标准，理解上述标注含义。

（3）使用三坐标测量机，确定测量方案。

（4）如何对三坐标测量机进行保养与维护？

（5）打印数据报告。

8.3 测量数据任务

前面已学过公差的相关知识，那么如何利用三坐标测量机来检测工件的几何尺寸和几何公差呢？可以根据表 8-1 的要求，正确操作三坐标测量机的硬件和配套软件来检测，并判断工件合格与否。

表 8-1 被测量数据要求

序号	测量要素	尺寸要素	实际值	结论
1	测量标准球直径	15.2024		
2	总高	$30.50^{+0.02}_{0}$		
3	总长	$52.50^{0}_{-0.01}$		
4	总宽	$52.50^{0}_{-0.01}$		
5	角度	$40^\circ \pm 0.5^\circ$		
6	抛光面半径	$R6.586^{+0.1}_{-0.1}$		
7	抛光面最大深度	$4.42^{+0.02}_{-0.02}$		
8	平行度	[// 0.01 B]		
9	垂直度	[⊥ 0.02 A]		

8.4 三坐标测量机相关知识

8.4.1 三坐标发展历史

三坐标测量机是近 30 年发展起来的一种高效率的新型精密测量仪器。它广泛地用于机械制造、电子、汽车和航空航天等工业中。它可以进行零件和部件的尺寸、形状及相互位置的检测，还可用于划线、定中心孔、光刻集成线路等，并可对连续曲面进行扫描，以及制备数控机床的加工程序等，故有“测量中心”之称，测量机的发展可划分为三代。

第一代：世界上第一台测量机是英国的 FERRANTI 公司于 1959 年研制成功的，当时的测量方式是测头接触工件后，靠脚踏板来记录当前坐标值，然后使用计算器来计算元素间的位置关系。1964 年，瑞士 SIP 公司开始使用软件来计算两点间的距离，开始了利用软件进行测量数据计算的时代。70 年代初，德国 ZEISS 公司使用计算机辅助工件坐标系代替机械对准，从此测量机具备了对工件基本几何元素尺寸、几何公差的检测功能。

第二代：随着计算机的飞速发展，测量机技术进入了 CNC 控制机时代，完成了复杂机械零件的测量和空间自由曲线曲面的测量，测量模式增加和完善了自学习功能，改善了人机界面，使用专门的测量语言，提高了测量程序的开发效率。

第三代：20 世纪从 90 年代开始，随着工业制造行业向集成化、柔性化和信息化发展，产品的设计、制造和检测趋向一体化，这就对作为检测设备的三坐标测量机提出了更高的要求，从而提出了第三代测量机的概念：①具有与外界设备通信的功能；②具有与 CAD 系统直接对话的标准数据协议格式；③硬件电路趋于集成化，并以计算机扩展卡的形式，成为计算机的大型外部设备。

8.4.2 三坐标测量机的功能原理

简单地说，三坐标测量机就是在三个相互垂直的方向上有导向机构、测长元件、数显装置，有一个能够放置工件的工作台（大型和巨型不一定有），测头可以以手动或机动方式轻快地移动到被测点上，由读数设备和数显装置把被测点的坐标值显示出来的一种测量设备。显然这是最简单、最原始的测量机。有了这种测量机后，在测量容积里任意一点的坐标值都可通过读数装置和数显装置显示出来。

测量机的采点发信装置是测头，在沿 X，Y，Z 三个轴的方向装有光栅尺和读数头。其测量过程就是当测头接触工件并发出采点信号时，由控制系统去采集当前机床三轴坐标相对于机床原点的坐标值，再由计算机系统对数据进行处理和输出。因此测量机可以用来测量直接尺寸，也可以获得间接尺寸和几何公差及各种相关关系，还可以实现全面扫描和一定的数据处理功能，可以为加工提供数据和处理加工测量结果。自动型还可以进行自动测量，实现批量零件的自动检测。

8.4.3 三坐标测量机的分类与结构

测量机的种类繁多，其分类方式也有多种。

（1）按精度分为生产型（7μm）、精密型（4.5μm）、计量型（2μm）（1m 有效长度）。

（2）按大小分为小型（最长轴≤1m）、中型（1≤最长轴≤2）、大型（2≤最长轴≤4）、巨型（最长轴>4m）。

（3）按采点方式分为点位采样型和连续采样型。

（4）按运动形式分为机动型和手动型。

（5）按机械结构分为桥式、龙门式、立柱式、悬臂式等。

（6）按测头接触方式分为接触式、非接触式等。

这次实训所选用的三坐标测量机如图 8-2 所示，它是我国航空工业第一集团公司北京航空精密机械研究所自主研发的，型号为 Pearl 手动型接触式，属于计量型的小型三坐标测量机。

测量机系统的整体结构包括机械本体、控制系统和测头系统等。控制系统又包括计算机系统和电控柜。

图 8-2　Pearl 手动式三坐标测量机

1. 构成

机械本体主要包括框架结构、标尺系统、导轨、驱动装置、平衡部件、转台与附件等。

框架是测量机工作台、立柱、桥框、壳体等机械结构的集合体。

标尺系统是测量机的重要组成部分，是决定仪器精度的一个重要环节。三坐标测量机可选用的标尺有线纹尺、精密丝杠、感应同步器、光栅尺、磁尺及光波波长等。而这台三坐标测量机的标尺系统是光栅尺。该标尺系统测量精度高，精度可达到 10^{-7}m。但这种标尺系统的缺点就是怕水雾、油雾和灰尘玷污，对使用环境要求较高，玻璃光栅与钢材的膨胀系数相差大，易产生温度误差。所以在保养时要采用丙烷或庚烷气体清洁。

气浮导轨是测量机实现三维运动的重要部件，由导轨体（导轨体和工作台合二为一）和气垫组成。测量机上通常采用丝杠丝母、滚动轮、齿形带、齿轮齿条或光轴滚动轮等配以伺服电动机驱动。

2. 测头

三维测量机的传感器可在三个方向上感受瞄准信号和微小位移，以实现瞄准与测微两种功能。测量机的测头主要有硬测头、电气测头、光学测头等。而这台三坐标测量机的测头为硬测头 PH10T 测头。

PH10T 测头如图 8-3 所示。它包括测尖、TP20 发信装置、测头体和安装座及控制盒。PH10T 测头体含两个转台和三个电动机，转台分别用于测头俯仰和旋转运动。三个电动机分别用于三个方向的驱动和锁紧。俯仰和旋转角分别以 *A* 角（PITCH）和 *B* 角（ROLL）表示，角度间隔 7.5°。转动时角度是 7.5 的倍数。*A* 角范围为 0～105°，*B* 角范围为-180°～+180°。

硬测头使用时应注意测量力引起的变形对测量精度的影响，在触头与工件接触可靠的情况下，测量力越小越好。一般要求测量力在（1～4）$\times10^{-1}$N 的范围内，最大测量力不应大于 1N。

图 8-3　PH10T 测头

这台三坐标测量机控制盒采用 TU01 操作盒，它的界面如图 8-4 所示。

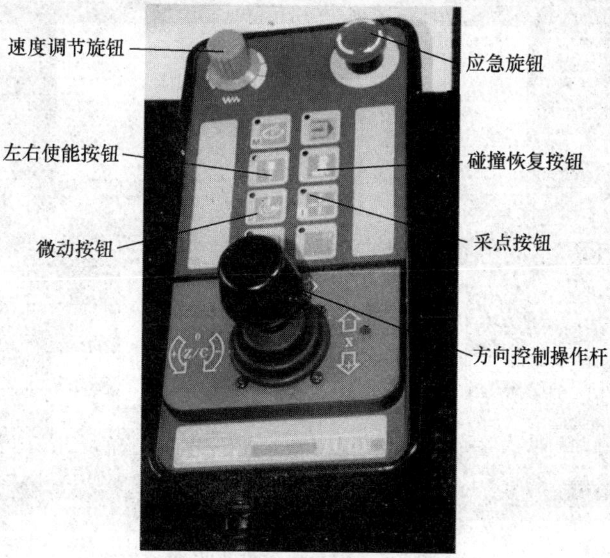

图 8-4　TU01 操作盒的界面

各应用键功能如下。

（1）速度调节旋钮：调节采点速度大小和程序执行时速度快慢。

（2）应急旋钮：用于紧急停止，恢复时需旋转弹起。

（3）左右使能按钮：所有操作必须在此键按下之后才能进行。

（4）采点按钮：按下时红灯亮，测量机以低速运动进行采点。

（5）碰撞恢复按钮：用于碰撞后恢复测量机的运动。

（6）微动按钮：用于控制测头以微米级低速移动。

（7）方向控制操作杆：控制 X，Y，Z 三个方向的运动。其大小由扳动的角度决定。

3. 使用注意事项

（1）掌握运动方向，避免误操作，尤其是 Z 轴上下方向。Z 轴的运动方向可用右手法则判断：若四指握拳方向为 Z 轴运动控制旋钮旋转方向，则大拇指竖起时的指向即为 Z 轴运动方向。

（2）体会并掌握控制速度大小与扳动角度的关系，尤其注意 Z 轴向下运动较快，避免测头及 Z 轴碰撞。

（3）机器停止运动时，注意将采点状态开关打开，防止发生不必要的危险。

（4）碰撞后恢复时，扳动角度一定要小，以免出乎意料地向反方向碰撞。

4. 电气控制系统

测量机的电气控制部分，主要包括计算机硬件部分、测量机软件、打印与绘图装置。测量机软件包括控制软件与数据处理软件，这些软件可进行坐标变换与测头校正，生成探测模式与测量路径，可用于基本集合元素及其相互关系的测量、形状与位置误差测量、曲线与曲面的测量等。测量软件采用 EMeas 软件，如图 8-5 所示。

图 8-5　EMeas 软件主界面

习题

1．简单描述三坐标测量机的功能原理。

2．对测头进行标定和校正，注意理解输出结果中的 X，Y，Z 及 DM 的含义。

3．理解 PH9/10 自动标定校正程序中的各项参数含义。

4．建坐标系原点于三面交点处，两坐标轴沿两个平面法线方向。

5．将测量数据输出到文件、屏幕、打印机等设备。

6．如图 8-6 所示为一塑料制件，该零件图中有很多尺寸标注，请同学们利用三坐标测量机完成对表 8-2 相关数据的测量。

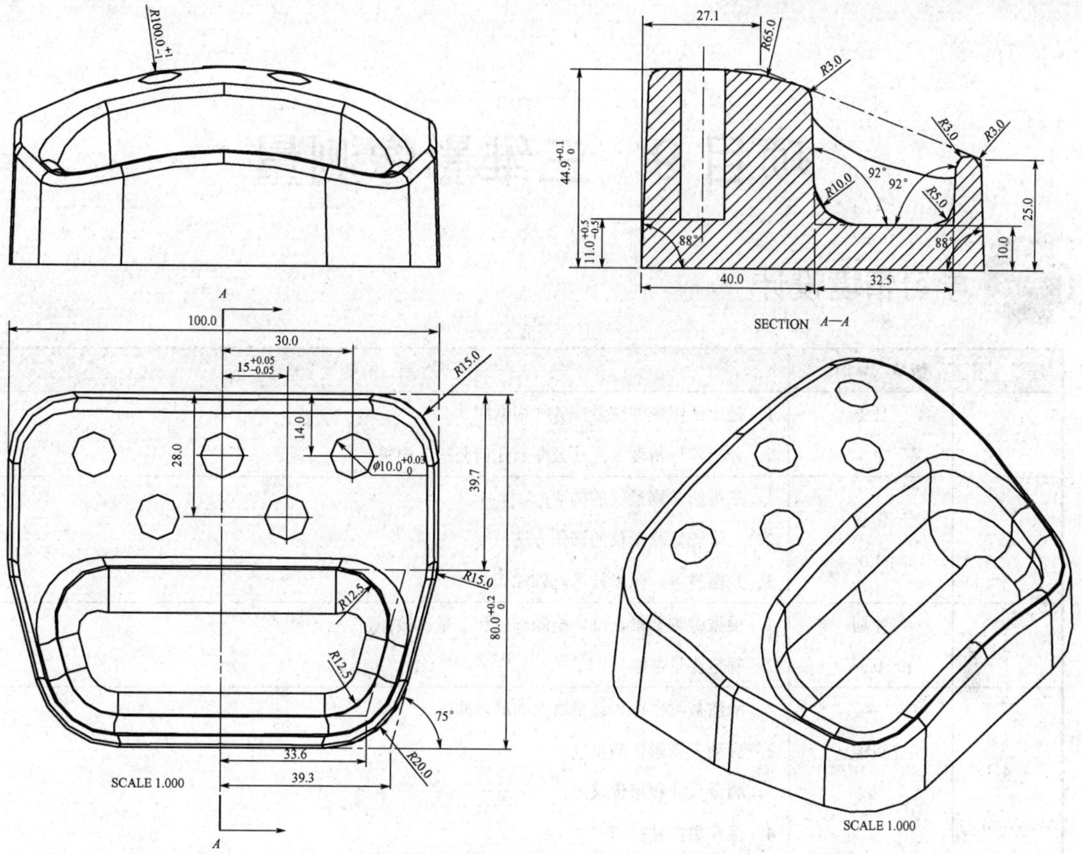

图 8-6

表 8-2　测量数据　　单位：mm

序　号	测量要素	尺寸要素	实际值	结　论
1	测量标准球直径	15.2024		
2	总高	$44.9^{+0.1}_{0}$		
3	总宽	$80^{+0.2}_{0}$		
4	曲面半径	$R100^{+1}_{-1}$		
5	孔直径	$\phi10^{+0.03}_{0}$		
6	孔与孔之间的水平距离	$15^{+0.05}_{-0.05}$		
7	孔底到零件底面的深度	$11^{+0.05}_{-0.05}$		

项目9　三维影像测量

学习情境设计

序　　号	情境（学时）	主 要 内 容
1	任务 0.5	1．提出三维影像测量任务（根据图9-1）； 2．分析零件精度（尺寸公差、几何公差）要求
2	信息 1.0	1．三维影像测量仪的构造； 2．三维影像测量仪的操作方法； 3．光栅技术、激光技术基础知识
3	计划 0.5	1．根据被测要素，确定检测部位和测量次数； 2．确定测量方案
4	实施 3	1．清洁被测零件和计量器具的测量面； 2．启动三维影像测量仪； 3．测量尺寸和形位误差； 4．保存数据并打印
5	检查 0.5	1．任务的完成情况； 2．复查，交叉互检
6	评估 0.5	1．分析整个工作过程，对出现的问题进行修改并优化； 2．判断被测要素的合格性； 3．出具检测报告，资料存档

9.1　任务提出

本项目任务如图9-1所示。

9.2　学习目标

如图 9-1 所示是模具制品的一个零件，图中有尺寸公差和几何公差等标注，请同学们从以下几方面进行学习。

（1）分析图纸，搞清楚精度要求。

（2）查阅相关国家计量标准，理解尺寸公差和几何公差等标注含义。

（3）使用三维影像测量仪确定测量方案。

（4）如何对三维影像测量仪进行保养与维护？

（5）打印数据报告。

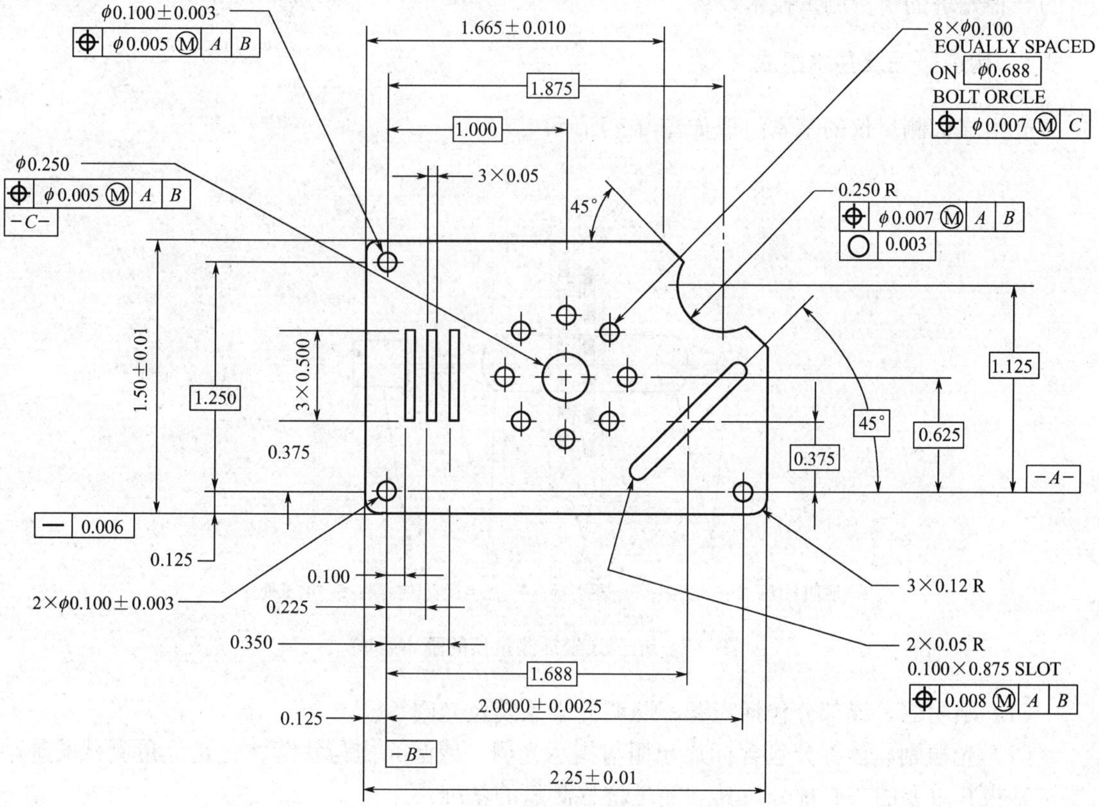

图 9-1 被测零件

9.3 三维影像测量仪的相关知识

9.3.1 光学式坐标测量仪的构造原理与性能指标

美国 ogp 公司所生产的 MVP 系列 MVP200 如图 9-2 所示。

图 9-2 美国 ogp 公司所生产的 MVP 系列 MVP200

光学式坐标测量仪属于光电位移精密测量技术设备。它是以光栅（长光栅、圆光栅和编码盘）为位移基准、以光栅莫尔条纹为技术基础，对几何位移量（长度和角度）进行精密测量的一种先进的精密测量技术设备。

1. 构造原理及基本组成

光学式标测量仪的基本组成如图 9-3 所示。

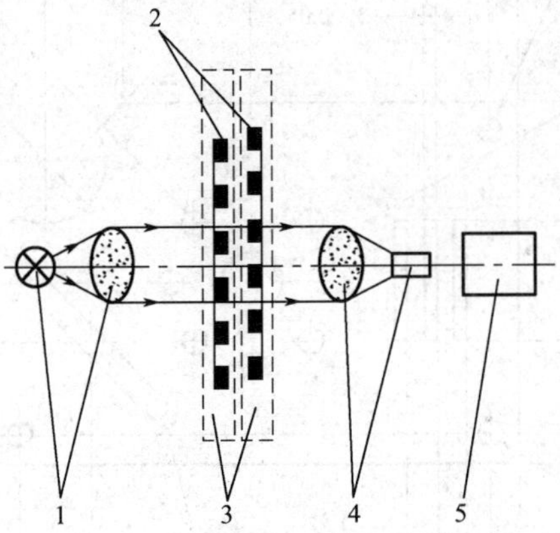

1—照明系统；2—光栅副；3—驱动器；4—光电接收转换器；5—电子处理器

图 9-3 光学式坐标测量仪的基本组成

（1）照明器。该部分包括光源、照明光学系统及光阑等。

（2）光栅副。该部分包含标尺光栅与指示光栅，或圆光栅与狭缝。它是计量测试的基准器，是极其重要的核心部分。其功能是位移测量的基准。

（3）驱动器。该部分包括导轨副（导轨与滑块）、丝杆与电动机（或直线电动机）；或者主轴、轴套、轴承和电动机等。它是光栅副的支承体，其误差将直接影响测量的准确与否。

（4）光电接收转换器。该部分由光阑（或光学滤波器）、接收光学系统和光电转换元件等构成。其功能是将由光栅副调制的光信息经光阑、光学滤波器后变成所需的光信息，再由光电元件转换成电信号，此电信号表征着随空间位置变化的机械位移量的大小。

（5）电子处理器。该部分一般有前置放大电路、整形电路、译码电路、倍频电路、误差校正电路、存储电路及显示电路等，简单地说，它由硬件电路和软件程序组成。在电子处理器上可读出被测体的位移。

照明器、光栅副和接收转换器三部分一起称为“光栅读数头”。

2. 性能指标

MVP 系列光学式坐标测量仪标准配置的性能指标见表 9-1。

表 9-1 MVP 系列光学式坐标测量仪标准配置的性能指标

MVP 系列类型			性 能 指 标
200	250	300	
■			测量范围（*XYZ*）：200mm×150mm×150mm；
	■		测量范围（*XYZ*）：300mm×150mm×150mm；
		■	测量范围（*XYZ*）：300mm×300mm×150mm；

续表

MVP 系列类型			性 能 指 标
200	250	300	
■			测量系统尺寸（长/宽/高）约：550mm×560mm×800mm，110kg；
	■		测量系统尺寸（长/宽/高）约：550mm×710mm×800mm，113kg；
		■	测量系统尺寸（长/宽/高）约：820mm×710mm×800mm，140kg；
■	■	■	QVI 控制器尺寸（长/宽/高）约：520mm×450mm×190mm，14kg；
■	■	■	*XYZ* 轴光栅尺寸分辨率：0.5μm；
■	■	■	电动机驱动：4 轴操纵杆（*XYZ* 变焦），变焦电动机；
■	■	■	工作台：阳极氧化，平台玻璃，24kg
MVP 系列相关配置			
硬件配置			变焦镜（自动）6.5 : 1，工作距离 85mm； 配件：0.5×、0.75×、1.5×和 2.0×附加镜屏幕放大倍数 25×～135×； 视频系统：高分辨率彩色 CCD，768×494 像素阵列； 照明：全光纤，包括轮廓背景灯、光纤环灯和同轴表面灯； 全 LED，包括轮廓背景灯、同轴表面灯及专利的 LEDSmartRing 灯（8 区/6 环，白色）
环境配置			电力需求：110/220V AC（手动转换开关），±5%、50/60Hz，1250W； 额定环境：18～22℃，33%～80%湿度（无冷凝水），振动<0.002g，低于 15Hz； 操作环境：5～40℃
软件配置			测量软件：Measure-XTM； 计算机：内置式最低配置为 CPU P4 3.0GHz，1GB 内存，80GB 硬盘，1.44MB 软驱，CD-ROM 光驱单行并口，USB 2.0 插口，主板集成 10/100Mbps 网络接口； 操作系统：Windows XP

9.3.2 Measure-XTM 软件操作界面

Measure-XTM 是一款几何测量软件，用于 ogp 公司 MVP 系列光学式坐标测量仪。它由 QVI 控制系统驱动，该软件不仅功能强大，具备常规几何测量的全部功能，而且拥有易于操作的图表界面。

1. Measure-XTM 图表界面

Measure-XTM 图表界面如图 9-4 所示，主要有图像区域窗口、（图像窗口、模型窗口、例程列表）、测量窗口、DRO 区域窗口、工具/目标控制区域窗口、照明控制区域窗口、工具和光标控制窗口等。

2. 正确打开 Measure-XTM 测量软件的操作步骤

打开 Measure-XTM 测量程序的正确操作方法如图 9-5 所示。

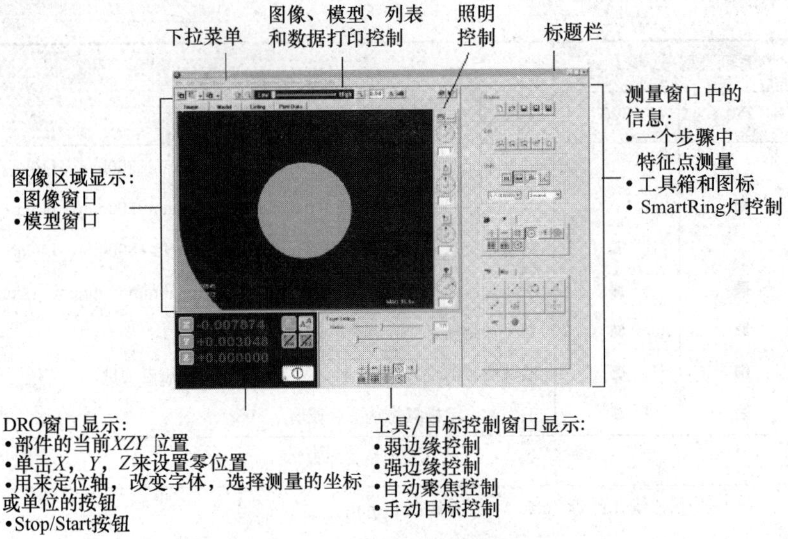

图 9-4　Measure-XTM 图表界面

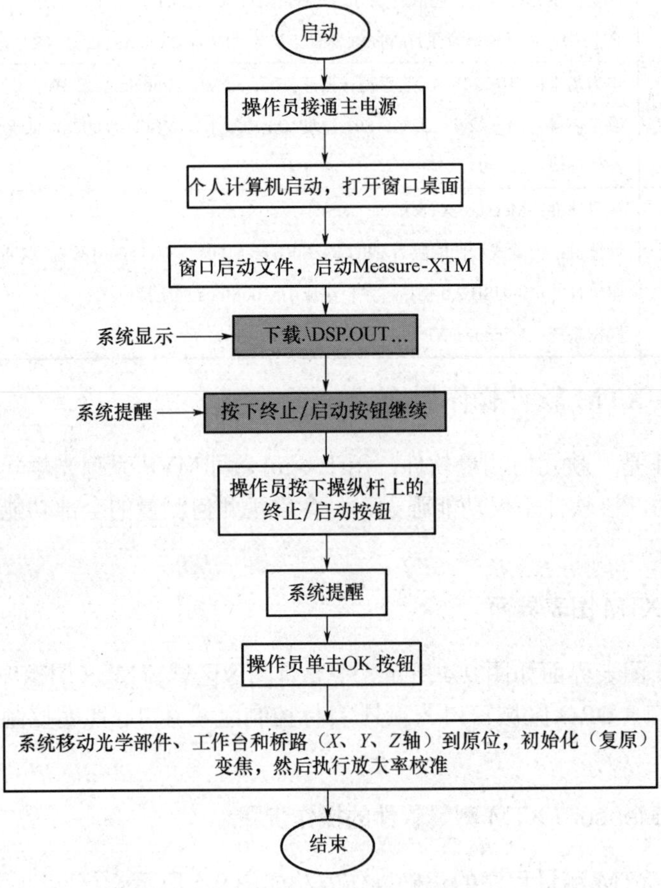

图 9-5　正确打开 Measure-XTM 测量程序的操作方法

在图 9-5 中所提到的操纵杆，它的用途如图 9-6 所示。

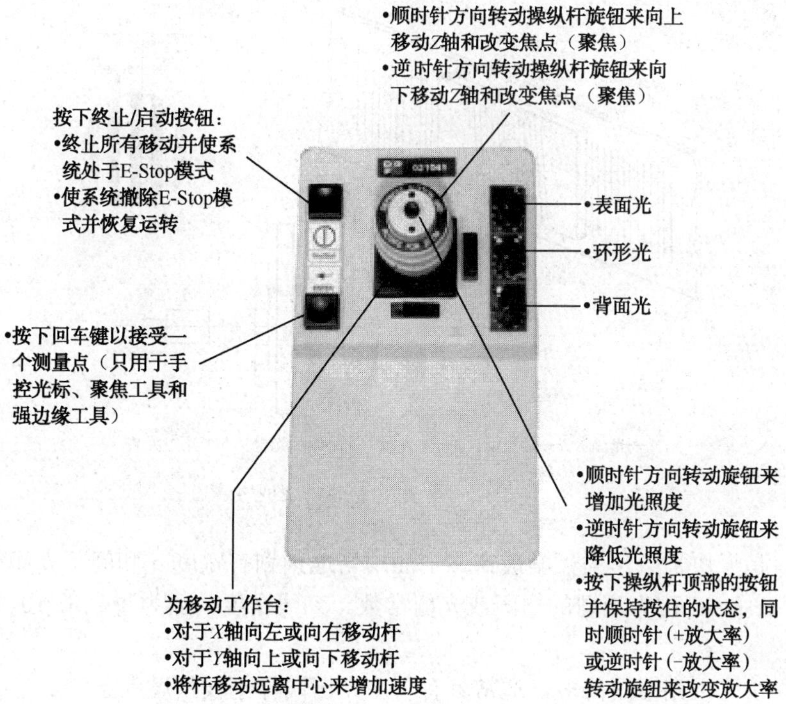

图 9-6　操作杆的用途

9.4　拓展知识

20 世纪 50 年代，人们利用光栅莫尔条纹现象，把光栅作为测量元件，开始应用于机床和计量仪器上。由于光栅具有结构原理简单、计量精度高等优点，在国内外受到重视和推广。近年来我国设计、制造了很多不同形状的光栅传感器，成功地将其作为数控机床的位置检测元件，并用于高精度机床和仪器的精密定位或长度、速度、加速度、振动等方面的测量。

9.4.1　计量光栅

光栅是上面有很多等节距的刻线均匀相间排列的光器件。按工作原理，有物理光栅和计量光栅之分。前者利用光的衍射现象，通常用于光谱分析和光波测定等方面；后者主要利用光栅的莫尔条纹现象，广泛应用于位移的精密测量与控制中。

计量光栅按对光的作用，可分为投射光栅和反射光栅；按光栅表面结构又可分为幅值（黑白）光栅和相位（闪耀）光栅；按光栅的坯料不同，可分为金属光栅和玻璃光栅；按用途可分为长光栅（测量线位移）和圆光栅（测量角位移）。本节主要介绍用于长度测量的黑白投射式计量光栅。

1. 光栅条纹的产生

1）光栅传感器的结构

光栅传感器主要由主光栅（标尺光栅）、指示光栅和光路系统组成，如图 9-7 所示。

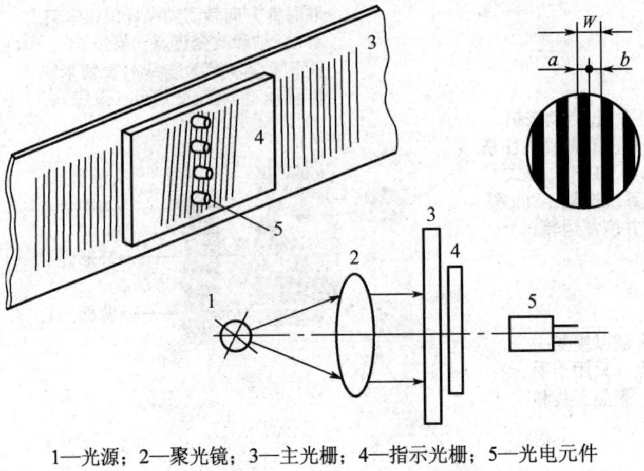

1—光源；2—聚光镜；3—主光栅；4—指示光栅；5—光电元件

图 9-7 光栅及光栅传感器

主光栅 3 是一块长条形的光学玻璃，上面均匀地刻划有宽度 a 和间距 b 相等的透光和不透光的线条，$a+b=W$ 称为光栅的栅距或光栅常数。刻线密度一般为每毫米 10、25、50、100 条线。

指示光栅 4 比主光栅短得多，通常刻有与主光栅同样刻线密度的条纹。

光路系统除主光栅 3 和指示光栅 4 外，还包括光源 1、聚光镜（透镜 2）和光电元件 5。

2）莫尔条纹的形成和特点

如图 9-8（a）所示，把主光栅与指示光栅相对叠合在一起（片间留有很小的间隙），并使两者栅线之间保持很小的夹角β，于是在近乎垂直栅线的方向上出现了明暗相间的条纹。在 a–a 线上两光栅的透光线条彼此重合，光线从缝隙中通过，形成亮带；在 b–b 线上，两光栅的透光线彼此错开，挡住光线形成暗带。这种明暗条纹称为莫尔条纹。

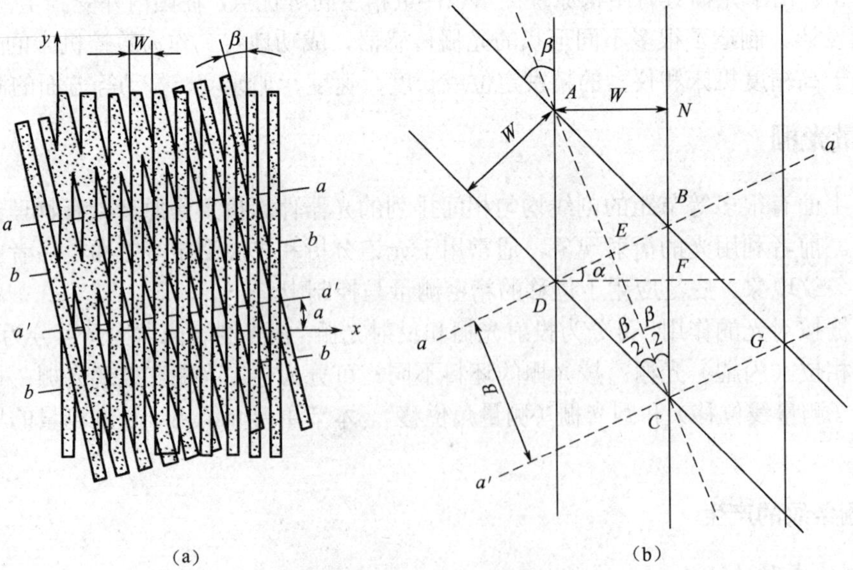

图 9-8 莫尔条纹的形成

图 9-8（b）表示主光栅和指示光栅透光线条中心相交的情况，很显然，它们交点的连线也就是亮带的中心线，例如，图中 DB 便是亮带 aa 的中心线，而 CG 则是亮带 $a'a'$ 的中心线。由图 9-8（b）可见莫尔条纹倾角 α 即图中 $\angle BDF$ 为两光栅栅线夹角 β 的一半，即

$$\alpha=\frac{\beta}{2}$$

从图 9-8（b）易求得横向莫尔条纹之间的距离 B（即相邻两条亮带中心线或相邻两条暗带中心线之间的距离），从△ANC 中求出 B 为

$$B=CE=\frac{1}{2}AC=\frac{AN}{2\sin\frac{\beta}{2}}=\frac{W}{2\sin\frac{\beta}{2}}$$

式中 B——横向莫尔条纹之间的距离；

W——光栅栅距；

β——主光栅与指示光栅之间的夹角。

由上式可知，莫尔条纹的方向与光栅移动方向（ x 方向）只相差 $\beta/2$，即近似垂直于栅线方向，故称横向莫尔条纹。

莫尔条纹具有以下主要特性。

（1）移动方向。设主光栅栅线与 y 轴平行，指示光栅相对主光栅栅线即 y 轴形成一个逆时针方向的夹角 β，如图 9-8 所示。由图可见，若指示光栅不动，主光栅向右移动，则莫尔条纹将向下移动；若主光栅左移，则莫尔条纹将向上移动。当指示光栅相对主光栅栅线形成一个顺时针方向夹角 β 时，莫尔条纹移动方向正好与上述方向相反。

（2）移动距离。主光栅沿栅线垂直方向（即 x 轴方向）移动一个光栅栅距 W 时，莫尔条纹正好移动一个条纹间距 B。由上式可知，当 β 很小时，$B \gg W$，即莫尔条纹具有放大作用。通过测量莫尔条纹移过的距离，就可以测出主光栅的微位移，而且可通过调节 β 来调节条纹宽度，这给实际应用带来了方便。

（3）平均效应。由于莫尔条纹是由光栅的大量刻线共同形成的，光电元件接收的光信号是进入指示光栅视场的线纹数的综合平均结果。若某个光栅栅距有局部误差，由于平均效应，其影响将大大减弱，即莫尔条纹具有减小光栅栅距局部误差的作用。

2. 光栅传感器的工作原理

如前所述，当主光栅左右移动时，莫尔条纹上下移动。由图 9-8 可见，莫尔条纹与两光栅夹角的平分线保持垂直。当主光栅栅线与 y 轴平行，且主光栅沿 x 轴移动时，莫尔条纹沿夹角 β 的平分线的方向移动。严格地讲，莫尔条纹移动方向与 y 轴有 $\beta/2$ 的夹角，但因 β 一般很小，$\beta/2$ 更小，所以可以认为，主光栅沿 x 轴移动时，莫尔条纹沿 y 轴移动。

假设主光栅位移 $x=0$ 时，坐标原点 $y=0$ 处正处于亮带的中心线上，即光强最大。因莫尔条纹间距为 B，故在 $y=\pm nB$（n 为整数）处也均为光强最大处。当光栅移动一个栅距 W 时，莫尔条纹移动一个 B 距离，而 $y=0$ 处也经历一个“亮→暗→亮”的光强变化周期。因此，若在 $y=0$ 处放置一个光电元件，则该光电元件的输出信号会随着光栅位移呈周期性变化，如图 9-9 所示。从理论上讲，光强与透光面积成正比，光强与光栅位置的关系曲线应是一个三角波。实际情况下，因为光栅的衍射作用和两块光栅之间间隙的影响，它的波形近似于正弦波。而且由于间隙漏光发散，最暗时也达不到全黑状态，即光电元件输出达不到零值。

光电元件的输出电压 u_o 与所在处光强成正比。由图 9-9 可见，光电元件输出信号由直流分量 U_{av} 和交流分量叠加而成，可近似描述为

$$u_o = U_{av} + U_m \cos\left(\frac{2\pi}{W}x\right)$$

在测量电路中用隔直电容隔断直流分量，取出交流分量进行处理，就可确定主光栅移动的距离 x。这就是光栅传感器的基本工作原理。

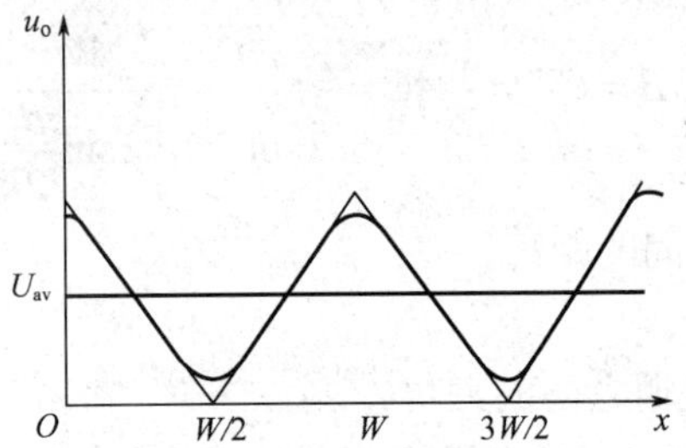

图 9-9　光强变化信号

9.4.2 激光技术

激光技术是近代科学技术发展的重要成果之一，目前已被成功地应用于精密计量、军事、宇航、医学、生物、气象等各领域。

激光与普通光源发出的光相比，它既具有一般光的特征（如反射、折射、干涉、衍射、偏振等），又具有以下特性：高方向性、高亮度、高单色性、高相干性。激光是由受激辐射产生的，各发光中心是相互关联的，能在较长的时间内形成稳定的相位差，振幅也是恒定的，所以具有良好的相干性。

由发射激光的激光器、光学零件和光电器件所构成的激光测量装置能将被测量（如长度、流量、速度等）转换成电信号，因此广义上也可将激光测量装置称为激光式传感器。激光式传感器实际上是以激光为光源的光电式传感器，按照它所应用的激光特性不同可分为以下几类。

1. 激光干涉传感器

激光干涉传感器利用激光的高相干性进行测量。通常是将激光器发出的激光分为两束，一束作为参考光，另一束射向被测对象，然后再使两束光重合（若就频率而言是使两者混合），重合（或混合）后输出的干涉条纹（或差频）信号反映了检测过程中的相位（或频率）变化，据此可判断被测量的大小。

激光干涉传感器可应用于精密长度计量和工件尺寸、坐标尺寸的精密测量，还可用于精密定位，如精密机械加工中的控制和校正、感应同步器的刻划、集成电路制作等定位。

2. 激光衍射传感器

光束通过被测物产生衍射现象时，其后面的屏幕上形成光强有规则分布的光斑。这些光斑条纹称为衍射图样。衍射图样与衍射物（即障碍物或孔）的尺寸及光学系统的参数有关，

因此根据衍射图纸及其变化就可确定衍射也就是被测物的尺寸。激光因其良好的单色性，而在小孔、细丝、狭缝等小尺寸的衍射测量中得到了广泛的应用。

3. 激光扫描传感器

激光束以恒定的速度扫描被测物体（如圆棒），由于激光方向性好、亮度高，因此光束在物体边缘形成强对比度的光强分布，经光电器件转换成脉冲电信号，脉冲宽度与被测尺寸（如圆棒直径）成正比，从而实现了物体尺寸的非接触测量。激光扫描传感器适用于柔软的不允许有测量力的物体、不允许测头接触的高温物体，以及不允许表面划伤的物体等的在线测量。由于扫描速度可达 95m/s，允许测量快速运动或振幅不大、频率不高、振动着的物体的尺寸，因此经常用于加工中（即在线）的非接触主动测量。

激光除了在长度等测量中的一些应用外，还可测量物体或微粒的运动速度、测量流速、振动、转速、加速度、流量等，并有较高的测量精度。

4. 激光测长仪

常用的激光测长仪实质上是以激光作光源的迈克尔逊干涉仪，如图 9-10 所示。从激光器发出的激光束，经透镜 L、L_1 和光阑 P_1 组成的准直光管束扩束成一束平行光，经分光镜 M 被分成两路，分别被角隅棱镜 M_1 和 M_2 反射回到 M 重叠，被透镜 L_2 聚集到光电计数器 PM 处。当工作台带动棱镜 M_2 移动时，在光电计数处由于两路光束聚集产生干涉，形成明暗条纹，通过计数就可以计算出工作台移动的距离

$$s=N\lambda/2$$

式中　N——干涉条纹数；

λ——激光波长。

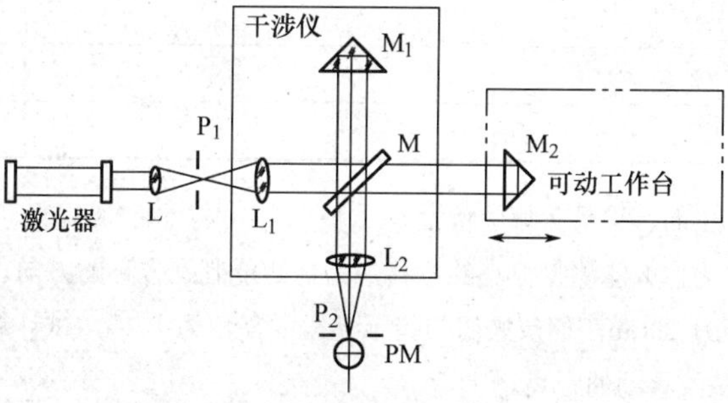

图 9-10　激光干涉测长仪原理

激光干涉测长仪的电路系统原理如图 9-11 所示。

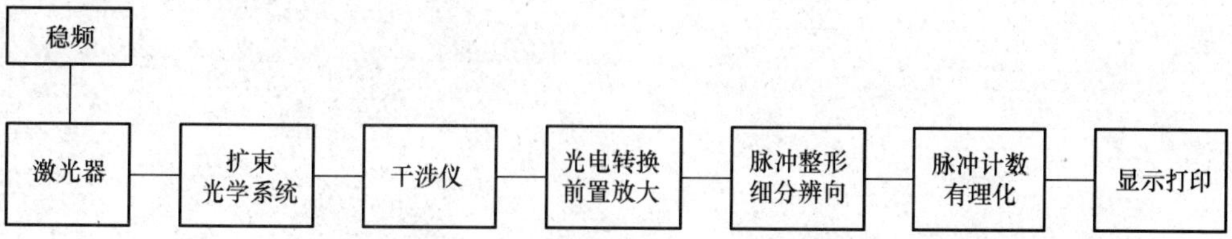

图 9-11　激光干涉测长仪电路

习题

1．如图 9-12 所示的连接件，使用三维影像测量仪，测量表 9-2 中所列被测项目。如图 9-13 所示为该零件的三维图。

注意：图 9-12 中未注公差要求：保留 2 位小数，公差为±0.01mm。

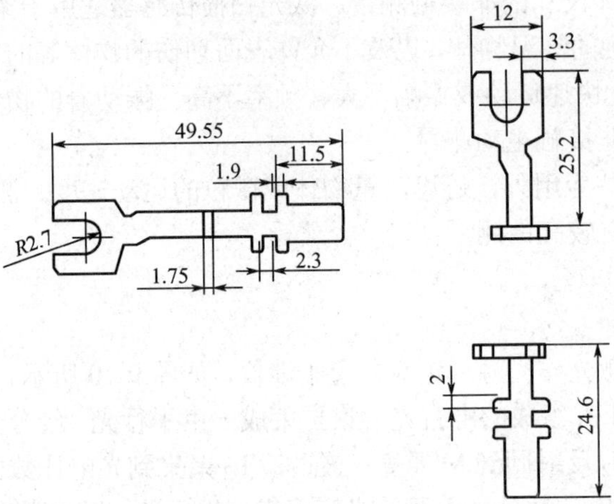

图 9-12　连接件

图 9-13　三维图

表 9-2　零件测量报告

序　号	被 测 项 目	实 测 数 据	结　论
1	5.4		
2	25.2		
3	12		

2．莫尔条纹是怎样产生的？它具有哪些特性？

3．试说明光栅传感器为什么能测量很小的位移，为什么能判别位移的方向。

4．已知长光栅的栅距为 20μm，标尺光栅与指示光栅的夹角为 0.2°，试计算莫尔条纹宽度，以及当标尺光栅移动 100μm 时莫尔条纹移动的距离。

5．什么叫激光传感器？有哪几种类型？

项目 10　零件综合测量

学习情境设计

序　号	情境（课时）	主 要 内 容
1	任务 0.2	提出尺寸误差、几何误差、表面粗糙度、螺纹、齿轮的测量任务（根据图 10-1）
2	信息 0.3	1．分析被测要素尺寸公差要求； 2．分析被测要素几何公差要求； 3．分析表面粗糙度要求； 4．分析被测螺纹要求； 5．分析被测齿轮部分要求
3	计划 0.2	1．根据信息的 5 项要求，分项确定测量器具、各要素的检测部位和测量次数； 2．确定 5 项要求的测量实施方案
4	实施 3.0	1．清洁被测要素和计量器具的测量面； 2．按计划检查、调整、校正计量器具； 3．分项进行测量； 4．分项进行测量数据的处理和误差评定； 5．分项判断合格性； 6．记录数据，处理数据
5	检查 0.2	1．任务的完成情况； 2．复查，交叉互检
6	评估 0.1	1．分析整个工作过程，对出现的问题进行修改并优化； 2．判断各被测要素的合格性； 3．出具综合测量报告，资料存档

10.1　任务提出

本项目任务如图 10-1 所示。

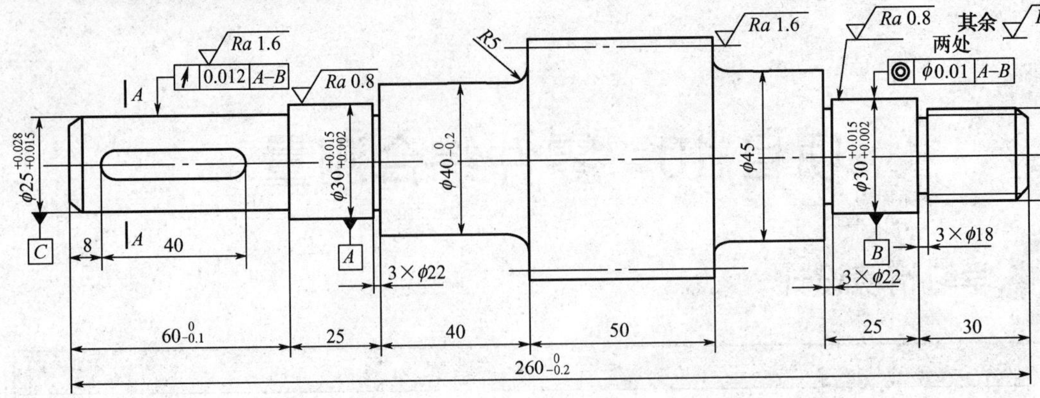

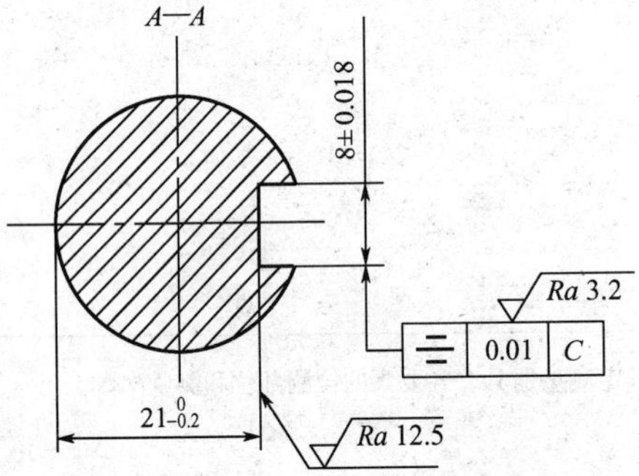

模数	m	2
齿数	z	30
压力角	α	20°
精度等级	7FHGB 10095—1988	
齿圆径向跳动公差	F_r	0.036
公法线长度变动公差	F_W	0.028
公法线平均长度极限偏差		$42.168^{-0.061}_{0.105}$
跨齿数	k	4

图 10-1　被测零件

10.2　零件综合测量

如图 10-1 所示是减速箱中的一根齿轮轴，现要求对该轴进行综合检测。从图中可以看出，要测量的是外圆和长度尺寸、几何误差、表面粗糙度误差、螺纹误差和齿轮误差。

1. 任务

请同学们自行分析图纸中的各项要求。

2. 信息

读图，根据各项要求确定计量器具、测量方法和测量部位等。

3. 计划

根据图 10-1、表 10-1～表 10-4，确定测量方案。

4. 实施

按照上述计划和测量方案，独立进行测量。

表 10-1　尺寸测量计划

项　目		计量器具规格	实测数据及次数	测量结果	所测部位合格性	自查和互查	填写报告
外圆	$\phi25^{+0.028}_{+0.015}$						
	$\phi30^{+0.015}_{+0.002}$两处						
	$\phi40^{0}_{-0.2}$						
	$\phi45$						
长度	$60^{0}_{-0.1}$						
	$260^{0}_{-0.2}$						
	25						
	40						
	8±0.018						

表 10-2　几何误差测量计划

项　目	计量器具规格	实测数据及次数	测量结果	所测部位合格性	自查和互查	填写报告
↗ 0.012 *A*−*B*						
◎ ϕ0.01 *A*−*B*						
⌯ 0.01 *C*						

表 10-3　M24-5g6g 螺纹误差测量计划

项　目	计量器具规格	实测数据及次数	测量结果	所测部位合格性	自查和互查	填写报告
中径						
牙型半角						
螺距						
大径						

表 10-4　齿轮测量计划

项　目	计量器具规格	实测数据及次数	测量结果	所测部位合格性	自查和互查	填写报告
公法线长度						
齿圈径向跳动						
齿厚偏差						
齿距累积误差						

5. 检查

测量完毕后，互相交换再次测量，以观察测量结果是否一致。

6. 评估

每位同学上台陈述测量过程及结果，教师对测量结果进行评价和分析。

7. 量具养护

说明如何对计量器具进行保养与维护。

10.3 拓展知识

10.3.1 键连接的公差与测量

键连接与花键连接用于将轴与轴上传动件如齿轮、链轮、皮带轮或联轴器等连接起来，以传递扭矩、运动或用于轴上传动件的导向，如变速箱中的齿轮可以沿花键轴移动以达到变换速度的目的。

1. 平键连接

键通常称单键，按其结构形式不同，可分为平键、半圆键、切向键和楔键等几种。其中，平键应用最为广泛，平键又分为普通型平键、导向型平键和滑键，前者用于固定连接，后两者用于导向连接。此处主要讨论平键连接。

平键连接是由键、轴、轮毂三个零件组成的，通过键的侧面分别与轴槽、轮毂槽的侧面接触来传递运动和转矩，键的上表面和轮毂槽底面留有一定的间隙。因此，键和轴槽的侧面应有足够大的实际有效接触面积来承受负荷，并且键嵌入轴槽要牢固可靠，防止松动脱落。所以，键和键槽宽 b 是决定配合性质和配合精度的主要参数，为主要配合尺寸，公差等级要求高；而键长 L、键高 h、轴槽深 t_1 和轮毂槽 t_2 为非配合尺寸，其精度要求较低。平键连接的几何参数如图 10-2 所示，其参数值见表 10-5。

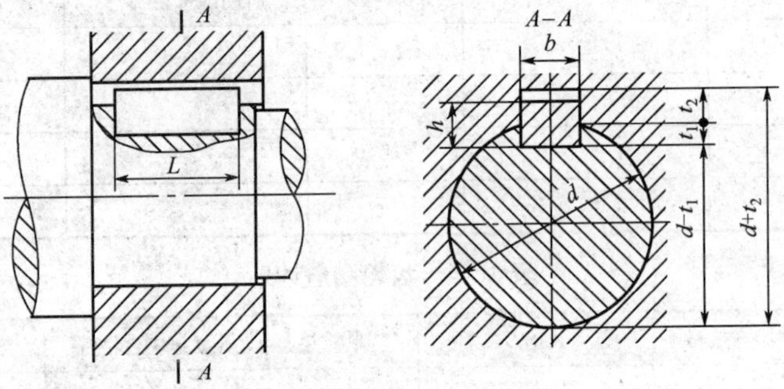

图 10-2 平链连接的几何参数

表 10-5 平键的公称尺寸和槽深的尺寸及极限偏差 （摘自 GB/T 1095—2003）单位：mm

<table>
<tr><th>轴 颈</th><th>键</th><th colspan="3">轴槽深 t_1</th><th colspan="3">毂槽深 t_2</th></tr>
<tr><th rowspan="2">公称尺寸 d</th><th>公称尺寸</th><th colspan="2">t_1</th><th>$d-t_1$</th><th colspan="2">t_2</th><th>$d+t_2$</th></tr>
<tr><th>$b×h$</th><th>公称</th><th>偏差</th><th>偏差</th><th>公称</th><th>偏差</th><th>偏差</th></tr>
<tr><td>≤6～8</td><td>2×2</td><td>1.2</td><td rowspan="5">+0.10
0</td><td rowspan="5">0
−0.10</td><td>1</td><td rowspan="5">+0.10
0</td><td rowspan="5">+0.10
0</td></tr>
<tr><td>>8～10</td><td>3×3</td><td>1.8</td><td>1.4</td></tr>
<tr><td>>10～12</td><td>4×4</td><td>2.5</td><td>1.8</td></tr>
<tr><td>>12～17</td><td>5×5</td><td>3. 0</td><td>2.3</td></tr>
<tr><td>>17～22</td><td>6×6</td><td>3.5</td><td>2.8</td></tr>
</table>

续表

轴 颈	键	轴槽深 t_1			毂槽深 t_2		
公称尺寸 d	公称尺寸	t_1		$d-t_1$	t_2		$d+t_2$
	$b \times h$	公称	偏差	偏差	公称	偏差	偏差
>22～30	8×7	4.0			3.3		
>30～38	00×8	5.0	+0.20	0	3.3	+0.20	+0.20
>38～44	12×8	5.0	0	−0.20	3.3	0	0
>44～50	14×9	5.5			3.8		
>50～58	16×10	6.0			4.3		

平键连接的剖面尺寸均已标准化，在 GB/T 1095—2003《平键：键和键槽的剖面尺寸》中做了规定，见表 10-6。

表 10-6 平键：键和键槽的剖面尺寸及公差 （摘自 GB/T 1095—2003）单位：mm

轴	键	键 槽											
公称直径 d	公称尺寸 $b \times h$	宽度 b						深度				半径 r	
		键宽 b	轴槽宽与毂槽宽的极限偏差					轴槽深 t_1		毂槽深 t_2			
			松连接		正常连接		紧密连接						
			轴 H9	毂 D10	轴 N9	毂 JS9	轴和毂 P9	公称	偏差	公称	偏差	最大	最小
≤6～8	2×2	2	+0.025	+0.060	−0.004	±0.0125	−0.006	1.2		1			
>8～10	3×3	3	0	+0.020	−0.029		−0.031	1.8		1.4	+0.10		
>10～12	4×4	4	+0.030	+0.078	0		−0.012	2.5	+0.10	1.8	0		
>12～17	5×5	5	0	+0.030	−0.030	±0.015	−0.042	3.0		2.3			
>17～22	6×6	6						3.5		2.8			
>22～30	8×7	8	+0.036	+0.098	0	±0.018	−0.015	4.0		3.3		0.16	0.25
>30～38	10×8	10	0	+0.040	−0.036		−0.051	5.0		3.3			
>38～44	12×8	12						5.0		3.3			
>44～50	14×9	14	+0.043	+0.120	0	±0.0215	−0.018	5.5	+0.20	3.8	+0.20	0.20	0.40
>50～58	16×10	16	0	+0.050	−0.043		−0.061	6.0		4.3	0		
>58～65	18×11	18						7.0		4.4			
>65～75	20×12	20	+0.052	+0.149	0	±0.026	−0.022	7.5		4.9		0.40	0.60
>75～85	22×14	22	0	+0.065	−0.052		−0.074	9.0		5.4			

1）平键连接的公差与配合

在键与键槽宽的配合中，键宽相当于广义的“轴”，键槽宽相当于广义的“孔”。键宽同时要与轴槽宽和轮毂槽宽配合，而且配合性质又不同，由于平键是标准件，因此平键配合采用基轴制。键的尺寸大小是根据轴的直径按表 10-5 选取的。

为保证键在轴槽上紧固，同时又便于拆装，轴槽和轮毂槽可以采用不同的公差带，使其配合的松紧不同，国家标准 GB/T 1095—2003《平键：键和键槽的剖面尺寸》对平键与键槽和轮毂槽的宽度规定了三种连接类型，即松连接、正常连接和紧密连接，对轴和轮毂的键槽宽各规定了三种公差带，见表 10-7。而国家标准 GB/T 1096—2003《普通型　平键》对键宽规定了一种公差带 h8，这样就构成了三种不同性质的配合，以满足各种不同用途的需要。其配合尺寸（键与键槽宽）的公差带均从 GB/T 1801—2009 标准中选取，键宽、键槽宽、轮毂槽宽 *b* 的公差带如图 10-3 所示。

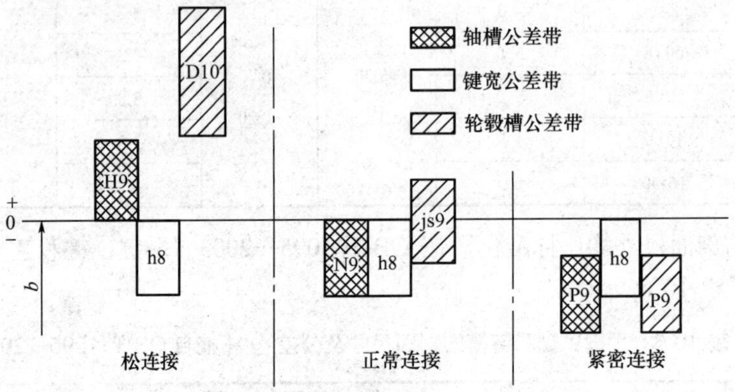

图 10-3　平键连接的配合性质

2）平键连接的三种配合及应用

平键连接的三种配合及应用见表 10-7。

表 10-7　平键连接的三种配合及应用

配合种类	尺寸 *b* 的公差带			应　用
	键	轴槽	轮毂槽	
松连接	h8	H9	D10	键在轴上及轮毂中均能滑动，主要用于导向平键，轮毂可在轴上移动
正常连接		N9	JS9	键在轴槽中和轮毂槽中均固定，用于载荷不大的场合
紧密连接		P9	P9	键在轴槽中和轮毂槽中均牢固地固定，比一般键连接配合更紧。用于载荷较大、有冲击和双向传递扭矩的场合

3）键槽的几何公差

键与键槽配合的松紧程度不仅取决于其配合尺寸的公差带，还与配合表面的几何误差有关，同时，为保证键侧与键槽侧面之间有足够的接触面积，避免装配困难，还需规定键槽两侧面的中心平面对轴的基准轴线和轮毂键槽两侧面的中心平面对孔的基准轴线的对称度公差。根据不同的功能要求和键宽的公称尺寸 *b*，该对称度公差与键槽宽度尺寸公差的关系，以及与孔、轴尺寸公差的关系可以采用独立原则，如图 10-4 所示。对称度公差等级一般可按 GB/T 1184—1996《形状和位置公差未注公差值》取 7～9 级。

当键长 *L* 与键宽 *b* 之比大于或等于 8 时，应对键宽 *b* 的两工作侧面在长度方向上规定平行度公差，其公差值应按 GB/T 1184—1996《形状和位置公差》的规定选取。当 $b \leqslant 6$ 时，平行度公差选 7 级；当 $6<b<36$ 时，平行度公差选 6 级；当 $b \geqslant 37$ 时，平行度公差选 5 级。

4）键槽的表面粗糙度

轴槽和轮毂槽两侧面的粗糙度参数 *Ra* 一般为 1.6～3.2μm，槽底面的表面粗糙度参数 *Ra* 一般为 12.5μm。

5）轴槽的剖面尺寸、几何公差及表面粗糙度等在图纸上的标注

轴槽的剖面尺寸、几何公差及表面粗糙度在图纸上的标注如图 10-4 所示。根据 GB/T 1096—2003，查表 $16N9(^{0}_{-0.043})$，查几何公差相关表格得知对称度 8 级为 0.02mm。

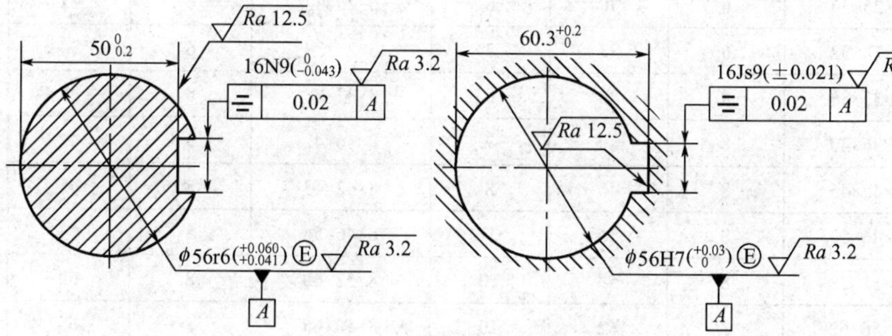

图 10-4　键槽尺寸与公差标注

2. 花键连接

花键连接是由内花键（花键孔）和外花键（花键轴）两个零件组成的。与单键连接相比，其主要优点是导向性能好，定心精度高，承载能力强，在机械中应用广泛。花键连接可用作固定连接，也可用作滑动连接。花键按其截面形状不同，可分为矩形花键、渐开线花键、三角形花键等几种，其中矩形花键应用最广。

1）矩形花键的主要尺寸

GB/T 1144—2001 规定了矩形花键的公称尺寸为大径 D、小径 d、键宽和键槽宽 B，如图 10-5 所示。键数规定为偶数，有 6、8、10 三种，以便于加工和测量，按承载能力的大小，对基本尺寸分为轻系列、中系列两种规格。同一小径的轻系列和中系列的键数相同，键宽（键槽宽）也相同，仅大径不相同。中系列的键高尺寸较大，承载能力强；轻系列的键高尺寸较小，承载能力较低。矩形花键的基本尺寸系列见表 10-8。

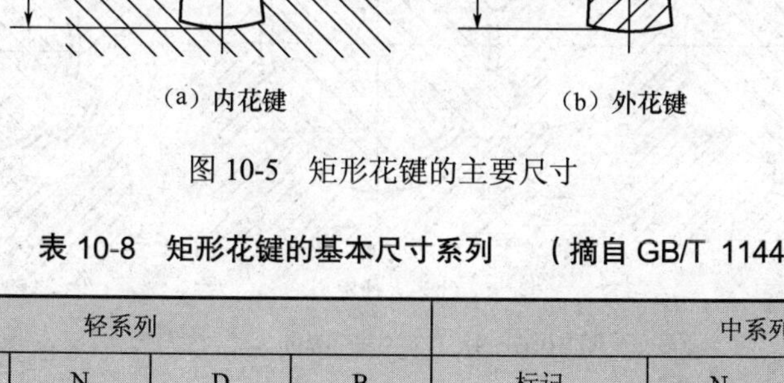

（a）内花键　　（b）外花键

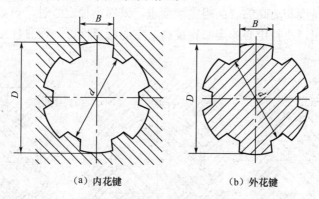

图 10-5　矩形花键的主要尺寸

表 10-8　矩形花键的基本尺寸系列　（摘自 GB/T 1144—2001）单位：mm

d	轻系列				中系列			
	标记	N	D	B	标记	N	D	B
23	6×23×26	6	26	6	6×23×28	6	28	6

续表

d	轻系列				中系列			
	标记	N	D	B	标记	N	D	B
26	6×26×30	6	30	6	6×26×32	6	32	6
28	6×28×32	6	32	7	6×28×34	6	34	7
32	8×32×36	8	36	6	8×32×38	8	38	6
36	8×36×40	8	40	7	8×36×42	8	42	7
42	8×42×46	8	46	8	8×42×48	8	48	8
46	8×46×50	8	50	9	8×46×54	8	54	9
52	6×52×58	8	58	10	8×52×60	8	60	10
56	8×56×62	8	62	10	8×56×65	8	65	10
62	8×62×67	8	68	12	8×62×72	8	72	12
72	10×72×78	10	78	12	10×72×82	10	82	12

2）矩形花键连接的定心方式

花键连接主要保证内、外花键连接后具有较高的同轴度，并能传递扭矩。矩形花键连接的主要配合尺寸有大径 D、小径 d 和键（或槽）宽 B 参数。

在矩形花键连接中，要保证三个配合面同时达到高精度的配合是很困难的，且也没必要。因此，为了保证满足使用要求，同时便于加工，可选择其中一个结合面作为主要配合面，对其按较高的精度制造，以保证配合性质和定心精度，该表面称为定心表面。非定心直径表面之间留有一定的间隙，以保证它们不接触。无论是否采用键宽定心，键和键槽侧面的宽度 B 都应具有足够的精度，因为它们要传递转距和导向。理论上每个结合面都可以作为定心表面，如图 10-6 所示。GB/T 1144—2001 中规定矩形花键连接采用小径定心，如图 10-6（a）所示。这是因为现代工业对机械零件的质量要求不断提高，对花键连接的要求也不断提高，从加工工艺性看，内花键小径可以在内圆磨床上磨削，外花键小径可用成型砂轮磨削，而且磨削可以达到更高的尺寸精度和更高的表面粗糙度要求。采用小径定心时，热处理后的变形可用内圆磨修复，可以看出，小径定心的定心精度高，定心稳定性好，而且使用寿命长，更有利于产品质量的提高。

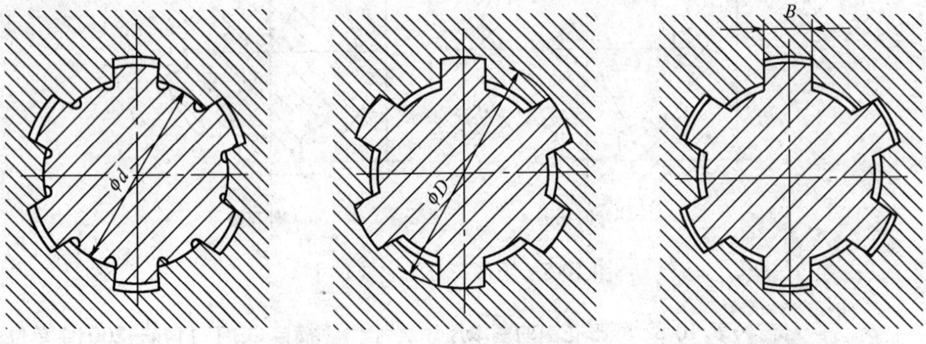

（a）小径定心　　（b）大径定心　　（c）键宽定心

图 10-6　矩形花键连接的定心方式

当选用大径定心时，内花键定心表面的精度依靠拉刀保证，而当花键定心表面硬度要求高时，如 HRC40 以上，热处理后的变形难以用拉刀修正。当内花键定心表面的粗糙度要求较高时，如 Ra<0.40μm，用拉削工艺很难保证达到要求。在单件小批量生产或花键尺寸较大时，不适宜使用拉削工艺，就很难满足大径定心要求。

3）矩形花键连接的公差与配合

（1）矩形花键的尺寸公差。内、外花键定心小径、非定心大径和键宽（键槽宽）的尺寸公差带分一般用和精密传动用两类。其内、外花键的尺寸公差带见表 10-9。为减少专用刀具和量具的数量，花键连接采用基孔制配合。

表 10-9　矩形花键的尺寸公差带　　（摘自 GB/T 1144—2001）

内花键				外花键			装配形式
小径 d	大径 D	键槽宽 B		小径 d	大径 D	键宽 B	
		拉削后不热处理	拉削后热处理				
一般用							
H7	H10	H9	H11	f7	a11	d10	滑动
				g7		f9	紧滑动
				h7		h10	固定
精密传动用							
H5	H10	H7、H9		f5	a11	d8	滑动
				g5		f7	紧滑动
				h5		h8	固定
H6				f6		d8	滑动
				g6		f7	紧滑动
				h6		h8	固定

注：① 精密传动用的内花键，当需要控制键侧配合间隙时，槽宽可选用 H7，一般情况可选用 H9。

② 当内花键公差带为 H6 和 H7 时，允许与高一级的外花键配合。

从表 10-9 可以看出：对一般用的内花键槽宽规定了两种公差带，加工后不再热处理的，公差带为 H9；加工后需要进行热处理，为修正热处理变形，公差带为 H11；对于精密传动用内花键，当连接要求键侧配合间隙较小时，槽宽公差带选用 H7，一般情况选用 H9。

定心直径 d 的公差带，在一般情况下，内、外花键取相同的公差等级，且比相应的大径 D 和键宽 B 的公差等级都高。但在有些情况下，内花键允许与高一级的外花键配合。例如，公差带为 H7 的内花键可以与公差带为 f6、g6、h6 的外花键配合，公差带为 H6 的内花键可以与公差带为 f5、g5、h5 的外花键配合。而大径只有一种配合为 H10/a11。

（2）矩形花键公差与配合的选择。

① 矩形花键尺寸公差带的选择。传递扭矩大或定心精度要求高时，应选用精密传动用的尺寸公差带。否则，可选用一般用的尺寸公差带。

② 矩形花键的配合形式及其选择。内、外花键的装配形式（即配合）分为滑动、紧滑动和固定三种。其中，滑动连接的间隙较大；紧滑动连接的间隙次之；固定连接的间隙最小。

当内、外花键连接只传递扭矩而无相对轴向移动时，应选用配合间隙最小的固定连接；当内、外花键连接不但要传递扭矩，还要有相对轴向移动时，应选用滑动或紧滑动连接；而当移动频繁，移动距离长时，则应选用配合间隙较大的滑动连接，以保证运动灵活，而且确保配合面间有足够的润滑油层。为保证定心精度要求、工作表面载荷分布均匀或减少反向运转所产生的空程及其冲击，对定心精度要求高、传递的扭矩大、运转中需经常反转等的连接，则应用配合间隙较小的紧滑动连接。表 10-10 列出了几种配合应用情况，可供参考。

表 10-10　矩形花键配合应用

应　用	固定连接		滑动连接	
	配合	特征及应用	配合	特征及应用
精密传动用	H5/h5	紧固程度较高，可传递大扭矩	h5/g5	滑动程度较低，定心精度高，传递扭矩大
	H6/h6	传递中等扭矩	H6/f6	滑动程度中等，定心精度较高，传递中等扭矩
一般用	H7/h7	紧固程度较低，传递扭矩较小，可经常拆卸	H7/f7	移动频率高，移动长度大，定心精度要求不高

4）矩形花键的几何公差和表面粗糙度

（1）矩形花键的几何公差。内、外花键加工时，不可避免地会产生几何误差。为防止装配困难，并保证键和键槽侧面接触均匀，除用包容原则控制定心表面的形状误差外，还应控制花键（或花键槽）在圆周上分布的均匀性（即分度误差），当花键较长时，还可根据产品性能要求进一步控制各个键或键槽侧面对定心表面轴线的平行度。

为保证花键（或花键槽）在圆周上分布的均匀性，应规定位置度公差，并采用相关要求。其在图纸上的标注如图 10-7 所示，位置度的公差值见表 10-11。

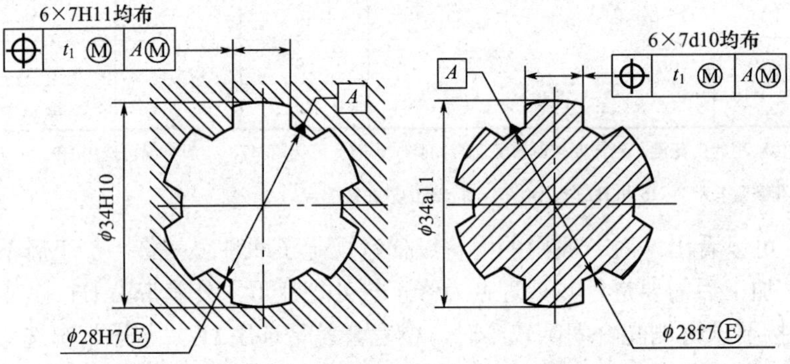

图 10-7　花键位置度公差的标注

表 10-11　矩形花键的位置度公差　　（摘自 GB/T 1144—2001）单位：mm

键槽宽或键宽 *B*			3	3.5～6	7～10	12～18
t_1	键槽宽		0.010	0.015	0.020	0.025
	键宽	滑动、固定	0.010	0.015	0.020	0.025
		紧滑动	0.006	0.010	0.013	0.016

当单件、小批生产时，应规定键（键槽）两侧面的中心平面对定心表面轴线的对称度和花键等分公差。其在图纸上的标注如图 10-8 所示，花键的对称度的公差值见表 10-12。

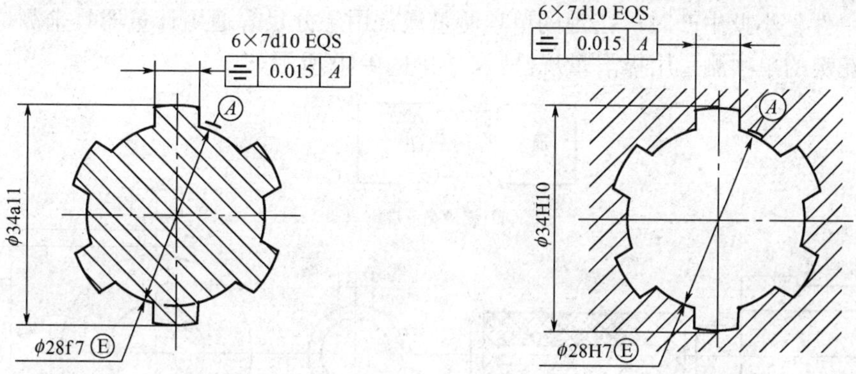

（a）内花键　　（b）外花键

图 10-8　花键对称度公差的标注

表 10-12　矩形花键的对称度公差　（摘自 GB/T 1144—2001）单位：mm

键槽宽或键宽 B		3	3.5～6	7～10	12～18
t_2	一般用	0.010	0.015	0.020	0.025
	精密传动用	0.010	0.015	0.020	0.025

（2）矩形花键的表面粗糙度上限推荐值。

内花键：小径表面不大于 0.8μm，键槽侧面不大于 3.2μm，大径表面不大于 6.3μm。

外花键：小径表面不大于 0.8μm，键槽侧面不大于 0.8μm，大径表面不大于 3.2μm。

5）矩形花键的标注

矩形花键的规格按下列顺序表示：键数 N×小径 d×大径 D×键宽（键槽宽）B。

例如，矩形花键数 N 为 6，小径 d 的配合为 23H7/f7，大径 D 的配合为 28H10/a11，键宽 B 的配合为 6H11/d10 的标记如下：

花键规格　　$N\times d\times D\times B$，即 6×23×28×6

花键副　　$6\times23\dfrac{\mathrm{H7}}{\mathrm{f7}}\times28\dfrac{\mathrm{H10}}{\mathrm{a11}}\times6\dfrac{\mathrm{H11}}{\mathrm{d10}}$　　（GB/T 1144—2001）

内花键　　6×23H7×28H10×6H11　　（GB/T 1144—2001）

外花键　　6×23f7×28a11×6d10　　（GB/T 1144—2001）

3. 平键与花键的检测

1）单键及其键槽的测量

键和键槽尺寸的检测比较简单，在单件、小批量生产中，键的宽度、高度和键槽宽度、深度等一般用游标卡尺、千分尺等通用计量器具来测量。

在成批量生产中可用极限量规检测，如图 10-9 所示。

2）花键的测量

花键的测量分为单项测量和综合检验，也可以说对于定心小径、键宽、大径的三个参数检验，而每个参数都有尺寸、位置、表面粗糙度的检验。

（1）单项测量。单项测量就是对花键的单个参数小径、键宽（键槽宽）、大径等尺寸、位置、表面粗糙度的检验。单项测量的目的是控制各单项参数小径、键宽（键槽宽）、大径等的精度。在单件、小批生产时，花键的单项测量通常用千分尺等通用计量器具来测量。在成批生产时，花键的单项测量用极限量规检验，如图 10-10 所示。

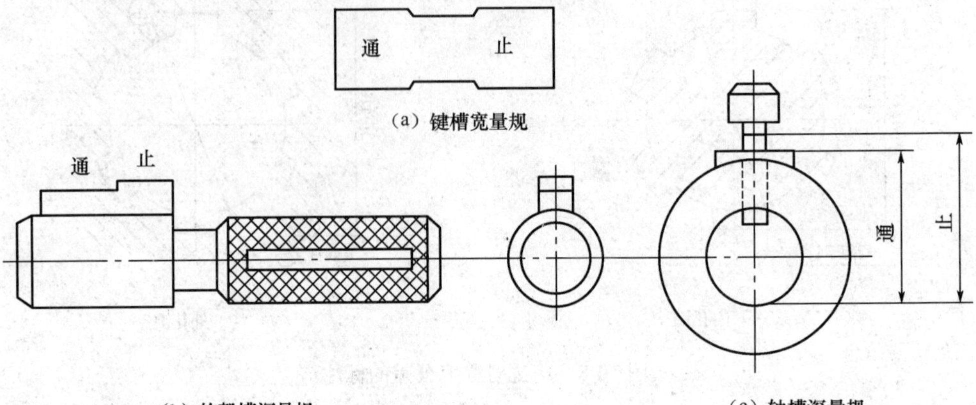

（a）键槽宽量规

（b）轮毂槽深量规

（c）轴槽深量规

图 10-9　键槽尺寸检测的极限量规

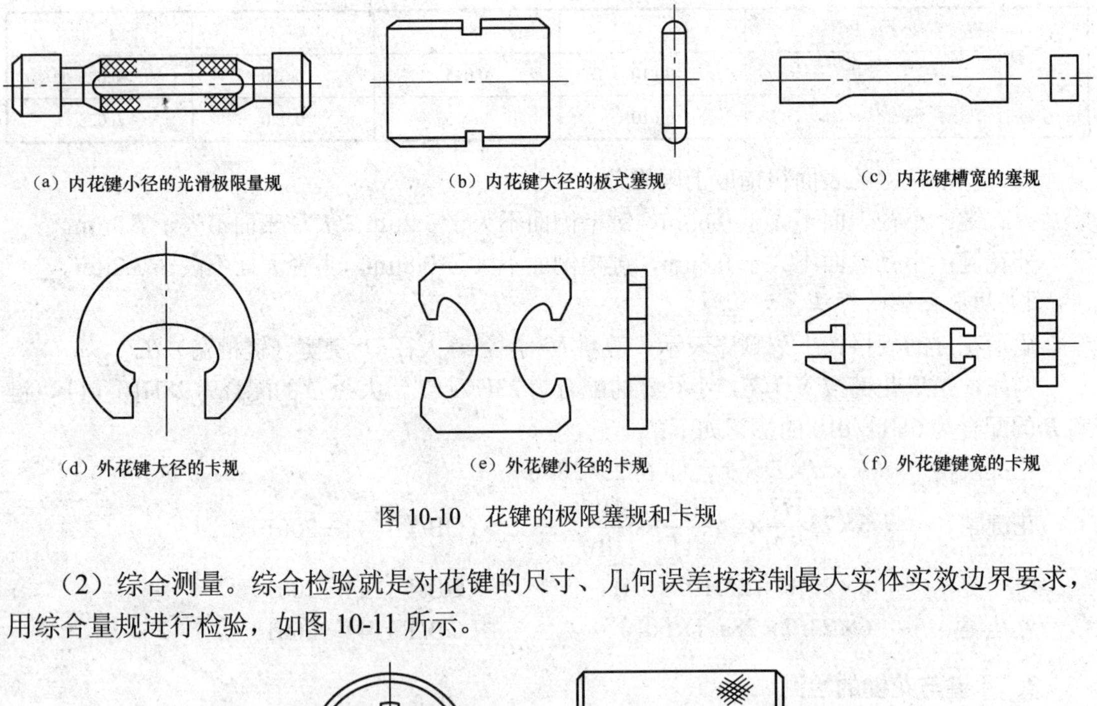

（a）内花键小径的光滑极限量规

（b）内花键大径的板式塞规

（c）内花键槽宽的塞规

（d）外花键大径的卡规

（e）外花键小径的卡规

（f）外花键键宽的卡规

图 10-10　花键的极限塞规和卡规

（2）综合测量。综合检验就是对花键的尺寸、几何误差按控制最大实体实效边界要求，用综合量规进行检验，如图 10-11 所示。

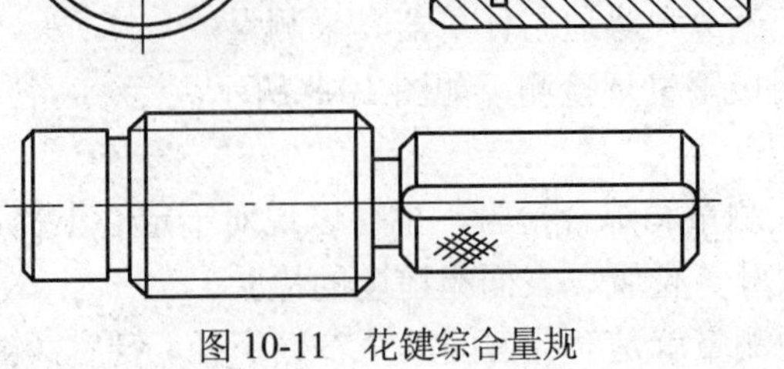

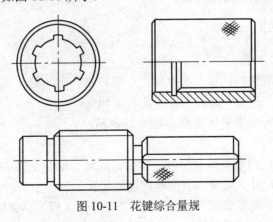

图 10-11　花键综合量规

花键的综合量规（内花键为综合塞规，外花键为综合环规）均为全形通规，作用是检验内、外花键的实际尺寸和形位误差的综合结果，即同时检验花键的小径、大径、键宽（键槽宽）实际尺寸和形位误差，以及各键（键槽）的位置误差，大径对小径的同轴度误差等综合结果，对小径、大径和键宽（键槽宽）的实际尺寸是否超越各自的最小实体尺寸，则采用相应的单项止端量规（或其他计量器具）来检测。

综合检测内、外花键时，若综合量规通过，单项止端量规不通过，则花键合格。当综合量规不通过时，花键为不合格。

10.3.2 滚动轴承的公差与配合

滚动轴承是一种标准部件，在机器中起支承作用，并以滚动代替滑动，以减小运动副的摩擦及其磨损，滚动轴承由内圈、外圈、滚动体和保持架组成。其内圈内径 d 与轴颈配合，外圈外径 D 与外壳孔配合，如图 10-12 所示。滚动轴承按可承受负荷的方向分为向心轴承、向心推力轴承和推力轴承等；按滚动体的形状分为球轴承、滚子轴承、滚针轴承等。通常，滚动轴承工作时，内圈与轴径一起旋转，外圈在外壳孔中固定不动，即内圈和外圈以一定的速度做相对转动。滚动轴承的工作性能和使用寿命主要取决于轴承本身的制造精度，同时还与滚动轴承相配合的轴颈和外壳孔的尺寸公差、几何公差和表面粗糙度，以及安装正确与否等因素有关，有关的详细内容在国家标准 GB/T 275—1993 中均做了规定。

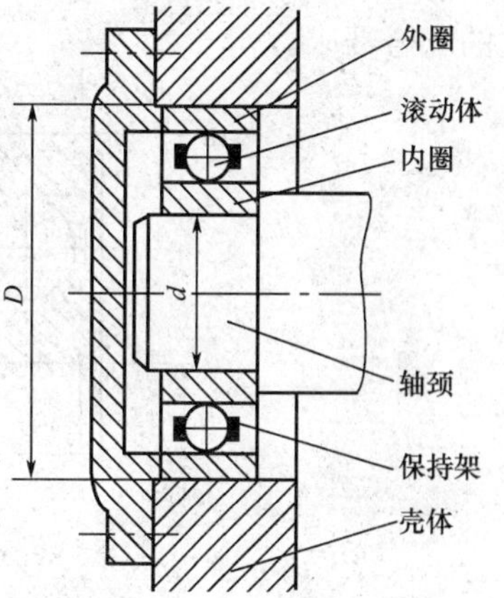

图 10-12 滚动轴承结构

1. 滚动轴承的精度等级及其应用

滚动轴承的公差等级由轴承的尺寸公差和旋转精度决定。根据 GB/T 307.1—1994 和 GB/T 307.4—2002 规定，向心轴承的公差等级，由低到高依次分为 P0、P6、P5、P4 和 P2 五个等级（相当于 GB 307.3—1984 中的 G、E、D、C、B 级），圆锥滚子轴承的公差等级分为 P0、P6x、P5 和 P4 四级，推力轴承的公差等级分为 P0、P6、P5 和 P4 四级。

P0 级轴承在机械制造业中应用最广，通常称为普通级，在轴承代号标注时不予注出。它用于旋转精度、运动平稳性等要求不高、中等负荷、中等转速的一般机构中，如普通机床的变速机构和进给机构、汽车和拖拉机的变速机构等。

P6、P6x 级轴承应用于旋转精度和运动平稳性要求较高或转速要求较高的旋转机构中，如普通机床主轴的后轴承和比较精密的仪器、仪表等的旋转机构中的轴承。

P5、P4 级轴承应用于旋转精度和转速要求高的旋转机构中，如高精度的车床和磨床、精密丝杠车床和滚齿机等的主轴轴承。

P2 级轴承应用于旋转精度和转速要求特别高的精密机械的旋转机构中，如精密坐标镗床、高精度齿轮磨床和数控机床的主轴等轴承。

2. 滚动轴承内、外径的公差带及特点

由于滚动轴承是标准部件，所以滚动轴承内圈与轴颈的配合采用基孔制，滚动轴承外圈

与外壳孔（箱体孔）的配合采用基轴制。

通常情况下，滚动轴承的内圈是随轴一起旋转的，为防止内圈和轴颈的配合面之间相对滑动而导致磨损，影响轴承的工作性能和使用寿命，要求滚动轴承的内圈和轴颈配合具有一定的过盈，同时考虑到内圈是薄壁件，其过盈量又不能太大。如果作为基准孔的轴承内圈内径仍采用基本偏差代号 H 的公差带布置，轴颈公差带从 GB/T 1801—2009 中的优先、常用和一般公差带中选取，则这样的过渡配合的过盈量太小，而过盈配合的过盈量又太大，不能满足轴承工作的需要。而轴颈一般又不能采用非标准的公差带。所以，国家标准规定：滚动轴承内径为基准孔公差带，但其位置由原来的位于零线的上方而改为位于以公称内径 d 为零线的下方，即上偏差为零，下偏差为负值，如图 10-13 所示。当它与 GB/T 1801—2009 中的过渡配合的轴相配合时，能保证获得一定大小的过盈量，从而满足轴承的内孔与轴颈的配合要求。

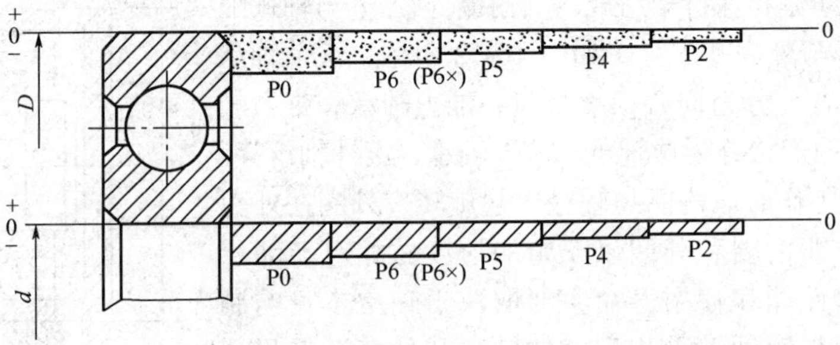

图 10-13　滚动轴承内、外径公差带

通常滚动轴承的外圈安装在外壳孔中不旋转，标准规定轴承外圈外径的公差带分布于以其公称直径 D 为零线的下方，即上偏差为零，下偏差为负值，如图 10-13 所示。它与 GB/T 1801.1—2009 标准中基本偏差代号为 h 的公差带相类似，只是公差值不同。

3. 滚动轴承与轴和外壳孔的配合及选用

1）轴颈和外壳孔的公差带

当选定了滚动轴承的种类和精度后，轴承内圈和轴颈、外圈和外壳孔的配合面间需要的配合性质，只是由轴颈和外壳孔的公差带决定。也就是说，轴承配合的选择就是确定轴颈和外壳孔的公差带的过程。国家标准 GB/T 275—1993《滚动轴承与轴和外壳孔的配合》对与 0 级和 6（6x）级轴承配合的轴颈规定了 17 种公差带，外壳孔规定了 16 种公差带，如图 10-14 所示，它们分别选自 GB/T 1801.1—2009 中的轴、孔公差带。

2）滚动轴承与轴径、外壳孔的配合的选择

正确地选择滚动轴承配合，是保证滚动轴承的正常运转，延长其使用寿命的关键。滚动轴承配合选择的主要依据通常是根据滚动轴承的种类、尺寸大小和滚动轴承套圈承受负荷的类型、大小及轴承的游隙等因素。

（1）轴承承受负荷的类型。作用在轴承套圈上的径向负荷一般是由定向负荷和旋转负荷合成的。根据轴承套圈所承受的负荷具体情况不同，可分为以下三类。

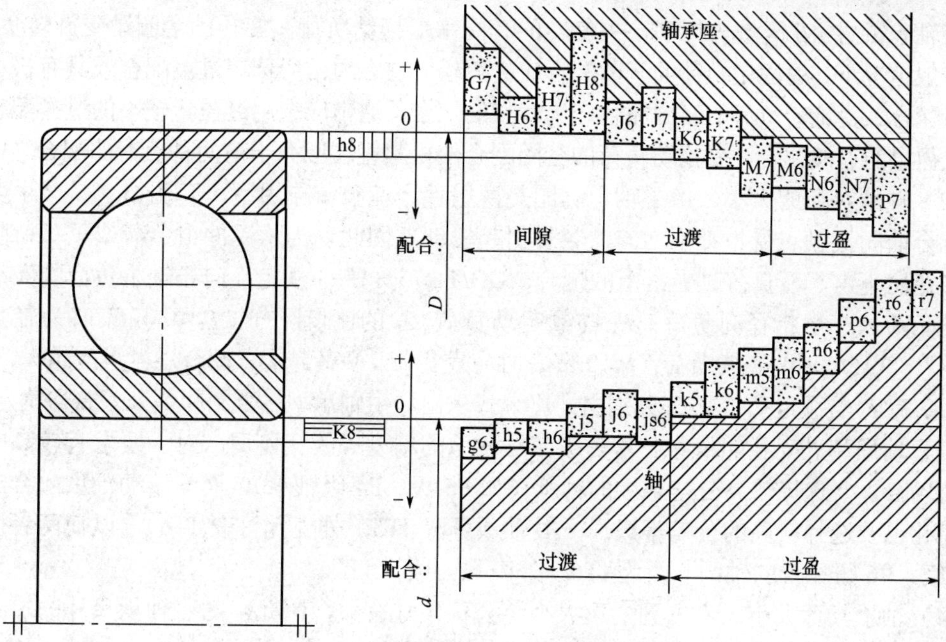

图 10-14　滚动轴承与轴颈、轴承座孔的配合

① 固定负荷。轴承运转时，作用在轴承套圈上的合成径向负荷相对静止，即合成径向负荷始终不变地作用在套圈滚道的某一局部区域上，则该套圈承受着固定负荷。如图 10-15（a）中的外圈和图 10-15（b）中的内圈，它们均受到一个定向的径向负荷 F_r 作用。其特点是只有套圈的局部滚道受到负荷的作用。

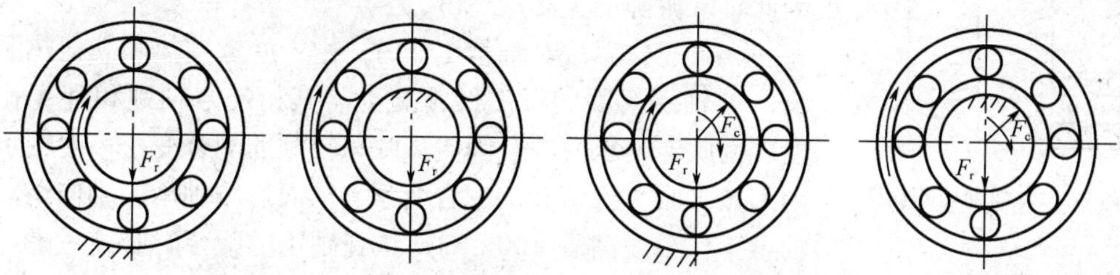

（a）定向负荷、内圈转动　（b）定向负荷、外圈转动　（c）旋转负荷、内圈转动　（d）旋转负荷、外圈转动

图 10-15　轴承套圈与负荷的关系

② 旋转负荷。轴承运转时，作用在轴承套圈上的合成径向负荷与套圈相对旋转，顺次作用在套圈的整个轨道上，则该套圈承受旋转负荷。如图 10-15（a）中的内圈和图 10-15（b）中的外圈，都承受旋转负荷。其特点是套圈的整个圆周滚道顺次受到负荷的作用。

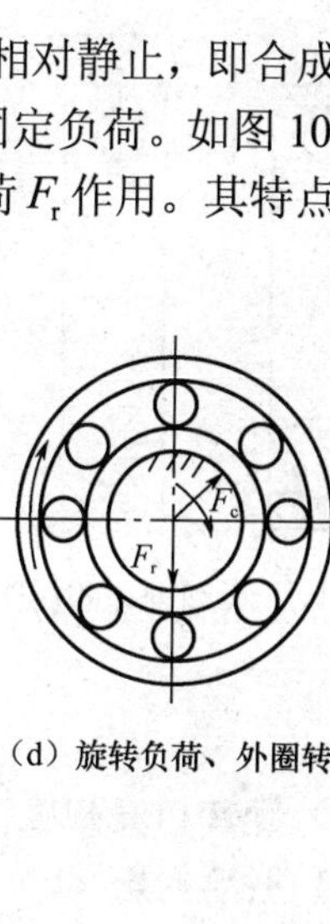

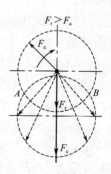

图 10-16　摆动负荷变化的区域

③ 摆动负荷。轴承运转时，作用在轴承上的合成径向负荷在套圈滚道的一定区域内相对摆动，则该套圈承受摆动负荷。如图 10-15（c）和图 10-15（d）所示，轴承套圈同时受到定向负荷和旋转负荷的作用，两者的合成负荷将由小到大，再由大到小地周期性变化。当 $F_r > F_c$ 时（见图 10-16），合成

负荷在轴承下方 AB 区域内摆动，不旋转的套圈承受摆动负荷，旋转的套圈承受旋转负荷。

一般情况下，受固定负荷的套圈配合应选得松一些，通常应选用过渡配合或具有极小间隙的间隙配合。受旋转负荷的套圈配合应选较紧的配合，通常应选用过盈量较小的过盈配合或有一定过盈量的过渡配合。受摆动负荷的套圈配合的松紧程度应介于前两种负荷的配合之间。

（2）轴承负荷的大小。由于轴承套圈是薄壁件，在负荷作用下，套圈很容易产生变形，导致配合面间接触、受力都不均匀，容易引起松动。因此，当承受冲击负荷或重负荷时，一般应选择比正常、轻负荷时更紧密的配合。GB/T 275—1993 规定：向心轴承负荷的大小可用当量动负荷（一般指径向负荷）P_r 与额定动负荷 C_r 的比值区分，$P_r \leqslant 0.07C_r$ 时为轻负荷；$0.07C_r < P_r \leqslant 0.15C_r$ 时为正常负荷；$P_r > 0.15C_r$ 时为重负荷。负荷越大，配合过盈量应越大。其中，当量动负荷 P_r 与额定动负荷 C_r 分别由计算公式求出和由轴承型号查阅相关公差表格确定。

（3）轴颈和外壳孔的尺寸公差等级应与轴承的精度等级相协调。对于要求有较高的旋转精度的场合，要选择较高公差等级的轴承（如 P5 级、P4 级轴承），而与滚动轴承配合的轴颈和外壳孔也要选择较高的公差等级（一般轴颈可取 IT5，外壳孔可取 IT6），以使两者协调。与 P0 级、P6 级配合的轴颈一般为 IT6，外壳孔一般为 IT7。

（4）轴承尺寸大小。考虑到变形大小与公称尺寸有关，因此，随着轴承尺寸的增大，选择的过盈配合的过盈量越大，间隙配合的间隙量越大。

（5）轴承游隙。滚动体与内外圈之间的游隙分为径向游隙 δ_1 和轴向游隙 δ_2，如图 10-17 所示。游隙过大，会引起转轴较大的径向跳动和轴向窜动，产生较大的振动和噪声；而游隙过小，尤其是轴承与轴颈或外壳孔采用过盈配合时，则会使轴承滚动体与套圈产生较大的接触应力，引起轴承的摩擦发热，以致降低寿命。因此轴承游隙的大小应适度。

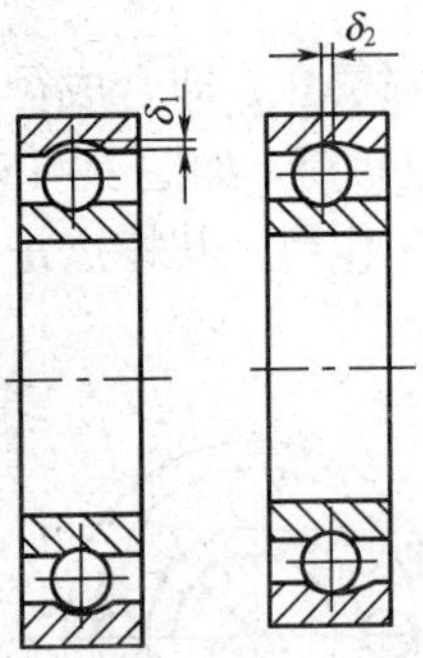

图 10-17　滚动轴承的游隙

（6）工作温度。轴承工作时，由于摩擦发热和其他热源的影响，使轴承套圈的温度经常高于与其相配合轴颈和外壳孔的温度。因此，轴承内圈会因热膨胀与轴颈的配合变松，而轴承外圈则因热膨胀与外壳孔的配合变紧，从而影响轴承的轴向游动，当轴承工作温度高于 100℃时，选择轴承的配合时必须考虑温度的影响。

（7）旋转精度和旋转速度。对于承受较大负荷且旋转精度要求较高的轴承，为了消除弹性变形和振动的影响，应避免采用间隙配合，但也不宜太紧。轴承的旋转速度越高，应选用越紧的配合。

除上述因素外，轴颈和外壳孔的结构、材料，以及安装与拆卸等对轴承的运转也有影响，应当全面分析考虑。

3）轴颈和外壳孔的公差等级和公差带的选择

轴承的精度决定与之相配合的轴、外壳孔的公差等级。一般情况下，与 P0、P6（P6x）级轴承配合的轴，其公差等级一般为 IT6，外壳孔为 IT7。对旋转精度和运转平稳性有较高要求的场合，轴承公差等级及其与之配合的零部件精度都应相应提高。

与向心轴承配合的轴公差带代号按表 10-13 选择；与向心轴承配合的外壳孔公差带代号按表 10-14 选择；与推力轴承配合的轴公差带代号按表 10-15 选择；与推力轴承配合的外壳孔公差带代号按表 10-16 选择。

表 10-13　与向心轴承配合的轴公差带代号　（摘自 GB/T 275—1993）

运转状态 说明	运转状态 应用举例	负荷状态	深沟球轴承、调心球轴承和角接触球轴承	圆柱滚子轴承和圆锥滚子轴承	调心滚子轴承	公差带
圆柱孔轴承						
			轴承公称内径/mm			
旋转的内圈负荷或摆动负荷	一般通用机械、电动机、机床主轴、泵、内燃机、正齿轮传动装置、铁路机车车辆轴箱、破碎机等	轻负荷	≤18	—	—	h5
			>18～100	≤40	≤40	j6①
			>100～200	>40～140	>40～100	k6①
			—	>140～200	>100～200	m6①
		正常负荷	≤18	—	—	j5　js5
			>18～100	≤40	≤40	k5②
			>100～140	>40～100	>40～65	m5②
			>140～200	>100～140	>65～100	m6②
			>200～280	>140～200	>100～140	n6
			—	>200～400	>140～280	p6
			—	—	>280～500	r6
		重负荷		>50～140	>50～100	n6③
				>140～200	>100～140	p6
				>200	>140～200	r6
				—	>200	r7
固定的内圈负荷	静止轴上的各种轮子，张紧轮、绳轮、振动筛、惯性振动器	所有负荷	所有尺寸			f6① g6 h6 j6
纯轴向负荷		所有尺寸				j6, js6
圆锥孔轴承						
所有负荷	铁路机车车辆轴箱	装在退卸套上的所有尺寸				h8(IT6) ⑤, ④
	一般机械传动	装在紧定套上的所有尺寸				h9(IT7) ④, ⑤

注：① 凡对精度有较高要求场合，可用 j5，k5，…代替 j6，k6，…；

② 圆锥滚子轴承、角接触球轴承配合对游隙的影响不大，可用 k6，m6 代替 k5，m5；

③ 重负荷下轴承游隙应选大于 0 组；

④ 凡有较高的精度或转速要求的场合，应选 h7（IT5）代替 h8（IT6）；

⑤ IT6、IT7 表示圆柱度公差数值。

表 10-14　与向心轴承配合的外壳孔公差带代号　（摘自 GB/T 275—1993）

运转状态 说明	运转状态 举例	负荷状态	其他情况	公差带① 球轴承	公差带① 滚子轴承
固定的外圈负荷	一般机械、铁路机车车辆轴承、电动机、泵、曲轴主轴承	轻、正常、重	轴向易移动，可采用剖分式外壳	H7、G7②	
		冲击	轴向能移动，采用整体或剖分式外壳	J7、JS7	

续表

运转状态		负荷状态	其他情况	公差带[1]	
说明	举例			球轴承	滚子轴承
摆动负荷	一般机械、铁路机车车辆轴承、电动机、泵、曲轴主轴承	轻、正常		J7、JS7	
		正常、重	轴向不移动，采用整体式外壳	K7	
		冲击		M7	
旋转的外圈负荷	张紧滑轮、轮毂轴承	轻		J7	K7
		正常		K7、M7	M7、N7
		重		—	N7、P7

注：① 并列公差带随尺寸的增大从左到右选择，对旋转精度有较高要求时，可相应提高一个公差等级；

② 不适用于剖分式外壳。

表 10-15　与推力轴承配合的轴公差带代号　（摘自 GB/T 275—1993）

运转状态	负荷状态	推力球轴承和推力滚子轴承	推力调心滚子轴承	公差带
		轴承公称内径/mm		
纯轴向负荷	所有尺寸		j6、js6	
固定的轴圈负荷	径向和轴向联合负荷	—	≤250	j6
		—	>250	js6
旋转的轴圈负荷或摆动负荷		—	≤250	k6
		—	>200～400	m6
		—	>400	n6

表 10-16　与推力轴承配合的外壳孔公差带代号　（摘自 GB/T 275—1993）

运转状态	负荷状态	轴承类型	公差带	备注
纯轴向负荷		推力球轴承	H8	
		推力圆柱、圆锥滚子轴承	H7	
		推力调心滚子轴承		外壳孔与座圈间间隙为 0.001D（D 为轴承的公称外径）
固定的座圈负荷	径向和轴向联合负荷	推力角接触球轴承、推力圆锥滚子轴承、推力调心滚子轴承	H7	
旋转的座圈负荷或摆动负荷			K7	普通使用条件
			M7	有较大径向负荷时

4）配合表面及端面的几何公差和表面粗糙度

正确选择轴承与轴颈和外壳孔的公差等级及其配合的同时，对轴颈及外壳孔的几何公差及表面粗糙度也要提出要求，才能保证轴承的正常运转。

（1）配合表面及端面的几何公差。GB/T 275—1993 规定了与轴承配合的轴颈和外壳孔表面的圆柱度公差、轴肩及外壳体孔端面的端面圆跳动公差，其几何公差值见表 10-17。

（2）配合表面及端面的表面粗糙度要求。表面粗糙度的大小不仅影响配合的性质，还会影响连接强度，因此，凡是与轴承内、外圈配合的表面通常都对表面粗糙度提出了较高的要求，按表 10-18 选择。

表 10-17 轴和外壳孔的几何公差值 （摘自 GB/T 275—1993）

基本尺寸/mm		圆柱度 t				端面圆跳动 t_1			
		轴颈		外壳孔		轴肩		外壳孔肩	
		轴承公差等级							
		0	6(6x)	0	6(6x)	0	6(6x)	0	6(6x)
超过	到	公差值/μm							
	6	2.5	1.5	4	2.5	5	3	8	5
6	10	2.5	1.5	4	2.5	6	4	10	6
10	18	3.0	2.0	5	3.0	8	5	12	8
18	30	4.0	2.5	6	4.0	10	6	15	10
30	50	4.0	2.5	7	4.0	12	8	20	12
50	80	5.0	3.0	8	5.0	15	10	25	15
80	120	6.0	4.0	10	6.0	15	10	25	15
120	180	8.0	5.0	12	8.0	20	12	30	20
180	250	10.0	7.0	14	10.0	20	12	30	20
250	315	12.0	8.0	116	12.0	25	15	40	25
315	400	13.0	9.0	18	13.0	25	15	40	25
400	500	15.0	10.0	20	15.0	25	15	40	25

表 10-18 配合面的表面粗糙度 （摘自 GB/T 275—1993）

轴或外壳孔直径/mm		轴或外壳孔配合表面直径公差等级								
		IT7			IT6			IT5		
		表面粗糙度参数 Ra 及 Rz 值/μm								
大于	到	Rz	Ra		Rz	Ra		Rz	Ra	
			磨	车		磨	车		磨	车
	80	10	1.6	3.2	6.3	0.8	1.6	4	0.4	0.8
80	500	16	1.6	3.2	10	1.6	3.2	6.3	0.8	1.6
端面		25	3.2	6.3	25	3.2	6.3	10	1.6	3.2

【例 10-1】 某车床主轴后轴承采取了两个 0 级精度的单列向心球轴承，车床主轴要求较高的旋转精度，轴承外形尺寸为 $d\times D\times B$=50mm×90mm×20mm，径向负荷 $P<0.07C_r$。试选择轴承与轴和外壳孔的配合公差、轴和外壳孔。

解： 车床主轴后支承主要承受齿轮传递的力，属于定向负荷。由于内圈转动，受旋转负荷；外圈静止，则受固定负荷。因径向负荷 $P<0.07C_r$，所以轴承承受轻负荷。按轴承工作条件，查表 10-13、表 10-14 得轴颈公差带为 ϕ50j5（基孔制），外壳孔公差带为 ϕ90H6（基轴制），因主轴要求较高的旋转精度，故公差等级提高一级，见图 10-18（a）标注。查表 10-17、表 10-18 选取的轴颈和外壳孔的几何公差值及表面粗糙度数值见图 10-18（b）、（c）标注。

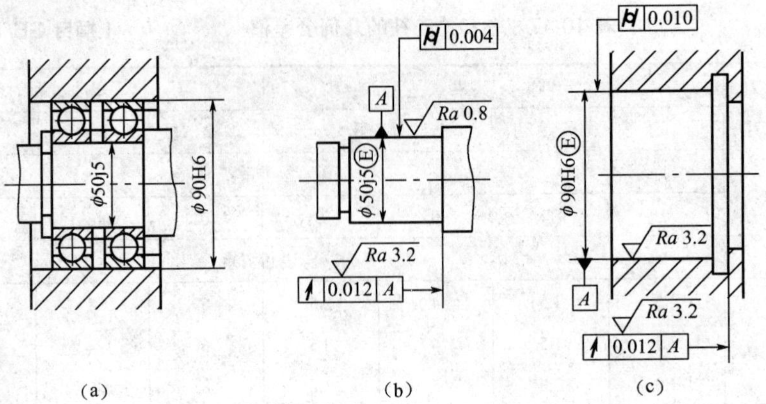

图 10-18　与轴承配合的轴颈和外壳孔技术要求的标注

10.3.3　尺寸链

在设计机器和零部件时，首先要求保证质量。因此，要处理好零件之间的尺寸关系、装配精度与技术要求，以及尺寸公差和几何公差之间的关系。而尺寸链正是研究机械产品中尺寸之间的相互关系，分析影响装配精度的因素，确定各有关零、部件尺寸和位置的公差，从而保证产品的装配精度与技术要求的经济合理的方法。

1. 尺寸链的基本概念

在机器装配或零件加工过程中，由相互连接的尺寸形成封闭的尺寸组，称为尺寸链，如图 10-19（a）和图 10-20（a）所示。

图 10-19（a）为齿轮部件中各零件尺寸形成的尺寸链，该尺寸链由齿轮和挡圈之间的间隙 L_0、齿轮轮毂的宽度 L_1、轴套厚度 L_2 和轴上两轴肩之间的长度 L_3 这几个尺寸连接成封闭尺寸组，形成如图 10-19（b）所示的尺寸链。

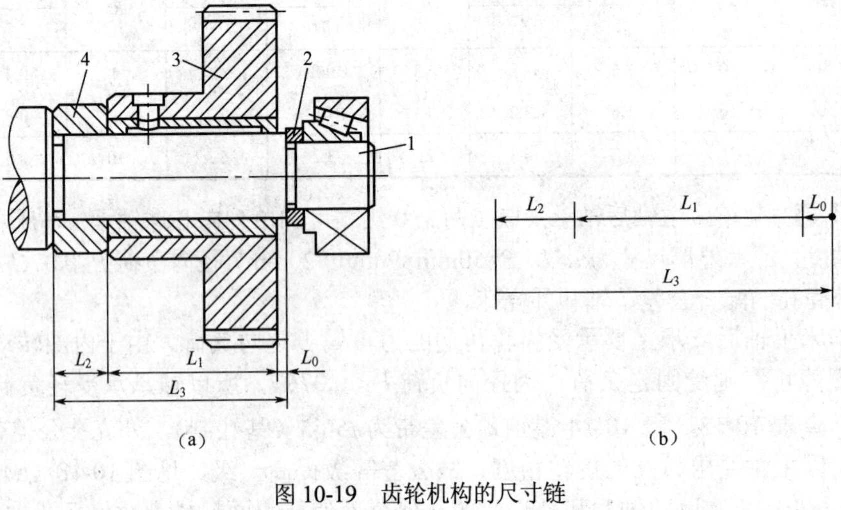

图 10-19　齿轮机构的尺寸链

如图 10-20（a）所示，将直径为 A_2 的轴装入直径为 A_1 的孔中，装配后得到间隙 A_0，它的大小取决于孔径 A_1 和轴径 A_2 的大小。A_1 和 A_2 属于不同零件的设计尺寸。A_1、A_2 和 A_0 这三个相互连接的尺寸就形成了封闭的尺寸组，即形成了一个尺寸链。

2. 有关尺寸链组成部分的术语及定义

（1）环：列入尺寸链中的每一个尺寸，称为环，如图 10-19 中的 L_0、L_1、L_2、L_3，以及图 10-20 中的 A_0、A_1、A_2 尺寸。

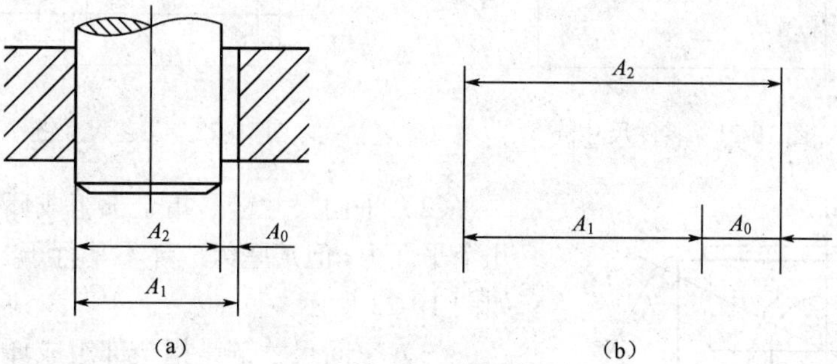

图 10-20　装配尺寸链

（2）封闭环：在装配过程中或加工过程最后自然形成的一环，称为封闭环，如图 10-19 中的 L_0 及图 10-20 中的 A_0 尺寸。

（3）组成环：尺寸链中对封闭环有影响的全部环。这些环中任何一环的变动必然引起封闭环的变动。组成环一般用下标为阿拉伯数字（1，2，3，…）的英文大写字母表示，如图 10-19 中的 L_1、L_2 和图 10-20 中的 A_1、A_2 都是组成环。组成环又分为增环和减环。

① 增环：其变动会引起封闭环同向变动的组成环。同向变动是指该环增大时封闭环也增大，该环减小时封闭环也减小，如图 10-20（a）中的 A_1。

② 减环：其变动会引起封闭环反向变动的组成环。反向变动是指该环增大时封闭环减小，该环减小时封闭环增大，如图 10-20（a）中的 A_2。

（4）补偿环：尺寸链中预先选定的某一组成环，可以通过改变其大小或位置，使封闭环达到规定的要求，预先选定的那个环称为补偿环。

（5）传递系数。传递系数是指表示各组成环对封闭环影响大小和方向的系数，用符号 ξ_i 表示（下标 i 为组成环的序号）。

3. 尺寸链的分类

1）按尺寸链的功能要求分类

（1）装配尺寸链是指全部组成环为不同零件的设计尺寸（零件图上标注的尺寸）所形成的尺寸链，见图 10-19（a）。

（2）零件尺寸链是指全部组成环为同一零件的设计尺寸所形成的尺寸链，如图 10-21 所示。

（3）工艺尺寸链是指全部组成环为零件加工时同一零件的工艺尺寸所形成的尺寸链，如图 10-22 所示。

2）按尺寸链中各环的相互位置分类

（1）直线尺寸链是指全部组成环平行于封闭环的尺寸链，如图 10-20（a）所示的尺寸链为直线尺寸链。直线尺寸链中增环的传递系数为 $\xi_i=+1$，减环的传递系数为 $\xi_i=-1$。

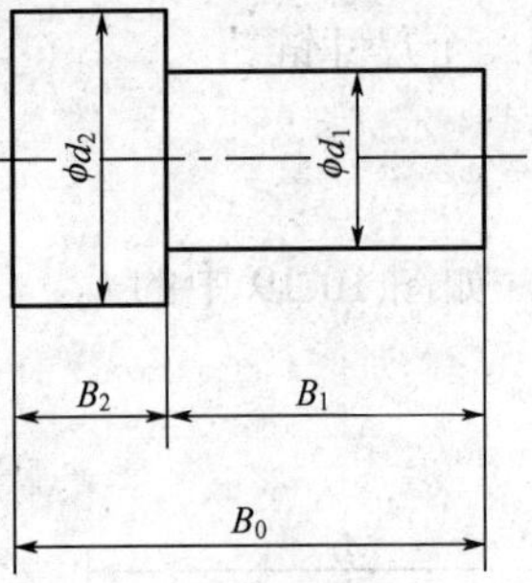

图 10-21 零件尺寸链

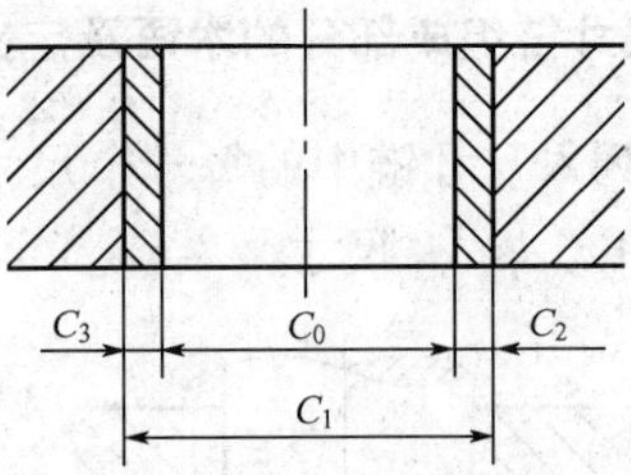

图 10-22 工艺尺寸链

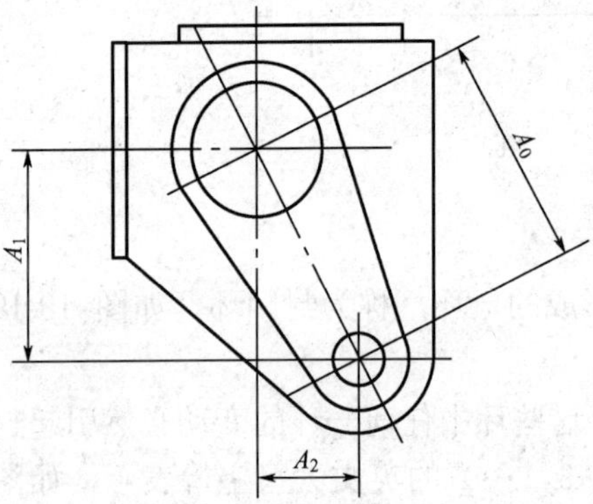

图 10-23 平面尺寸链

（2）平面尺寸链是指全部组成环位于一个平面或几个平面内，但某些组成环不平行于封闭环的尺寸链，如图 10-23 所示。

（3）空间尺寸链是指全部组成环位于几个不平行的平面内的尺寸链。

尺寸链中常见的是直线尺寸链。平面尺寸链和空间尺寸链可以用坐标投影法转换为直线尺寸链。

3）按各环尺寸的几何特性分类

(1)长度尺寸链是指全部环为长度尺寸的尺寸链，见图 10-20。

(2)角度尺寸链是指全部环为角度尺寸的尺寸链，如图 10-24 所示。

角度尺寸链常用于分析和计算机械结构中有关零件要素的位置精度，如平面度、垂直度和同轴度等。

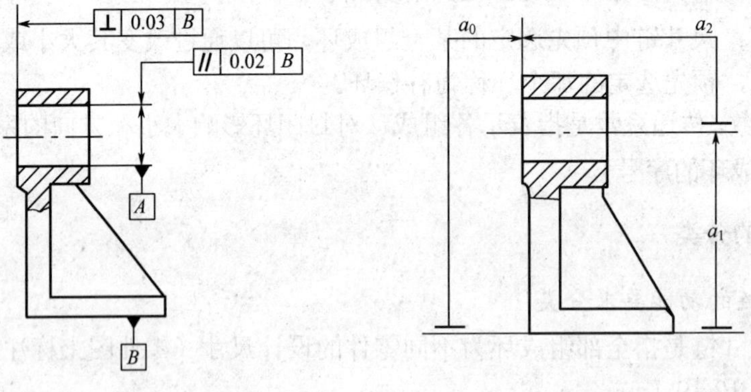

图 10-24 角度尺寸链

4. 装配尺寸链的解算

1）尺寸链的确定与分析

(1) 确定封闭环。建立尺寸链，首先要正确地确定封闭环。

装配尺寸链的封闭环是在装配之后形成的，往往是机器上有装配精度要求的尺寸，如保证机器可靠工作的相对位置或保证零件相对运动的间隙等。在建立尺寸链之前，必须查明在机器装配和验收的技术要求中规定的所有几何精度要求项目，这些项目往往就是某些尺寸链的封闭环。

（2）查找组成环。组成环是对封闭环有直接影响的那些尺寸，尺寸链的环数应尽量少。

查找装配尺寸链的组成环时，先从封闭环的任意一端开始，找相邻零件的尺寸，然后再找与第一个零件相邻的第二个零件的尺寸，这样一环接一环，直到封闭环的另一端为止，从而形成封闭环的尺寸组。

如图 10-25（a）所示，A_0 为车床主轴轴线与尾架轴线同轴度指标，其允许值 A_0 是装配技术要求，它为封闭环。组成环可从尾架顶尖开始查找，尾架顶尖轴线到底面的高度 A_1、与床面相连的底板的厚度 A_2、床面到主轴轴线的距离 A_3，最后回到封闭环。A_1、A_2 和 A_3 均为组成环。

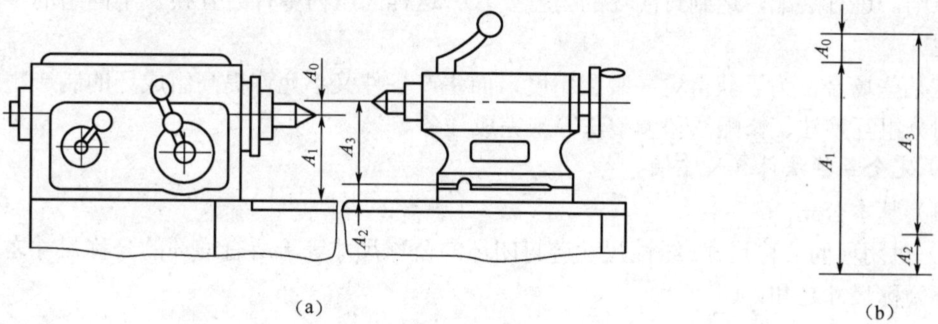

图 10-25　车床顶尖高度尺寸链

一个尺寸链中最少要有两个组成环。组成环中，可能只有增环没有减环，但不能只有减环没有增环。

在封闭环有较高技术要求或几何误差较大的情况下，建立尺寸链时，还要考虑形位误差对封闭环的影响。

（3）画出尺寸链图。为了更清晰表达尺寸链的组成，通常不需要画出零件或部件的具体结构，也不必按照严格的比例，只需要将链中各个尺寸一次画出，形成封闭的图形即可，这样的图形称为尺寸链线图，如图 10-24（b）或图 10-25（b）所示。在尺寸链线图中，常用带单箭头的线段表示各环，箭头仅表示查找尺寸链组成环的方向。

2）计算尺寸链的方法

（1）尺寸链解算的类型主要是尺寸链中各环的公称尺寸和极限偏差。

① 正计算。已知各组环的极限尺寸，求封闭环的极限尺寸。这类计算主要用来验算设计的正确性，故又叫校核计算。

② 反计算。已知封闭环的极限尺寸和各组成环的公称尺寸，求各组成环的极限偏差。这类计算主要用在设计上，即根据机器的使用要求来分配各零件的公差。

③ 中间计算。已知封闭环和部分组成环的极限尺寸，求某一组成环的极限尺寸。这类计算常用在工艺上。

（2）尺寸链解算的方法。

① 完全互换法。从尺寸链各环的最大与最小尺寸出发进行尺寸链计算，不考虑各环实际尺寸的分布情况。按此方法计算出来的尺寸加工各组成环，装配时各组成环无须挑选或辅助

加工，装配后即能满足封闭环的公差要求，即可实现完全互换。

② 大数互换法。按此方法计算、加工的绝大部分零件，装配时各组成环无须挑选或改变其大小或位置，装配后即能满足封闭环的公差要求。按大数互换法计算，在相同的封闭环公差条件下，可使各组成环公差扩大，从而获得良好的技术经济效益，也较科学、合理。但应有适当的工艺措施，以排除或恢复超出公差范围或极限偏差的个别零件。

③ 修配法。装配时去除补偿环的部分材料以改变其实际尺寸，使封闭环达到其公差或极限偏差要求。

④ 调整法。装配时用调整的方法改变补偿环的实际尺寸或位置，使封闭环达到其公差或极限偏差要求。

⑤ 分组法。先按完全互换法计算各组成环的公差和极限偏差，再将各组成环的公差扩大若干倍，到经济可行的公差后再加工，然后按完工零件的实际尺寸分组，根据大配大、小配小的原则，进行装配，达到封闭环的公差要求。这样同组内零件可互换，不同组的零件不具互换性。

在某些场合，为了获得更高装配精度，而生产条件又不允许提高组成环的制造精度时，可采用分组互换法、修配法和调整法等来完成任务。

3）完全互换法计算尺寸链

（1）基本公式。

① 封闭环的公称尺寸。线性尺寸链封闭环的公称尺寸等于所有增环的公称尺寸之和减所有减环公称尺寸之和，即

$$A_0=\sum_{z=1}^{m}A_z-\sum_{j=m+1}^{n-1}A_j$$

式中 A_z——增环公称尺寸；

A_j——减环公称尺寸；

m——增环环数；

n——尺寸链总环数（包括封闭环）。

② 封闭环的公差。

按完全互换法：

$$T_0=\sum_{i=1}^{n-1}T_i$$

按大数互换法：

$$T_0=\sqrt{\sum_{i=1}^{m}T_i^2}$$

式中 T_i——第 i 组成环公差。

③ 封闭环的中间偏差：

$$\varDelta_0=\sum_{i=1}^{m}\xi_i\varDelta_i$$

式中 $\varDelta_0$——封闭环中间偏差；

$\varDelta_i$——第 i 组成环的中间偏差；

ξ_i——第 i 组成环的传递系数。

各环中间偏差：

$$\varDelta=\frac{1}{2}(\mathrm{ES}+\mathrm{EI})$$

④ 极限偏差。封闭环的极限偏差，封闭环的上极限偏差等于所有增环上极限偏差之和减去所有减环下极限偏差之和；封闭环的下极限偏差等于所有增环的下极限偏差之和减去所有减环上极限偏差之和，即

$$\mathrm{ES}_0=\sum_{z=1}^{n}\mathrm{ES}_z-\sum_{j=n+1}^{m}\mathrm{EI}_j$$

$$\mathrm{EI}_0=\sum_{z=1}^{n}\mathrm{EI}_z-\sum_{j=n+1}^{m}\mathrm{ES}_j$$

组成环的极限偏差：

$$\mathrm{ES}_i=\varDelta_i+\frac{T_i}{2}$$

$$\mathrm{EI}_i=\varDelta_i-\frac{T_i}{2}$$

⑤ 极限尺寸。

封闭环的极限尺寸：

$$L_{0\max}=L_0+\mathrm{ES}_0$$
$$L_{0\min}=L_0+\mathrm{EI}_0$$

组成环的极限尺寸：

$$L_{i\max}=L_i+\mathrm{ES}_i$$
$$L_{i\min}=L_i+\mathrm{EI}_i$$

（2）正计算举例。

【例 10-2】 如图 10-26 所示为一零件的标注示意图，试校验该图的尺寸公差、位置公差要求能否使 BC 两点处薄壁尺寸在 9.7～10.05mm 范围内。

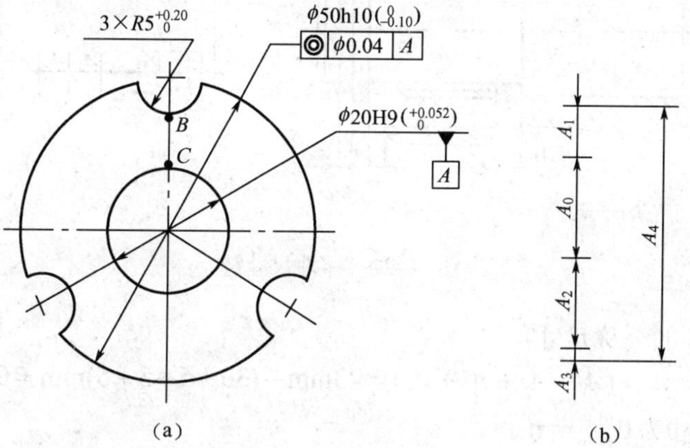

图 10-26 零件尺寸链

解：① 画出该零件的尺寸链图。画出的尺寸链图如图 10-26（b）所示。壁厚尺寸 A_0 为封闭环，A_1 为圆弧槽的半径，A_2 为内孔 ϕ20H9 的半径，A_3 为内孔 ϕ20H9 与外圆 ϕ50h10 的同轴度的允许误差，其尺寸为 0±0.02mm，A_4 为外圆 ϕ50h10 的半径，A_1、A_2、A_3、A_4 为组成环。

② 判断增、减环。由图 10-26（b）可知，A_4 为增环，A_1、A_2、A_3 为减环。

③ 计算封闭环的公称尺寸。

$$A_0=A_4-(A_1+A_2+A_3)=10\mathrm{mm}$$

④ 计算封闭环的公差。已知各组成环的公差分别为

$$T_1 = 0.2\text{mm},\ T_2 = 0.026\text{mm},\ T_3 = 0.04\text{mm},\ T_4 = 0.05\text{mm}$$

$$T_0 = \sum_{i=1}^{4} T_i = 0.316\text{mm}$$

⑤ 计算封闭环的中间偏差各组成环的中间偏差分别为

$$\varDelta_1 = +0.1\text{mm},\ \varDelta_2 = +0.013\text{mm},\ \varDelta_3 = 0\text{mm}、\varDelta_4 = -0.025\text{mm}$$

$$\varDelta_0 = \varDelta_4 - (\varDelta_1 + \varDelta_2 + \varDelta_3) = -0.138\text{mm}$$

⑥ 计算封闭环的上、下偏差：

$$\text{ES}_0 = \varDelta_0 + \frac{T_0}{2} = -0.138 + \frac{0.316}{2} = +0.020\text{mm}$$

$$\text{EI}_0 = \varDelta_0 - \frac{T_0}{2} = -0.138 - \frac{0.316}{2} = -0.296\text{mm}$$

故封闭环的尺寸为 $A_0 = 10_{-0.296}^{+0.020}$ mm，对应的尺寸范围为 9.704～10.02mm，在所要求的范围以内，故图 10-26 中的图纸标注能满足壁厚尺寸的变动要求。

【例 10-3】 如图 10-27 所示的结构，已知 $A_1 = 30_{-0.13}^{\ 0}$ mm，$A_2 = A_5 = 5_{-0.075}^{\ 0}$ mm，$A_3 = 43_{+0.02}^{+0.18}$ mm，A_4 是标准件的尺寸，$A_4 = 3_{-0.04}^{\ 0}$ mm。试问该设计能否满足各件之间的轴向间隙总量为 0.1～0.45mm 之间的要求。

解：① 确定封闭环为要求的间隙 A_0，寻找组成环并画尺寸链线图，如图 10-27（b）所示，判断 A_3 为增环，A_1、A_2、A_4 和 A_5 为减环。

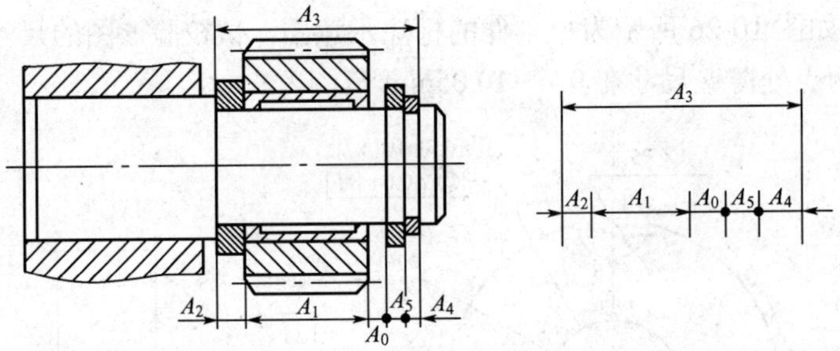

（a）　（b）

图 10-27　零件尺寸链

② 计算封闭环的公称尺寸：

$$A_0 = A_3 - (A_1 + A_2 + A_4 + A_5) = 43\text{mm} - (30 + 5 + 3 + 5)\text{mm} = 0\text{mm}$$

即要求封闭环的尺寸为 $0_{+0.10}^{+0.45}$ mm。

③ 计算封闭环公差：

$$T_0 = \sqrt{\sum_{i=1}^{m} T_i^2} = \sqrt{0.13^2 + 0.075^2 + 0.16^2 + 0.04^2 + 0.075^2}\text{mm}$$

$$\approx 0.235\text{mm} < 0.35\text{mm}$$

故符合要求。

④ 计算封闭环的中间偏差：

因为 $\varDelta_1 = -0.065\text{mm}, \varDelta_2 = \varDelta_5 = -0.0375\text{mm},$
$\varDelta_3 = +0.10\text{mm}, \varDelta_4 = -0.02\text{mm}$

所以　　$\Delta_0=\Delta_3-(\Delta_1+\Delta_2+\Delta_4+\Delta_5)$

$$=+0.10-(-0.065-0.0375-0.02-0.0375)\text{mm}=+0.26\text{mm}$$

⑤ 计算封闭环的极限偏差：

$$ES_0=\Delta_0+\frac{T_0}{2}=+0.26\text{mm}+\frac{0.235}{2}\text{mm}\approx+0.378\text{mm}$$

$$EI_0=\Delta_0-\frac{T_0}{2}=+0.26\text{mm}-\frac{0.235}{2}\text{mm}\approx+0.143\text{mm}$$

校核结果表明，封闭环的上、下极限偏差满足间隙为 0.1～0.45mm 的要求。

（3）反计算举例。

【例 10-4】 如图 10-28（a）所示齿轮箱，根据使用要求，应保证间隙 A_0 在 1～1.75mm 之间。已知各零件的公称尺寸为（单位为 mm）：$A_1=140\text{mm}$，$A_2=A_5=5\text{mm}$，$A_3=101\text{mm}$，$A_4=50\text{mm}$。用“等精度法”求各环的极限偏差。

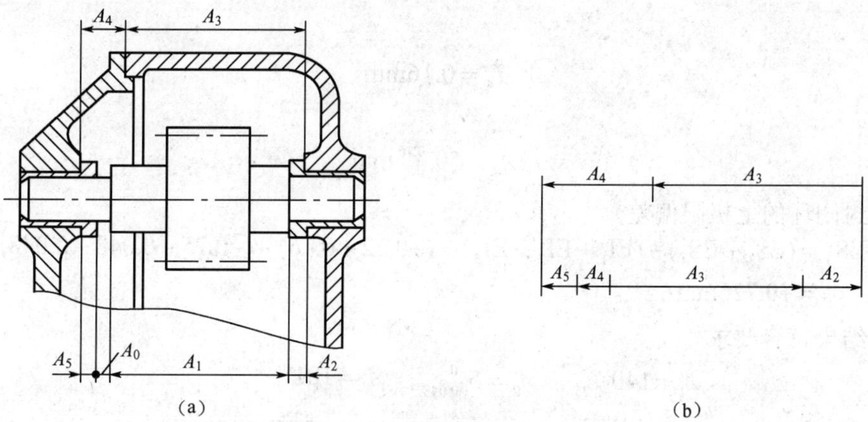

图 10-28　齿轮箱部件尺寸链

解：① 由于间隙 A_0 是装配后得到的，故为封闭环；尺寸链线图如图 10-28（b）所示，其中 A_3、A_4 为增环，A_1、A_2、A_5 为减环。

② 计算封闭环的公称尺寸：

$$A_0=(A_3+A_4)-(A_1+A_2+A_5)=(101+50)-(140+5+5)=1\text{mm}$$

故封闭环的尺寸为 $1_{0}^{+0.75}$，T_0= 0.75mm。

③ 计算各环的公差。

由表 10-19 可查各组成环的公差单位：

$$i_1=2.52、i_2=i_5=0.73、i_3=2.17、i_4=1.56$$

各组成环相同的公差等级系数

$$a=\frac{T_0}{i_1+i_2+i_3+i_4+i_5}=\frac{750\mu\text{m}}{2.52+0.73+2.17+1.56+0.73}=97$$

查表 1-1 可知，a=97 在 IT10 级和 IT11 级之间。

根据实际情况，箱体零件尺寸大，难加工，衬套尺寸易控制，故选 A_1、A_3、A_4 为 IT11 级，A_2、A_5 为 IT10 级。查标准公差表得组成环的公差：

$$T_1=0.25\text{mm}，T_2=T_5=0.048\text{mm}，T_3=0.22\text{mm}，T_4=0.16\text{mm}$$

校核封闭环公差

$$T_0=\sum_{i=1}^{5}T_i=(0.25+0.048+0.22+0.16+0.048)\text{mm}=0.726\text{mm}<0.75\text{mm}$$

故封闭环为 $1_{0}^{+0.726}$ 。

④ 确定各组成环的极限偏差。根据“偏差入体原则”，由于 A_1、A_2、A_5 相当于被包容尺寸，故取其上极限偏差为零，即 $A_1=140_{-0.25}^{0}$mm， $A_2=A_5=5_{-0.048}^{0}$mm。A_3和A_4均为同向平面间距离，A_4留作调整环，取 A_3 的下极限偏差为零，即 $A_3=101_{0}^{+0.726}$mm 。

根据

$$\text{EI}_0=\sum_{z=1}^{n}\text{EI}_z-\sum_{j=n+1}^{m}\text{ES}_j$$

$$0=(0+\text{EI}_4)-(0+0+0)$$

解得

$$\text{EI}_4=0$$

由于

$$T_4=0.16\text{mm}$$

故

$$A_4=50_{0}^{+0.16}\text{mm}$$

校核封闭环的上极限偏差

$$\begin{aligned}\text{ES}_0&=(\text{ES}_3+\text{ES}_4)-(\text{EI}_1+\text{EI}_2+\text{EI}_5)=(+0.22+0.16)-(-0.25-0.048-0.048)\\&=+0.726\text{mm}\end{aligned}$$

校核结果符合要求。

$$A_1=140_{-0.25}^{0}，\quad A_2=5_{-0.048}^{0}，\quad A_3=101_{0}^{+0.22}，$$
$$A_4=50_{0}^{+0.16}，\quad A_5=5_{-0.148}^{0}，\quad A_0=1_{0}^{+0.726}$$

表 10-19 公差单位数值

尺寸段/mm	-3	3～6	>6～10	>10～18	>18～30	>30～50	>50～80	>80～120	>120～180	>180～250
i/μm	0.54	0.73	0.90	1.08	1.31	1.56	1.86	2.17	2.52	2.90

习题

1. 平键连接中，键宽与键槽宽的配合采用的是哪种基准制？为什么？

2. 平键连接的配合种类有哪些？它们分别应用于什么场合？

3. 有一齿轮传动，轴和齿轮内孔用过渡配合，采用平键正常连接，轴径与内孔直径为 $\phi50$mm ，试确定键宽和高，画出轴键槽和轮毂槽的剖面图，并将尺寸、尺寸偏差、几何公差、表面粗糙度要求标注在图上。

4. 什么叫矩形花键的定心方式？有哪几种？国标为什么规定只采用小径定心？

5. 矩形花键连接的配合种类有哪些？各适用于什么场合？

6. 影响花键连接的配合性质有哪些因素？

7. 某矩形花键连接的标记代号为 6×26H7/g6×30H10/a11×6H11/f9，试确定内、外花键主要尺寸的极限偏差及极限尺寸。

8. 滚动轴承的精度分为几级？各应用在什么场合？

9．选择轴承与结合件配合的主要依据是什么？

10．滚动轴承的内、外径公差带布置有何特点？

11．某机床转轴上安装 308P6 向心球轴承，其内径为 40mm，外径为 90mm，该轴承承受着一个 4000N 的定向径向负荷，轴承的额定动负荷为 31 400N，内圈随轴一起转动，而外圈静止，试确定轴径与外壳孔的极限偏差、几何公差值和表面粗糙度参考数值，画出与该轴承装配的轴颈、箱体孔剖面图，并把所选的公差代号和各项公差标注在图纸上。

12．什么叫尺寸链？有何特点？如何确定尺寸链的封闭环？

13．如图 10-29 所示，加工一套筒，按尺寸 $A_1=16_{-0.2}^{\ 0}$ mm，$A_2=10_{\ 0}^{+0.1}$ mm，求 A_0 的公称尺寸和偏差。

14．如图 10-30 所示的链轮部件及其支架，要求装配后轴间间隙 $A_0=0.2\sim0.5$mm，试按完全互换法和大数互换法确定各零件尺寸极限偏差。

15．某一曲轴部件，装配后如图 10-31 所示，在调试过程中发现曲轴肩和衬套端面有划伤现象。装配图上要求轴向间隙 A_0=0.15～0.25mm，而零件图上要求 $A_1=160_{\ 0}^{+0.06}$ mm，$A_2=A_3=80_{-0.05}^{-0.01}$ mm，试验算零件图上所定的尺寸要求是否合理，若不合理加以改进。

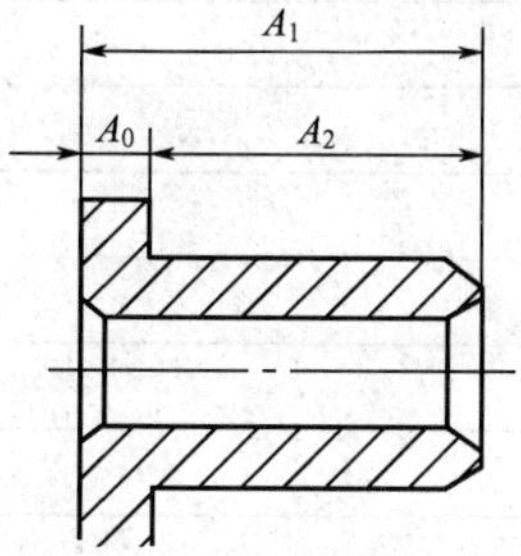

图 10-29

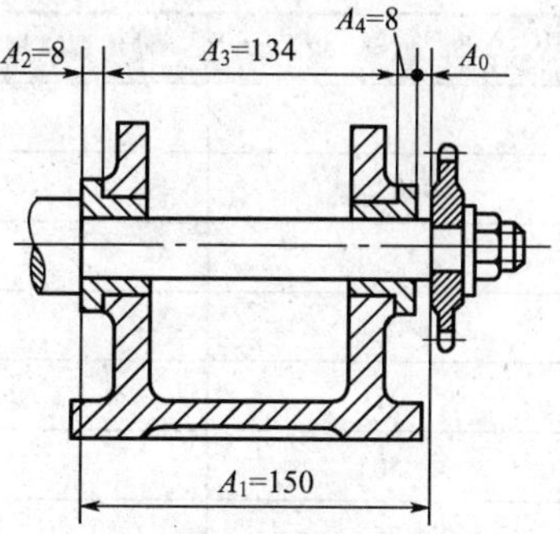

图 10-30

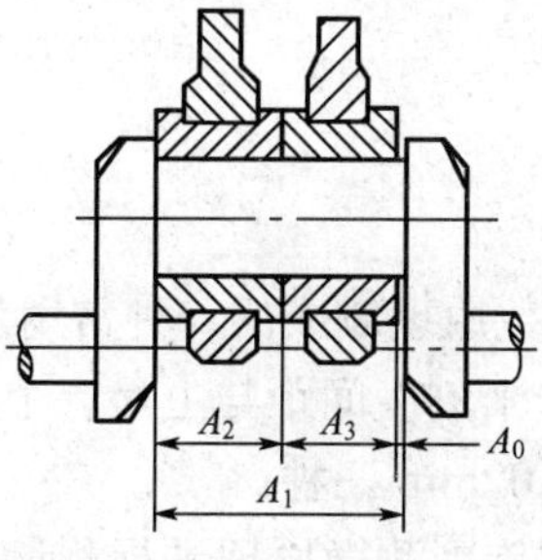

图 10-31

附录A 项目操作实训

A.1 外圆和长度测量

前面已经学过尺寸公差的相关知识，那么如何检测工件的外圆和长度尺寸误差呢？可以根据表 A-1 的要求，分析选择用何种规格的计量器具，确定测量部位、测量次数、数据处理办法及判断工件的合格与否。

表 A-1 零件测量报告 单位：mm

检测项目	图纸要求	使用器具规格	实测结果	结论
量块				
外圆	$\phi40_{-0.039}^{0}$			
	$\phi45_{-0.039}^{0}$			
	$\phi48_{-0.1}^{0}$			
长度或深度	25			
	50			
	85			
	$20_{0}^{+0.1}$			

A.1.1 常用量具和测量方法

1. 长度测量中常用量具

（1）游标类量具：利用游标读数原理制成的一种常用量具。将主尺刻度（n-1）格宽度等于游标刻度 n 格的宽度，使游标一个刻度间距与主尺一个刻度间距相差一个读数值。游标量具的分度值有 0.1mm、0.05mm、0.02mm 三种。

（2）螺旋测微类量具：利用螺旋副测微原理进行测量的一种量具。根据不同用途螺旋测微类量具可分为外径千分尺、公法线千分尺、深度千分尺等。分度值为 0.01mm。

（3）光学量仪：利用光学原理制成的光学量仪，在长度测量中应用比较广泛的有光学投影仪、测长仪等。卧式测长仪是长度计量中应用广泛的光学计量仪器之一。因其设计符合阿贝原理，又称为阿贝测长仪。卧式测长仪不仅能测量外尺寸，还能进行各种内尺寸的测量，如内孔、内螺纹中径等。由于该仪器测量精度高，因而在精密测量中应用广泛。

2. 测量器具的选择

要测量零件上的某一几何参数，可以选择不同的量具。正确选择测量器具，既要考虑量具的精度，以保证被检工件的质量，同时也要考虑检验的经济性，不应过分追求选用高精度的测量器具。

无论采用通用测量器具，还是采用极限量规对工件进行检测都有测量误差存在，其影响如图 A-1 所示。

由于测量误差对测量结果有影响，当真实尺寸位于极限尺寸附近时，会引起误收，即把实际（组成）要素超过极限尺寸范围的工件误认为合格；误废是把实际（组成）要素在极限尺寸范围内的工件误认为不合格。可见，测量器具的精度越低，容易引起的测量误差就越大，误收和误废的概率就越大。

测量器具的精度应该与被测零件的公差等级相适应，被测零件的公差等级越高，公差值越小，则选用的测量器具精度要求高，反之亦然。但是不管采用什么样的仪器或量具，都存在着测量误差，为了保证被测零件的正确率，验收标准规定：验收极限从规定的极限尺寸向零件公差带内移动一个测量不确定度的允许值 A（安全裕度），如图 A-2 所示。

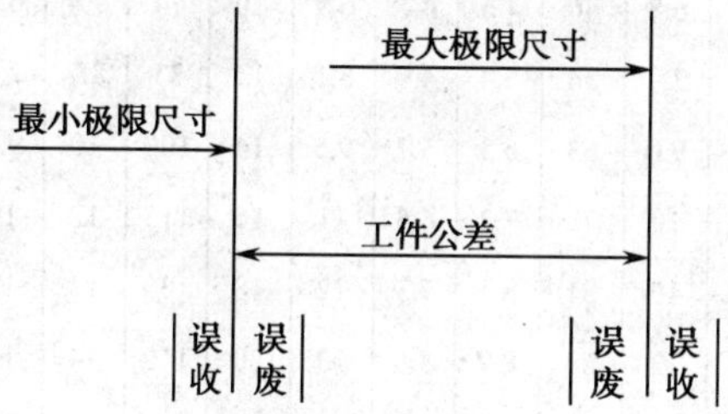

图 A-1　测量误差的影响

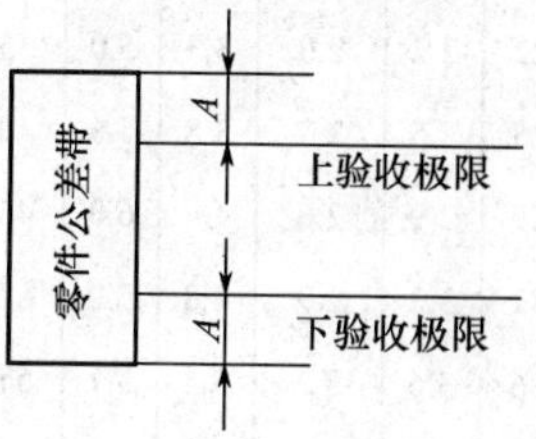

图 A-2　测量误差的影响

根据这一原则，建立了在规定尺寸极限基础上内缩的验收规则。

上验收极限=最大极限尺寸−安全裕度（A）

下验收极限=最小极限尺寸+安全裕度（A）

安全裕度 A 的确定，必须从技术和经济两方面综合考虑。A 值较大时，可选用较低精度的测量器具进行检验，但减少了生产公差，因而加工经济性差；A 值较小时，要用较精密的测量器具，加工经济性好，但测量仪器费用高，因此，A 值应按被检工件的公差大小确定，一般为工件公差的 1/10。国家标准规定的 A 值列于表 A-2 中。安全裕度相当于测量中的总的不确定度。不确定度用以表征测量过程中各项误差综合影响沿测量结果分散程度的误差界限，见表 A-3。从测量结果分析，它由两部分组成，即测量器具的不确定度（u_1）和由温度、压陷效应和工件形状误差等因素引起的不确定度（u_2）。

计量器具的选择是按计量器具的不确定度 u_1 选择的，标准规定：$u_1=0.9A$。

选择时，应使所选的计量器具不确定度等于或小于所规定的 u_1 值。

国家标准规定的计量器具不确定度的允许值见表 A-2。

不确定度的允许值（u_1）分为三挡，对工件公差 IT6～IT11 分为Ⅰ、Ⅱ、Ⅲ三挡，对 IT12～IT18 分为Ⅰ、Ⅱ两挡。

选用表 A-2 中计量器具的测量不确定度（u_1），一般情况下优先选用Ⅰ挡，其次选用Ⅱ、Ⅲ挡。

表 A-2　安全裕度（A）与计量器具的测量不确定度允许值（u_1）（摘自 GB/T 3177—1997）单位：μm

<table>
<tr><th colspan="2">公差等级</th><th colspan="5">6</th><th colspan="5">7</th><th colspan="5">8</th><th colspan="5">9</th></tr>
<tr><th colspan="2" rowspan="2">公称尺寸/mm</th><th rowspan="3">T</th><th rowspan="3">A</th><th colspan="3" rowspan="2">u₁</th><th rowspan="3">T</th><th rowspan="3">A</th><th colspan="3" rowspan="2">u₁</th><th rowspan="3">T</th><th rowspan="3">A</th><th colspan="3" rowspan="2">u₁</th><th rowspan="3">T</th><th rowspan="3">A</th><th colspan="3" rowspan="2">u₁</th></tr>
<tr></tr>
<tr><th>></th><th>至</th><th>Ⅰ</th><th>Ⅱ</th><th>Ⅲ</th><th>Ⅰ</th><th>Ⅱ</th><th>Ⅲ</th><th>Ⅰ</th><th>Ⅱ</th><th>Ⅲ</th><th>Ⅰ</th><th>Ⅱ</th><th>Ⅲ</th></tr>
<tr><td>—</td><td>3</td><td>6</td><td>0.6</td><td>0.54</td><td>0.9</td><td>1.4</td><td>10</td><td>1.0</td><td>0.9</td><td>1.5</td><td>2.3</td><td>14</td><td>1.4</td><td>1.3</td><td>2.1</td><td>3.2</td><td>25</td><td>2.5</td><td>2.3</td><td>3.8</td><td>5.6</td></tr>
<tr><td>3</td><td>6</td><td>8</td><td>0.8</td><td>0.72</td><td>1.2</td><td>1.8</td><td>12</td><td>1.2</td><td>1.1</td><td>1.8</td><td>2.7</td><td>18</td><td>1.8</td><td>1.6</td><td>2.7</td><td>4.1</td><td>30</td><td>3.0</td><td>2.7</td><td>4.5</td><td>6.8</td></tr>
<tr><td>6</td><td>10</td><td>9</td><td>0..9</td><td>0.81</td><td>1.4</td><td>2.0</td><td>15</td><td>1.5</td><td>1.4</td><td>2.3</td><td>3.4</td><td>22</td><td>2.2</td><td>2.0</td><td>3.3</td><td>5.0</td><td>36</td><td>3.6</td><td>3.3</td><td>5.4</td><td>8.1</td></tr>
<tr><td>10</td><td>18</td><td>11</td><td>1.1</td><td>1.0</td><td>1.7</td><td>2.5</td><td>18</td><td>1.8</td><td>1.7</td><td>2.7</td><td>4.1</td><td>27</td><td>2.7</td><td>2.4</td><td>4.1</td><td>6.1</td><td>43</td><td>4.3</td><td>3.9</td><td>6.5</td><td>9.7</td></tr>
<tr><td>18</td><td>30</td><td>13</td><td>1.3</td><td>1.2</td><td>2.0</td><td>2.9</td><td>21</td><td>2.1</td><td>1.9</td><td>3.2</td><td>4.7</td><td>33</td><td>3.3</td><td>3.0</td><td>5.0</td><td>7.4</td><td>52</td><td>5.2</td><td>4.7</td><td>7.8</td><td>12</td></tr>
<tr><td>30</td><td>50</td><td>16</td><td>1.6</td><td>1.4</td><td>2.4</td><td>3.6</td><td>25</td><td>2.5</td><td>2.3</td><td>3.8</td><td>5.6</td><td>39</td><td>3.9</td><td>3.5</td><td>5.9</td><td>8.8</td><td>62</td><td>6.2</td><td>5.6</td><td>9.3</td><td>14</td></tr>
<tr><td>50</td><td>80</td><td>19</td><td>1.9</td><td>1.7</td><td>2.9</td><td>4.3</td><td>30</td><td>3.0</td><td>2.7</td><td>4.5</td><td>6.8</td><td>46</td><td>4.6</td><td>4.1</td><td>6.9</td><td>10</td><td>74</td><td>7.4</td><td>6.7</td><td>11</td><td>17</td></tr>
<tr><td>80</td><td>120</td><td>22</td><td>2.2</td><td>2.0</td><td>3.3</td><td>5.0</td><td>35</td><td>3.5</td><td>3.2</td><td>5.3</td><td>7.9</td><td>54</td><td>5.4</td><td>4.9</td><td>8.1</td><td>12</td><td>83</td><td>8.7</td><td>7.8</td><td>13</td><td>20</td></tr>
<tr><td>120</td><td>180</td><td>25</td><td>2.5</td><td>2.3</td><td>3.8</td><td>5.6</td><td>40</td><td>4.0</td><td>3.6</td><td>6.0</td><td>9.0</td><td>63</td><td>6.3</td><td>5.7</td><td>9.5</td><td>14</td><td>100</td><td>10</td><td>9.0</td><td>15</td><td>23</td></tr>
<tr><td>180</td><td>250</td><td>29</td><td>2.9</td><td>2.6</td><td>4.4</td><td>6.0</td><td>46</td><td>4.6</td><td>4.1</td><td>6.9</td><td>10</td><td>72</td><td>7.2</td><td>6.5</td><td>11</td><td>16</td><td>115</td><td>12</td><td>10</td><td>17</td><td>26</td></tr>
<tr><td>250</td><td>315</td><td>32</td><td>3.2</td><td>2.9</td><td>4.8</td><td>7.2</td><td>52</td><td>5.2</td><td>4.7</td><td>7.8</td><td>12</td><td>81</td><td>8.1</td><td>7.3</td><td>12</td><td>18</td><td>130</td><td>13</td><td>12</td><td>19</td><td>29</td></tr>
<tr><td>315</td><td>400</td><td>36</td><td>3.6</td><td>3.2</td><td>5.4</td><td>8.1</td><td>57</td><td>5.7</td><td>5.1</td><td>8.4</td><td>13</td><td>89</td><td>8.9</td><td>8.0</td><td>13</td><td>20</td><td>140</td><td>14</td><td>13</td><td>21</td><td>32</td></tr>
<tr><td>400</td><td>500</td><td>40</td><td>4.0</td><td>3.6</td><td>6.0</td><td>9.1</td><td>63</td><td>6.3</td><td>5.7</td><td>8.5</td><td>14</td><td>97</td><td>9.7</td><td>8.7</td><td>15</td><td>22</td><td>155</td><td>16</td><td>14</td><td>23</td><td>35</td></tr>
</table>

表 A-3　千分尺和游标卡尺的不确定度　　单位：mm

<table>
<tr><th rowspan="3">尺寸范围</th><th colspan="4">计量器具的类型</th></tr>
<tr><th>分度值 0.01
外径千分尺</th><th>分度值 0.01
内径千分尺</th><th>分度值 0.02
游标卡尺</th><th>分度值 0.05
游标卡尺</th></tr>
<tr><th colspan="4">不确定度</th></tr>
<tr><td>0～50</td><td>0.004</td><td rowspan="3">0.008</td><td rowspan="9">0.020</td><td rowspan="4">0.020</td></tr>
<tr><td>50～100</td><td>0.005</td></tr>
<tr><td>100～150</td><td>0.006</td></tr>
<tr><td>150～200</td><td>0.007</td><td rowspan="3">0.013</td></tr>
<tr><td>200～250</td><td>0.008</td><td rowspan="8">0.100</td></tr>
<tr><td>250～300</td><td>0.009</td></tr>
<tr><td>300～350</td><td>0.010</td><td rowspan="3">0.020</td></tr>
<tr><td>350～400</td><td>0.011</td></tr>
<tr><td>400～450</td><td>0.012</td></tr>
<tr><td>450～500</td><td>0.013</td><td>0.025</td><td></td></tr>
<tr><td>500～600</td><td rowspan="3"></td><td rowspan="3">0.030</td><td rowspan="3"></td></tr>
<tr><td>600～700</td></tr>
<tr><td>700～800</td><td>0.015</td></tr>
</table>

A.1.2　认识游标卡尺

游标卡尺是一种应用游标原理所制成的量具，如图 A-3 所示。常见的游标类量具有游标卡尺、数显卡尺、游标深度尺、游标高度尺等，其特点是结构简单、使用方便、测量范围较大、精度低。游标卡尺主要应用于车间现场进行低精度测量，常用来测量工件的外径、内径、长度、宽度、深度及孔距等。

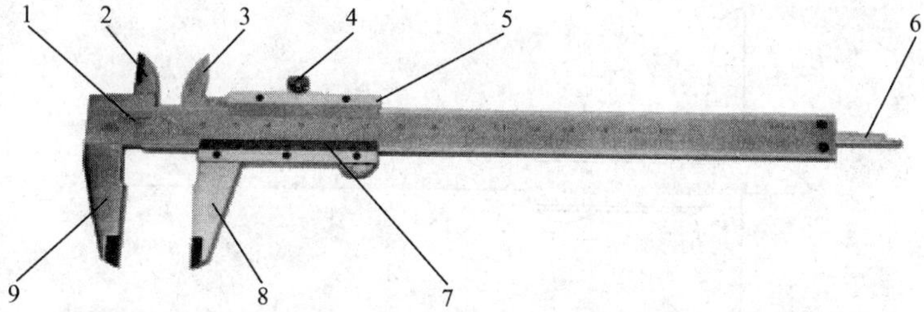

1—主尺；2、3—内量爪；4—紧固螺钉；5—游标；6—测深尺；7—游标；8、9—外量爪

图 A-3　游标卡尺外形

1. 游标规格

游标卡尺的分度值为 0.02mm、0.05mm 等，测量范围一般为 0～150mm、0～200mm、0～300mm、0～500mm、0～1000mm、0～2000mm 及 0～3000mm。

2. 测量前的注意事项

（1）游标卡尺的刻度和数字应清晰。

（2）不应有锈蚀、磕碰、断裂、划痕或影响其他使用性能的缺陷。

（3）用手轻轻推游标 5 和 7，游标在主尺上移动应平稳，不应有阻滞或松动现象，紧固螺钉的作用要可靠。

（4）经上述检查并符合要求后，用干净的布或软纸擦净测量面，然后推动游标尺，使两测量面接触，观察两测量面之间的间隙应符合要求。

3. 测量时的注意事项

（1）测量面与工件被测量面之间的接触既要紧密，又不会因施加的压力过大造成较大的测量误差，甚至损坏卡尺的测量爪或被测工件的测量面。

（2）由于游标卡尺和被测工件都存在热胀冷缩的性能，所以在测量时，应尽可能使卡尺和被测工件温度一致，以保证测量值的准确性。

（3）不准把卡尺当作卡板、扳手使用，或把测量爪当作划针、圆规使用。

4. 游标卡尺的保养

（1）卡尺用完后，应用干净的棉布将其擦干净，使测量面间留有一定间隙，平放入木盒内。若较长时间不使用，则应用汽油擦洗干净，并涂一层薄的防锈油。

（2）卡尺不能放在磁场附近，以免磁化，影响正常使用。

（3）非专业修理人员不得随意拆卸游标卡尺。

A.1.3 认识深度游标卡尺

1. 深度游标卡尺的用途和种类

深度游标卡尺主要用于测量凹槽或孔的深度、梯形工件的梯层高度、长度等尺寸，平常被简称为“深度尺”。它分为普通游标式、带表式和电子数显式三大类，如图 A-4 所示。

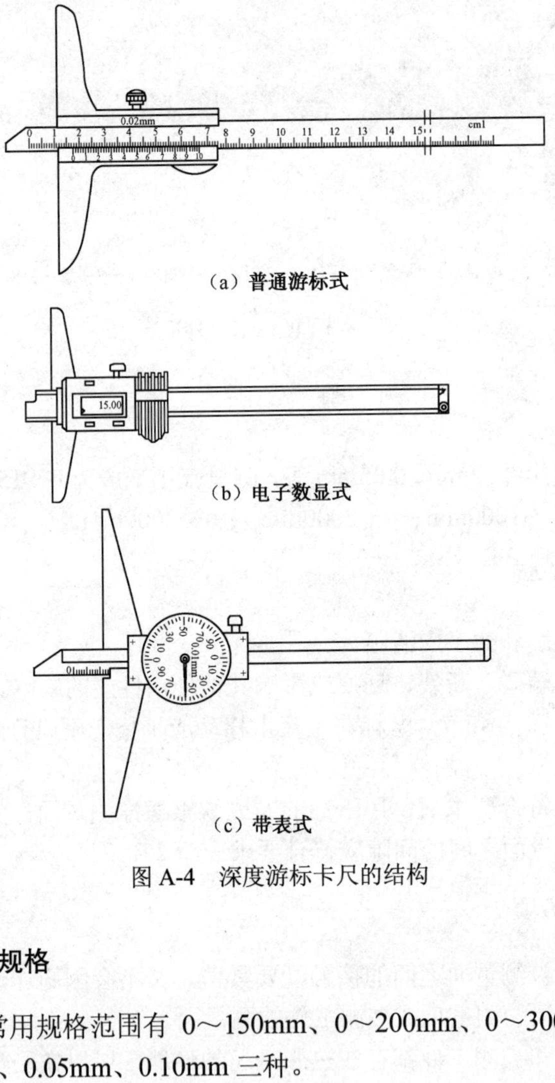

（a）普通游标式

（b）电子数显式

（c）带表式

图 A-4 深度游标卡尺的结构

2. 深度游标卡尺规格

深度游标卡尺的常用规格范围有 0～150mm、0～200mm、0～300mm、0～500mm 等几种，分度值有 0.02mm、0.05mm、0.10mm 三种。

3. 使用方法

（1）先移动深度尺的主尺，使其伸出长度略小于被测量长度值。

（2）将深度尺插入凹槽中，并使深度尺的尺座抵靠在凹槽的外沿上，保持深度尺与凹槽端面垂直，一只手按住尺座，另一只手轻轻拉动尺身，使尺身继续伸出直至接触到凹槽的底部为止，如图 A-5 所示。

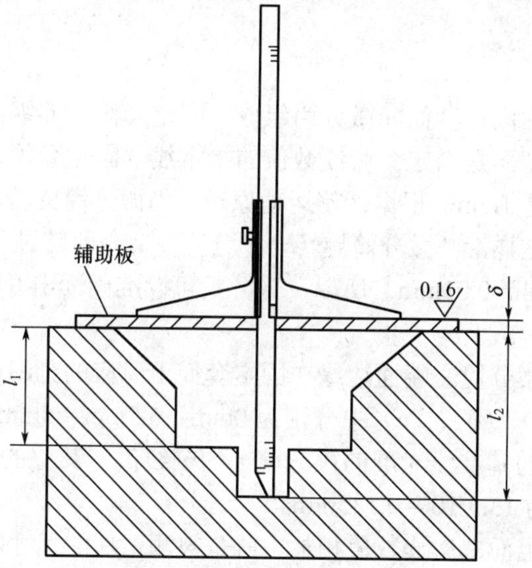

图 A-5 深度尺测量大口孔或槽

A.1.4 认识外径千分尺

外径千分尺属于微动螺旋类量具，是利用螺旋副进行测量的一种量具。微动螺旋类量具除了最常见的外径千分尺之外，还有内径千分尺、深度千分尺等，其特点是以精密螺纹作标准量，结构也比较简单，原理误差小，精度比游标类量具高，主要用于车间现场的一般精度的测量。

外径千分尺结构如图 A-6 所示，它由固定的尺架、固定测头、活动测头、螺纹轴套、固定套筒、微分筒、测力装置和锁紧装置等构成。在固定套筒上有一条水平线，该线上、下各有一列间距为 1mm 的刻度线，且上面的刻度线正好位于下面两相邻刻度线的中间。微分筒上的刻度线将圆周 50 等分，它可以做旋转运动。

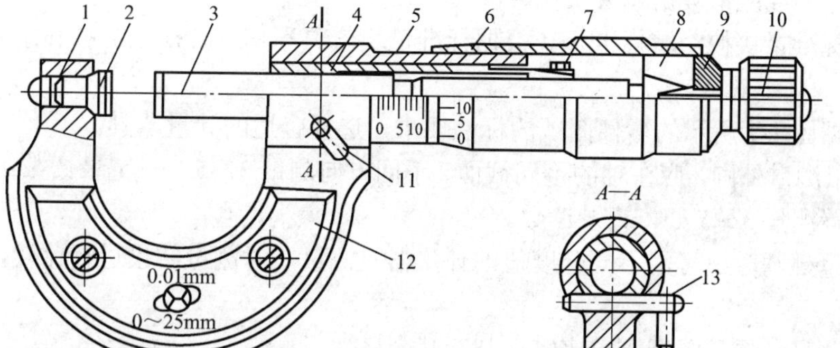

1—尺架；2—固定测头；3—活动测头；4—螺纹轴套；5—固定套筒；6—微分筒；7—调节螺母；8—接头；9—垫片；10—测力装置；11—锁紧装置；12—隔热装置；13—锁紧轴

图 A-6 外径千分尺结构

1. 外径千分尺规格

外径千分尺分度值为 0.01mm，规格有 0～25mm、25～50mm、50～75mm，直至 600mm 等多种。

2. 外径千分尺读数方法

千分尺的读数机构由固定套筒和微分筒组成，固定套筒上的纵向刻线是微分筒读数值的基准线，而微分筒的左端面是固定套筒读数值的指示线。固定套筒纵刻线的上下两侧各有一排均匀刻线，其间距都是1mm。根据螺旋运动原理，当微分筒旋转一周时，活动测头前进或后退一个螺距0.5mm。这样，当微分筒旋转一个分度值后，即转过了1/50周，这时活动测头沿轴线移动了1/50×0.5mm=0.01mm。所以，千分尺可以准确读出0.01mm的数值。测量时，具体读数分以下三个步骤。

（1）读整数。读出微分筒左端面边缘在固定套筒上对应的刻线值，即被测工件的整数或0.5mm数。在图A-7（a）、（b）、（c）中分别为0mm、6.5mm、5mm。

（2）读小数。找出与基准线对准的微分筒上的刻线值，其值的读法为该刻线值/100，在图A-7（b）、（c）中都为13.5/100=0.135mm。

（3）整个读数。将上面二次读数值相加，就是被测工件的尺寸。图A-7（a）、（b）、（c）工件的最终读数分别为0mm、6.635mm和5.135mm。

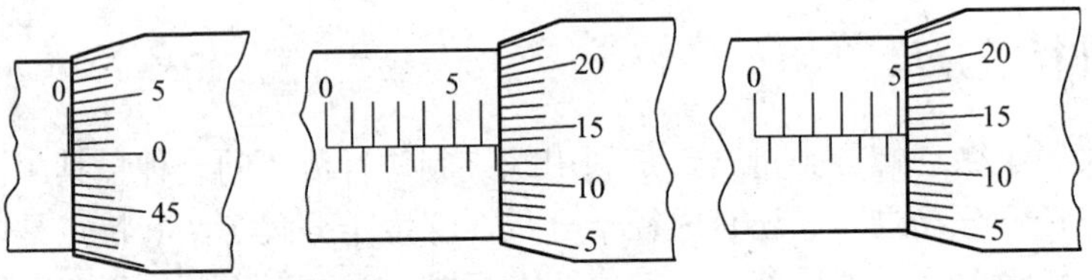

（a）　（b）　（c）

图A-7　外径千分尺读数

A.1.5　测量步骤

（1）校对游标卡尺、外径千分尺等测量器具的零位。若零位不能对正，则记下此时的代数值，将零件的各测量数据减去该代数值。

（2）用标准量块校对游标卡尺。根据标准量块值熟悉掌握游标尺卡脚和量块测量面接触的松紧程度。

（3）根据图1-1所示的零件图纸的标注要求，选择合适的计量器具。

（4）如果测量外圆，应在轴的不同截面、不同方向测量3～5处，记录读数；若测量长度，可沿圆周位置测量3～5处，记录读数。

（5）测量外圆时，可用不同分度值的计量器具测量，对测量结果进行比较，判断测量的准确性。

（6）将测量结果和图纸要求比较，判断其合格性。

（7）写出实训报告，见表A-1。

A.2　内孔和中心高测量

前面已经学过配合和基准制的相关知识，请分析图2-1和图2-2中所需检测部位，如何检测工件的内孔和中心高尺寸误差呢？可以根据表A-4的要求，分析选择用何种规格的计量器具，确定测量部位、测量次数、数据处理办法及判断工件合格与否。

表 A-4　零件测量要求　　单位：mm

测量项目	图纸要求	计量器具	实测					实测结果	结论
			1	2	3	4	5		
内孔	$\phi30^{+0.033}_{0}$								
	$4\times\phi7$								
中心高	$90^{0}_{-0.054}$								

本项目要求同学们掌握百分表、内径百分表、杠杆百分表、量块和光滑极限量规的使用和它们的结构，并能正确读数。在使用上述计量器具时，要求正确调整校对计量器具。

A.2.1　通用计量器具测量内孔尺寸

使用普通计量器具测量孔尺寸，是指用游标卡尺、内径百分表等，对公差等级为 6～18 级，基本尺寸至 500mm 的光滑工件尺寸进行检验。标准 GB/T 3177—2009《光滑工件尺寸的检测》规定了有关验收的方法和要求。

下面介绍使用内径百分表测量内孔尺寸。

1. 百分表结构

百分表是利用机械传动机构，将测头的直线移动转变为指针的旋转运动的一种测量仪，主要用于装夹工件时的找正和检查工件的形状、位置、跳动误差等。百分表的分度值为 0.01mm，测量范围一般有 0～3mm、0～5mm、0～10mm 和 0～50mm 四种。其外形和结构如图 A-8 所示。

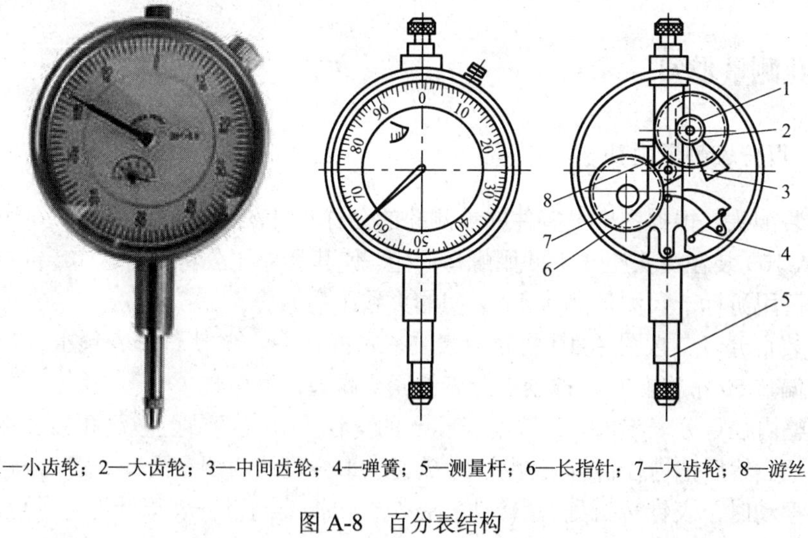

1—小齿轮；2—大齿轮；3—中间齿轮；4—弹簧；5—测量杆；6—长指针；7—大齿轮；8—游丝

图 A-8　百分表结构

2. 杠杆百分表

杠杆百分表又被称为杠杆表或靠表，是利用杠杆—齿轮传动机构或者杠杆—螺旋传动机构，将尺寸变化为指针角位移，并指示出长度尺寸数值的计量器具。用于测量工件几何形状误差和相对位置，并可用比较法测量。分度值为 0.01mm，如图 A-9 所示。

图 A-9　杠杆百分表

3. 内径百分表

1）内径百分表规格与结构

内径百分表是测量内孔的一种常用量仪，其分度值为 0.01mm，测量范围一般为 6～10、10～18、18～35、35～50、50～160、160～250、250～400 等，单位为 mm。图 A-10 所示为内径百分表的结构图。

2）内径百分表的工作原理

在图 A-10 中，百分表 7 的测杆与传动杆 5 始终接触。弹簧 6 控制测量力，并经传动杆 5、杠杆 8 向外侧顶靠在活动测头 1 上。测量时，活动测头 1 的移动使杠杆 8 绕其固定轴转动，推动传动杆 5 传至百分表 7 的测杆，使百分表指针偏转显示工件值。为使内径百分表的测量轴线通过被测孔的圆心，内径百分表设有定位装置 9，起到找正直径位置的作用，因为可换测头 2 和活动测头 1 的轴线即为定位装置的中垂线，此定位装置保证了可换测头和活动测头的轴线位于被测孔的直径位置上，以保证测量的准确性。

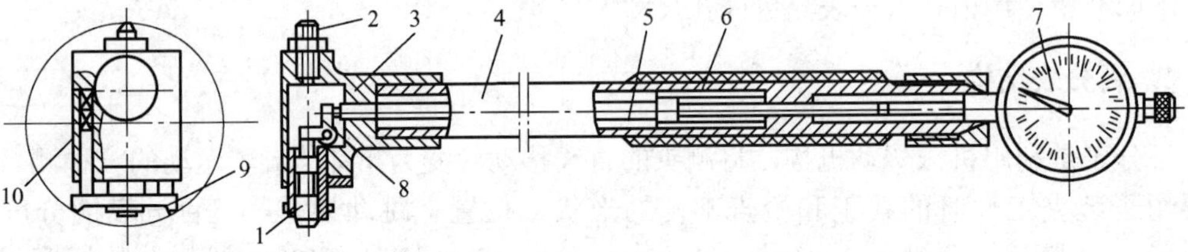

1—活动测头；2—可换测头；3—测头座；4—量杆；5—传动杆；6—弹簧；7—百分表；8—杠杆；9—定位装置；10—弹簧

图 A-10　内径百分表

A.2.2　内孔测量步骤

1. 内径百分表测量内孔

（1）安装测头。根据图 2-1 零件的被测孔的公称尺寸ϕ30mm，选择 18～35mm 的可换测头 2（见图 A-10）装在测头座 3 上并用螺母固定。使其尺寸比公称尺寸大 0.5mm（即 30.5mm）左右（此时可用游标卡尺测量测头 1、2 间的大致距离）。

（2）安装百分表。按图 A-10 将百分表装入量杆 4 中，并使百分表预压 0.2～0.5mm，即百分表指针偏转 50 小格左右，拧紧百分表的紧定螺母。

（3）调整内径百分表零位。将 25～50mm 的外径千分尺调节至被测孔的公称尺寸 30mm，并锁紧千分尺。然后把内径百分表测头 1、2 置于千分尺的两测量面间，摆动内径百分表，找到最小值（摆动时，表针转折处），转动表壳，将转折处的百分表指针调到零位。

（4）读数方法。采用相对法读数，首先观察测量时的百分表上小表针所处的位置是否和在外径千分尺中的位置一致（小指针一格为 1mm），若一致，其尺寸为 30mm；若不一致，则与刚才的零位进行比较。若指针过了零位 7 格，即−0.07mm，则孔的尺寸为 29.93mm。

（5）开始测量。参照图 A-11，将调整好的内径百分表测头插入被测孔内，摆动内径百分表，找到最小值（即指针转折处），记下该位置内孔的直径尺寸。

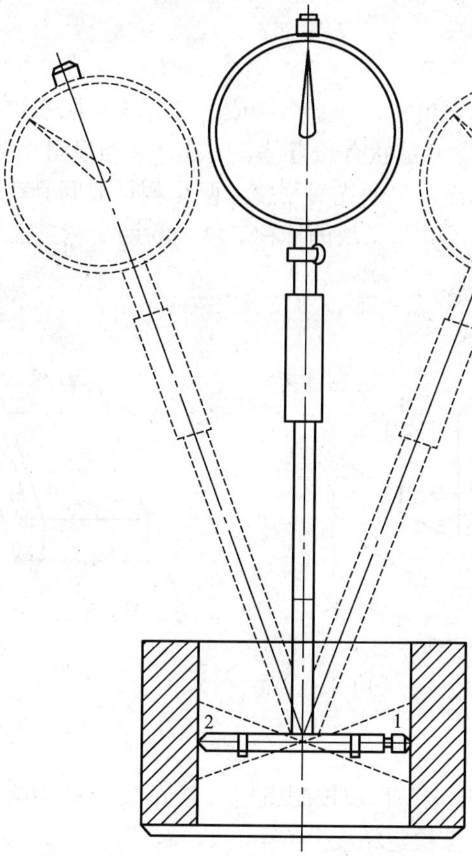

图 A-11　内孔测量

（6）在内孔中的不同位置和不同方向进行多次测量，记下直径尺寸。

（7）根据测量结果判断被测孔的合格性，写出实训报告，记录在表 A-4 中。

2. 游标卡尺测量内孔

当被测孔尺寸的精度较低（初学者，一般公差在 0.05mm 以上）或为一般公差（也称未注尺寸公差）时，采用游标卡尺测量，如图 A-12 所示。

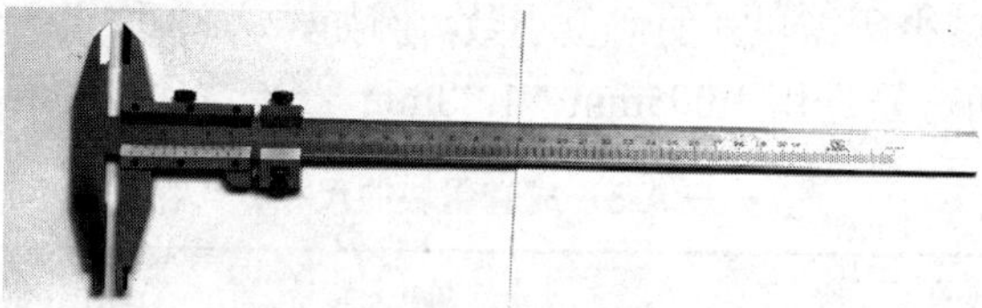

图 A-12　游标卡尺

采用 300mm 及以上规格的游标卡尺测量内孔尺寸时，按图 A-12 所示游标的下测量脚测量内孔，孔的尺寸为游标尺的读数加上游标脚本身的尺寸。

A.2.3　中心高测量

支架中心高的测量采用相对测量法，即中心高和标准量块进行对比，从而得出零件内孔所在的中心高度。下面先介绍量块。

1）量块的材料和形状

量块是没有刻度的标准量具，用特殊合金钢制成，具有线膨胀系数小，不易变形、硬度高、耐磨性好及研合性好等特点。其形状有长方体、圆柱体和角度量块等。如图 A-13 所示为长方体量块，有两个平行的测量面，表面光滑平整。两个测量面间具有精确的尺寸。另外还有四个非测量面。量块上标出的尺寸为量块的标称长度，为两个测量面间的距离。

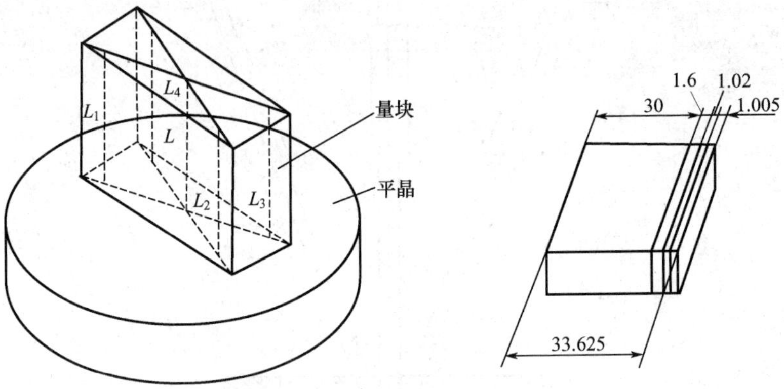

图 A-13　量块

2）量块的精度等级

按照 GB 6093—85 的标准规定，量块按制造精度分 6 级：00，0，1，2，3 和 k 级，00 精度级最高。在计量部门，量块按检定精度分 6 等：1，2，3，4，5，6 等，1 等精度最高。

生产现场使用量块一般按制造等级，即按“级”使用。例如，标称长度为 30mm 的 0 级量块，其长度偏差为±0.000 20mm，若按“级”使用，不管该量块的实际尺寸如何，均按 30mm 计，则引起的测量误差就为±0.000 20mm。但是，若该量块经过检定后，确定为 3 等，其实际尺寸为 30.000 12mm，测量极限误差为±0.000 15mm。

3）量块的使用

为能用较少的块数组合成所需的尺寸，量块按一定的尺寸系列成套生产，使用时一般要进行组合。表 A-5 列出了两种量块的尺寸系列。在组合使用量块时，为了见效量块组合的累积误差，应尽量减少使用块数，一般不超过 4 块。选用量块，应根据所需尺寸的最后一位数字选择，每选一块至少减少所需尺寸的一位小数。例如，从 83 块组一套的量块中选取尺寸为 28.785mm 量块时，则可分别选用 1.005mm、1.28mm、6.5mm、20mm 共 4 块量块。

表 A-5　成套量块的尺寸

总 块 数	级　　别	尺寸系列/mm	间隔/mm	块　　数
83	00，1，2，（3）	0	—	1
		1	—	1
		1.005	—	1
		1.01，1.02，…，1.49	0.01	49
		1.5，1.6，…，1.9	0.1	5
		2.0，2.5，…，9.5	0.5	16
		10，20，…，100	10	10

续表

总块数	级别	尺寸系列/mm	间隔/mm	块数
46	0，1，2	1	—	1
		1.001，1.002，1.009	1.001	9
		1.01，1.02，…，1.09	1.01	9
		1.1，1.2，…，1.9	0.1	9
		2，3，…，9	1	8
		10，20，…，100	10	10

A.2.4 中心高测量步骤

（1）首先把检验平板和被测零件擦干净，然后将图 2-1 中零件的 *A* 面（基准）放在检验平板上，用塞尺检查零件和检验平板是否接触良好（以最薄的那片塞尺不能插入为准）。

（2）将杠杆百分表装入磁性表座。

（3）量块的尺寸计算：

量块高度=中心高公称尺寸（90mm）-被测孔实际半径

（4）根据以上量块高度，选择合适的量块将之组合（尽量不超过四块），并用组合量块校正杠杆百分表零位。校正时，杠杆百分表压表 0.5mm 左右（即指针转过 50 小格）。

（5）移动已调整好的表座，将杠杆百分表的测量头伸入被测内孔，找到被测孔的最低位置，读出杠杆百分表的值，并计算其孔下壁到基准面的高度值。

（6）重复第 5 步，沿轴线方向测量几处位置，并做记录。

（7）将被测零件转过 180°（绕垂直于 *A* 面的轴线旋转），再次重复第 5 步。

（8）将上述的高度值加上被测的孔的实际半径尺寸，即为中心高值，记录在实训报告中。

（9）根据被测零件的中心高要求，判断其合格性，完成零件测量报告。

A.3 几何误差检测

前面已经学过几何公差的相关知识，那么如何检测工件的形状、方向、位置和跳动误差呢？可以根据图 3-1～图 3-3 的要求分析选择用何种规格的计量器具，确定测量部位、测量次数、数据处理办法及判断工件的合格与否，填入表 A-6。

表 A-6 零件测量报告

检测项目	图纸要求	使用器具规格	实测结果	结论
平行度	// | 0.03 | *C*			
	// | 0.025 | *B*			
垂直度	⊥ | 0.02 | *A*			
对称度	≡ | 0.012 | *D*			
	≡ | 0.012 | *C*			
同轴度	◎ | *ϕ*0.025 | *B*			
圆跳动	↗ | 0.012 | *A*–*B*			
	↗ | 0.02 | *A*			

A.3.1 测量器具

1. 塞尺（厚薄规）

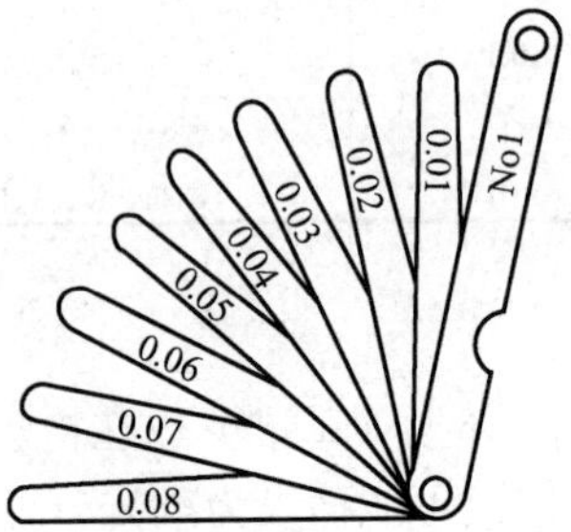

图 A-14 塞尺

塞尺是用来检查两贴合面之间间隙的薄片量尺，如图 A-14 所示。

它由一组薄钢片组成，其每片的厚度 0.01～0.08mm 不等，测量时用厚薄尺直接塞进间隙，当一片或数片能塞进两贴合面之间，则一片或数片的厚度（可由每片片身上的标记直接读出），即为两贴合面的间隙值。

使用塞尺测量时选用的薄片越薄越好，而且必须先擦干净尺面和被测面，测量时不能使劲硬塞，以免尺片弯曲和折断。

2. 偏摆仪

偏摆仪是用来检测回转体各种跳动指标的必备仪器。除能检测圆柱状和盘状零件的径向跳动和端面跳动外，安装上相应的附件，可用来检测管类零件的径向和端面跳动。

使用时，将被测零件的中心孔和偏摆仪上两顶尖擦干净，然后将零件的中心孔插入顶尖，使零件偏摆仪上不能有轴向串动，但转动自如，如图 A-15 所示。

3. 检验平板

检验平板主要分铸铁平板和大理石平板，生产车间主要以铸铁平板使用为主，主要适用于各种检验尺寸、精度、平行度、垂直度等检测工作的基准平面，在机械制造中也是不可缺少的基本工具。铸铁平板均采用优质细颗粒灰口铸铁制造，材质为 HT250～HT300，表面硬度均匀，如图 A-16 所示。

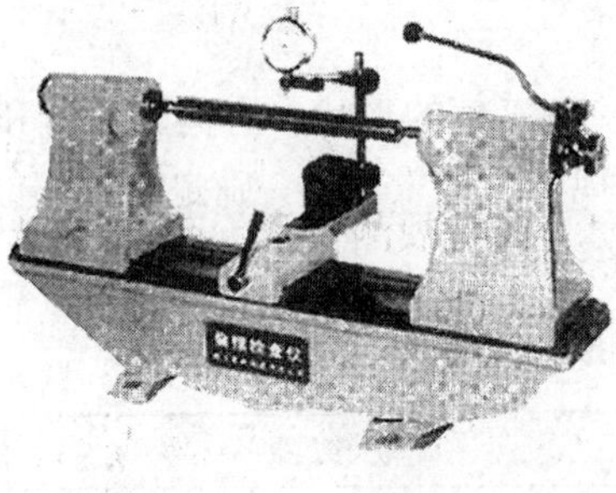

图 A-15 偏摆仪

图 A-16 铸铁平板

4. V 形铁

V 形架主要用来安放轴、套筒、圆盘等圆形工件，以便找中心线与划出中心线，如图 A-17 所示。一般 V 形架都是一副两块，精密 V 形架的尺寸、相互表面间的平行度、垂直度误差在 0.01mm 之内，V 形槽的中心线必须在 V 形架的对称平面内并与底面平行，平行度的误差也在 0.01mm 之内。V 形铁一般成对、配上检验平板同时使用。

5. 宽座角尺

宽座角尺为 90° 角尺，是检验直角用非刻线量尺，用于检测工件的垂直度。当 90° 角尺的一边与工件基准面放在检验平板上，工件的另一面与工件被测面之间透出缝隙，根据缝隙大小判断角度的误差情况。宽座角尺如图 A-18 所示。

图 A-17　V 形铁

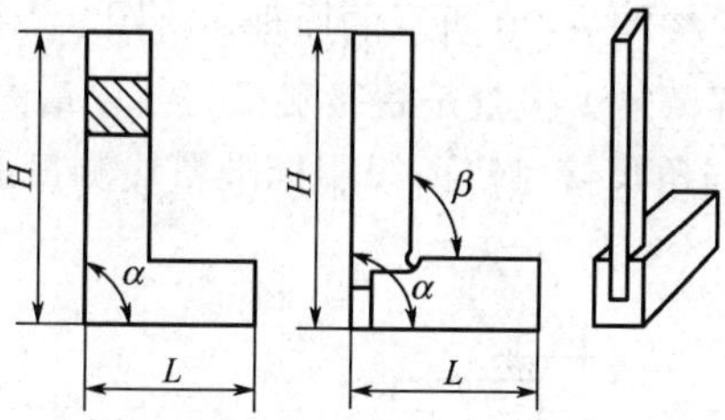

图 A-18　宽座角尺

A.3.2　几何误差检测

前面已经学习了几何公差的相关知识及测量的原则，下面介绍几种实际生产中常用的测量方法。首先要合理选用百分表和千分表，原则上公差值≥0.01mm，选用百分表测量，若被测工件的几何公差值<0.01mm，则用千分表检测。

1）平行度误差测量

平行度误差常用的方法有打表法和水平仪法。此方法采用与理想要素比较检测原则进行测量。

2）垂直度误差测量

常用的方法有光隙法（透光法）、打表法、水平仪法、闭合测量法等。本次以光隙法测量垂直度误差，用光隙法测量简单快捷，也能保证一定的测量精度。

3）跳动误差测量

跳动误差是被测表面基准轴线回转时，测头与被测面进行法向接触的指示表上最大值与最小值的差值。

4）平面度误差测量

其具体方法和测量直线度的方法基本相同，主要有间隙法、打表法、光轴法和干涉法。本次实训主要以打表法测量平面度误差。

A.3.3　测量步骤

1. 平行度误差测量

（1）测量前，擦净检验平板 2 和被测零件 1，然后按图 A-19 所示将被测零件基准放在平板 2 上，并使被测零件（图 3-2 的基准面 *C* 或图 3-3 零件的基准面 *B*）与平板工作面贴合（以最薄的厚薄规不能塞入两面之间为准）。

这样，平板的工作面既是被测零件的模拟基准，又是测量基准，以减少测量误差。

（2）将百分表装入磁性表座，百分表测量头垂直放置被测平面上，预压百分表 0.3～0.5mm，指示表指针调至零。

（3）移动表座 3，沿被测平面多个方向移动，此时，被测平面对基准的平行度由百分表

（千分表）读出，记录百分表（千分表）在不同位置的读数。

（4）所有读数中最大值减去最小值，即为平行度误差。

（5）判断零件的合格性，写出零件测量报告。

2. 垂直度误差测量

（1）按图 A-20 所示的原理，将图 3-3 被测零件基准 *A* 和宽座角尺放在检验平板上，并用塞尺（厚薄规）检查是否接触良好（以最薄的塞尺不能插入为准）。由于该零件的被测表面无法直接与角尺接触，所以用标准量块测量面或其他标准零件，将角尺垫高至测量部位。

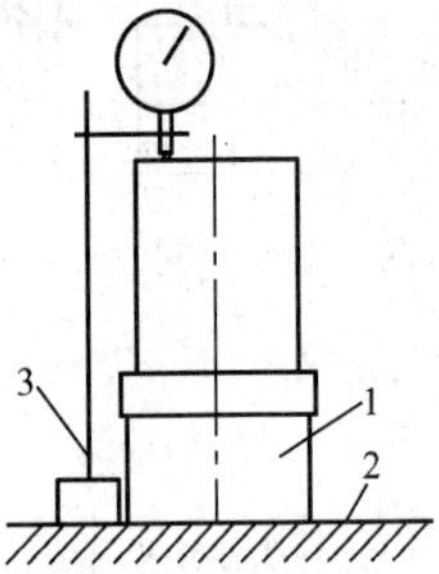

1—被测零件；2—检验平板；3—表座

图 A-19　平行度误差测量

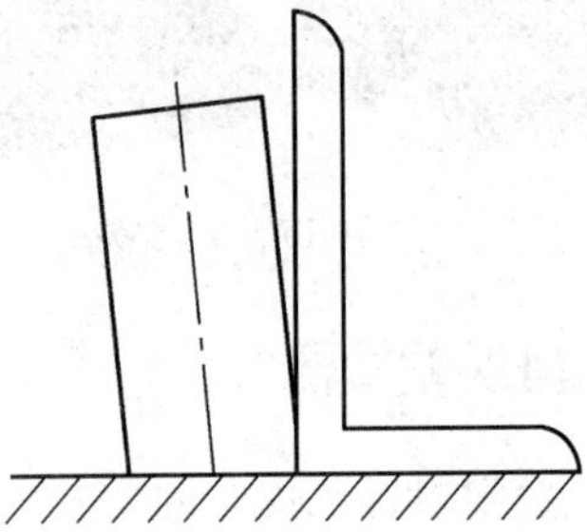

图 A-20　垂直度误差测量

（2）移动宽座角尺，对着被测表面轻轻靠近，观察光隙部位的光隙大小，或用厚薄规检查最大和最小光隙尺寸值，也可以用目测估计出最大和最小光隙值，并将其值记录下来。

（3）最大光隙值减去最小光隙值即为垂直度误差。或者，用厚薄规测量。

（4）判断零件的合格性，写出零件测量报告。

3. 跳动误差测量

（1）擦干净被测表面、基准、检验平板、V 形铁、偏摆仪顶尖等。

（2）根据图 3-1 零件的跳动要求，将零件 *A* 和 *B* 基准（$\phi65^{+0.021}_{+0.002}$）放在 V 形铁上或者利用该零件的中心孔，将其装在偏摆仪顶尖中，锁紧偏摆仪的紧定螺钉。此时被测零件不能轴向窜动但能转动自如。如果是图 3-2 零件，将 $\phi45^{\ 0}_{-0.039}$ 表面（基准面）直接放在 V 形铁上。

（3）将百分表或千分表装在磁性表座上，把百分表或千分表的测量头轻轻放在零件的被测面 $\phi65^{+0.021}_{+0.002}$、$\phi50^{\ 0}_{-0.025}$（或图 3-2 中的 $\phi40^{\ 0}_{-0.039}$ 表面）上，并压表 0.4mm 左右，然后将指示表指针调到零。

（4）轻轻转动被测零件一圈，从指示表中读出最大值和最小值并记录，其最大和最小值代数差即为该截面的跳动误差。

（5）移动磁性表座，测量被测表面的不同截面，重复步骤（3），测量结果为所有截面跳动误差中的最大值，写出零件测量报告。

注： 测量时，测量头要和回转轴线垂直。

A.4　表面粗糙度测量

前面已经学过表面粗糙度的相关知识，那么如何测量工件表面粗糙度呢？可以根据图 4-1

零件的要求，分析选择用什么计量器具，确定测量部位、测量次数、数据处理办法及判断工件的合格与否，填入表A-7。

表A-7 零件测量报告 单位：μm

测量项目	图纸要求	计量器具	取样长度	实测					测量结果	结论
				1	2	3	4	5		
仪器测量 *Ra*										
目测 *Ra*										

A.4.1 比较法

比较法是指被测表面与标有数值的表面粗糙度标准样块相比较，通过视觉、触感等方法进行比较后，对被测表面的表面粗糙度做出评定的方法。如图A-21所示为常用的表面粗糙度标准样块。比较时，所用的表面粗糙度样块的材料、形状和加工方法尽可能与被测表面相同。这种方法虽然不能准确地得出被测表面的表面粗糙度数值，但评定方便且也能满足一般的生产要求，所以广泛应用于生产现场。

图A-21 表面粗糙度标准样块

A.4.2 针描法

针描法又称感触法，是一种接触式测量表面粗糙度的方法，常用的测量仪器是电动轮廓仪，如图A-22所示。测量时，将金刚石针尖2和被测零件1接触，当针尖以一定的速度沿着被测表面移动时，由于被测表面的微小峰谷，使触针水平移动的同时还沿轮廓的垂直方向上下运动。触针的上下运动通过传感器3转换为电信号，并经计算加以处理。可对仪器上的记录数据进行分析计算，或直接从仪器的指示表5中获得 *Ra* 值。

A.4.3 测量步骤

1. TR240表面粗糙度仪测量 *Ra* 值

（1）组装驱动器。按如图A-23、图A-24和图A-25所示进行组装。

（2）将驱动器连接线的一端插入主机（测量仪），主机连接电源。

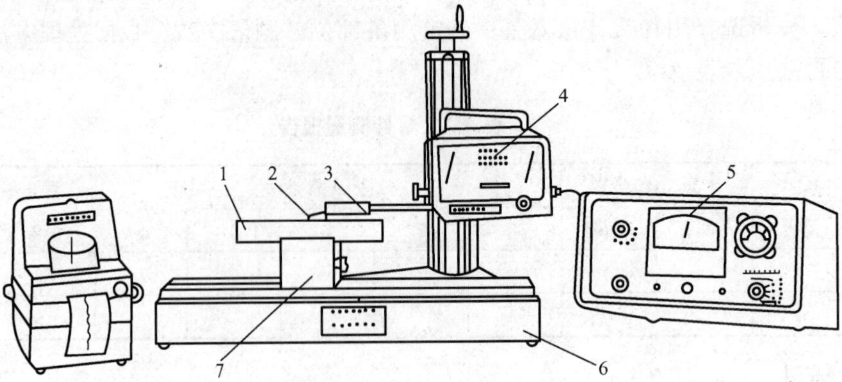

1—被测零件；2—针尖；3—传感器；4—转换器；5—指示表；6—底座；7—工作台

图 A-22　电动轮廓仪

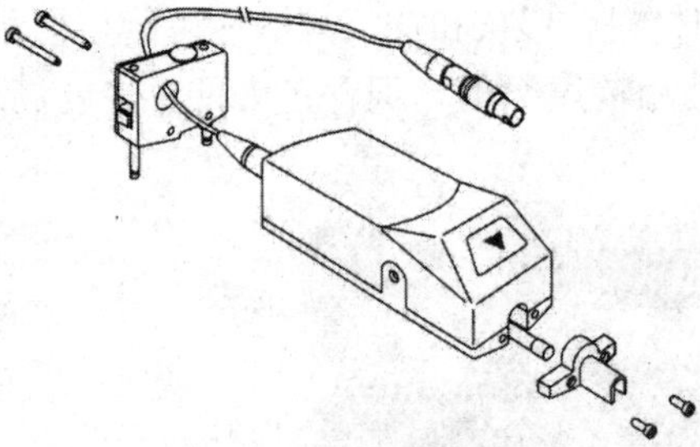

图 A-23　驱动器组件

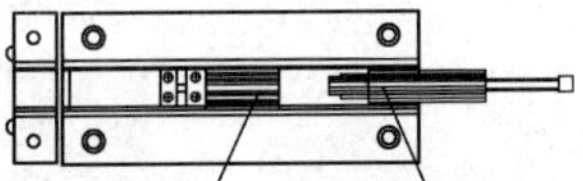

图 A-24　测头组件

（3）按 ON/OFF 键，屏幕出现 MEASURE SETUP 设置界面。

（4）在 MEASURE SETUP 界面下按“↲”进入水平调节界面。

（5）按如图 A-26 所示，将驱动器上的传感器放置在被测零件上，放置时测量杆方向要与共建表面的加工纹理方向垂直。

（6）此时，若光标处于 0 线上方，则要调长测量仪的支脚；若处于 0 线下方，则要调短测量仪的支脚（调短时要压下测量仪两侧的按钮）。

（7）通过第（6）步的调节，使水平调节屏幕光标处于 0 位置附近，即上下一格内，此时设置完毕，按下“↲”返回 MEASURE SETUP 设置界面。

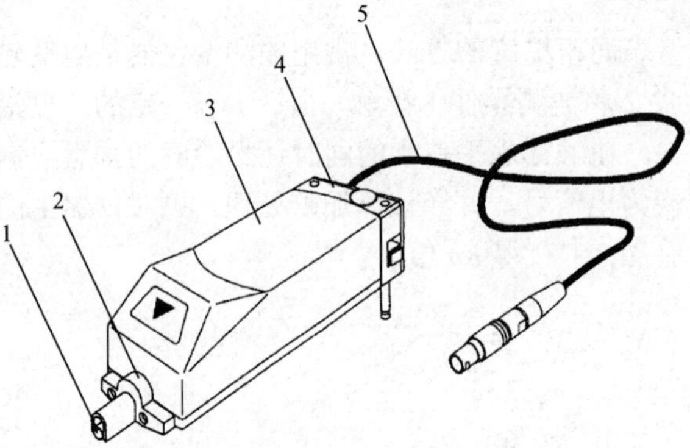

1—传感器；2—护套；3—驱动器主体；4—支杆架；5—驱动器连接线

图 A-25　驱动器连接

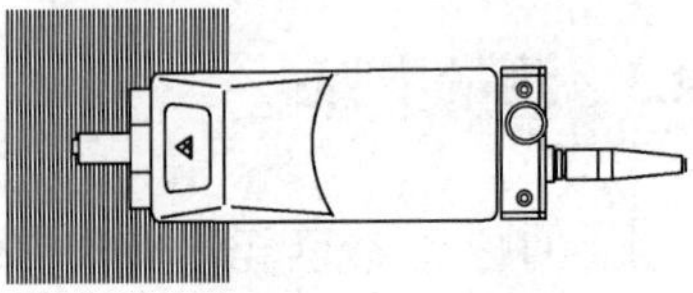

图 A-26　放置传感器

（8）取样长度选择。根据被测零件粗糙度 *Ra* 值，按照表 A-8 所列选取取样长度，调节测量仪面板上的“▲”、“▼”、“◀”、“▶”符号，以获得所需值。

（9）返回 MEASURE SETUP 设置界面后，按“▷”开始测量。

（10）读出测量仪中所显示的 *Ra* 值记录在表 A-7 中，写出实训报告。

2. 目测工件表面粗糙度

目测被测工件表面与表面粗糙度标准样块对照，比较被测表面的表面粗糙度数值，完成实训报告。

表 A-8 取样长度选择

取样长度	*Ra*	*Rz*
0.25mm	0.02～0.1μm	0.2～1μm
0.8mm	0.1～2.0μm	1～20μm
2.5mm	2.0～12.5μm	20～125μm

A.5 角度与锥度测量

前面已经学过了相关的圆锥角知识，那么如何检测内外圆锥角度的误差呢？可以根据图 5-1 零件的要求，分析选择用何种规格的计量器具，确定测量部位、测量次数、数据处理办法及判断工件的合格与否，填入表 A-9。

表 A-9 零件测量报告

<table>
<tr><th>检测项目</th><th>计量器具</th><th colspan="2">实 测</th><th>结 论</th></tr>
<tr><td rowspan="3">莫氏 3#外锥</td><td rowspan="3"></td><td>a 的数值</td><td></td><td rowspan="3"></td></tr>
<tr><td>b 的数值</td><td></td></tr>
<tr><td>tanΔα=A÷l</td><td></td></tr>
<tr><td>1 : 5</td><td></td><td colspan="2"></td><td></td></tr>
<tr><td>L</td><td colspan="4"></td></tr>
<tr><td>l</td><td colspan="4"></td></tr>
<tr><td>角度</td><td></td><td colspan="2"></td><td></td></tr>
</table>

测量锥度和角度的测量器具很多，其测量方法可分为直接量法和间接量法，直接量法又可分为相对量法和绝对量法。下面分别介绍锥度和角度的常用测量器具和测量方法。

A.5.1 仪器介绍

1. 万能游标角尺

万能游标角尺是一种结构简单的通用角度量具，其读数原理类同游标卡尺，结构如图 A-27 所示。万能角尺的读数机构是根据游标原理制成的，以分度值为 2′的万能角尺为例，其主尺刻度线每格为 1°，而游标刻线每格为 58′，即主尺 1 格与游标的 1 格的差值为 2′，它的读数方法与游标卡尺完全相同。

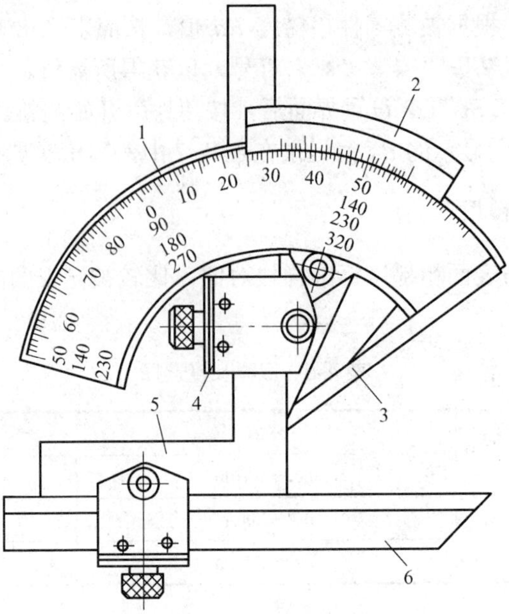

1—主尺；2—游标尺；3—基尺；4—压板；5—直角尺；6—直尺

图 A-27　万能游标角尺

测量时应先校对零位，当角尺与直尺均安装好，且 90° 直角尺的底边及基尺均与直尺无间隙接触，主尺与游标的 0 线对准时即调好零位，使用时通过改变基尺、角尺、直尺的相互位置，可测量万能角尺测量范围内的任意角度。万能角尺测量工件时，应根据所测范围组合量尺。

2. 正弦尺

正弦尺是间接测量角度的常用计量器具之一，它需和量块、千分表等配合使用。正弦尺的结构如图 A-28 所示。它由主体和两个圆柱等组成，分宽型和窄型两种。

正弦尺测量角度误差的原理是以直角三角形的正弦函数为基础，如图 A-29 所示。

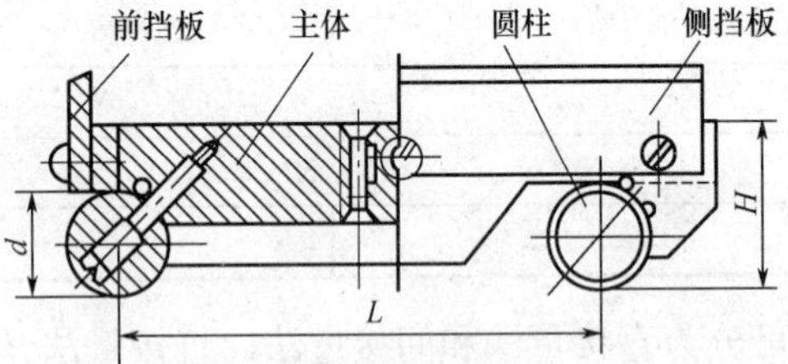

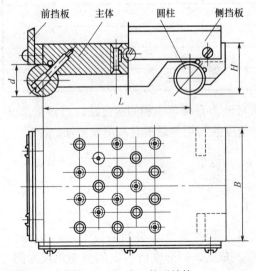

图 A-28　正弦尺外形结构

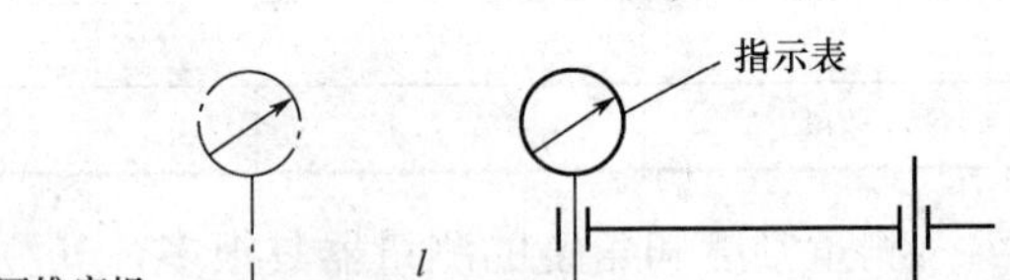

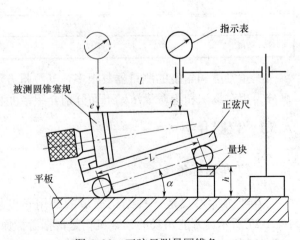

图 A-29　正弦尺测量圆锥角

测量时，先根据被测圆锥的公称圆锥角 α，按下式计算出量块组的高度 h:

$$h = L\times\sin\alpha$$

式中 L——正弦尺两圆柱间的中心距（宽型和窄型的 L 分别为 100mm、200mm）。

根据计算出的 h 值组合量块，垫在正弦尺圆柱的下方，此时正弦尺的工作面与平板的夹角为 α。然后将被测圆锥放在正弦尺的工作面上，如果被测圆锥角等于公称圆锥角 α，则指示表在 e、f 两点的示值相同。反之，e、f 两点的示值有一差值 A。当 $\alpha' > \alpha$ 时，$e-f=+A$；当 $\alpha' < \alpha$ 时，$e-f=-A$（α' 为塞规实际圆锥角）并有

$$\tan\alpha = A\div l$$

式中 l——e、f 两点间距离。

3. 莫氏量规

如图 A-30 所示为莫氏量规。如前所述，圆锥工件的直径偏差和角度偏差都将影响基面距变化。因此，用莫氏量规检验圆锥工件时，是按照圆锥量规相对于被检验的圆锥工件端面的轴向移动（基面距偏差）来判断是否合格。

图 A-30 莫氏量规

3#莫氏锥度 α=2° 52′ 32″

A.5.2 测量步骤

1. 万能游标角尺测量角度

（1）将被测工件清洗干净并擦干。

（2）根据被测角度的大小，按图 A-31 所示的四种组合方式之一调整好万能游标角尺。图 A-31（a）的组合可以测量 0～50°；图 A-31（b）的组合可以测量 50°～140°；图 A-31（c）的组合可以测量 140°～230°；图 A-31（d）的组合可以测量 230°～320°。

（3）松开万能游标角尺锁紧装置，用角度尺的基尺和直尺与被测工件角度的两边贴合好旋转制动头，以固定游标，再取下工件读出角度值（贴合好的判定：将工件和角度尺同时对光测量观察，使其两测量边与被测零件的角度边贴紧，目测无可见光隙透过），锁紧后读数。

（4）在不同部位测量 6～10 次，按一般尺寸的判定原则判断其合格性。

（5）写出零件测量报告。

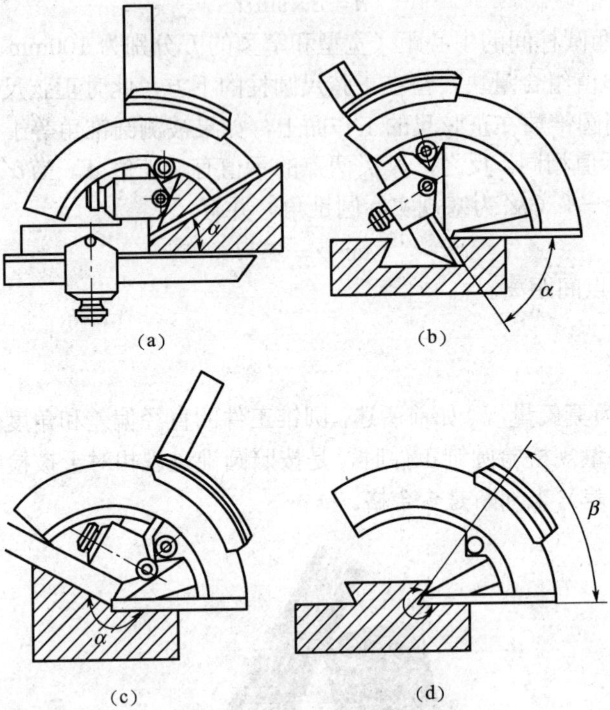

图 A-31　万能游标角尺测量组合

2. 正弦尺测量外圆锥角

（1）根据被测圆锥塞规圆锥角α，按公式$h=L\times\sin\alpha$计算垫块的高度，选择合适的量块组合好作为垫块。

（2）将组合好的量块组按图 A-29 所示放在正弦尺一端的圆柱下面，然后将被测塞规稳放在正弦尺的工作台上。

（3）将千分表装在磁性表座上，测量e、f两点（其距离尽量远些，但不小于 2mm）。测量时，应找到被测圆锥素线的最高点，记下读数。

注意：测量时，可将e或f读数调为零，再测f或e的读数。

（4）按上述步骤，将被测量规转过一定角度，在e、f点分别测量三次，取平均值，求出e、f两点的高度差A。然后测量e、f之间的距离。

（5）写出实训报告。

A.6　螺纹误差测量

前面已经学过螺纹公差的相关知识，那么如何检测工件的螺纹误差呢？可以根据图 6-1 的零件要求，分析选择用何种规格的计量器具，确定测量部位、测量次数、数据处理办法及判断工件的合格与否，填入表 A-10。

表 A-10　零件测量报告

项 目 名 称		Tr48×12（p6）或 M 值	M24-6h（或 M6）
使用器具规格			
实测尺寸	1		
	2		
	3		
	4		
	5		
测量结果			
结论			

A.6.1　测量种类

1. 综合检测

通常用螺纹量规，分为螺纹塞规和螺纹环规，如图 A-32 所示。

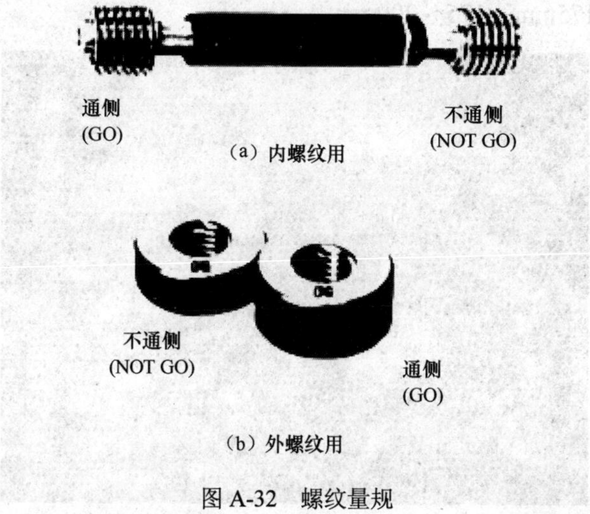

图 A-32　螺纹量规

2. 单项测量

（1）使用螺纹千分尺测量普通外螺纹中径。
（2）利用三针测量法测量梯形螺纹中径。
（3）使用工具显微镜测量螺距、中径、牙型半角等。

A.6.2　单项测量常用量具

1. 螺纹千分尺测量普通螺纹中径

螺纹千分尺的构造与外径千分尺相似，如图 A-33（a）所示。差别仅在于两个测量头的形状，如图 A-33（b）所示。螺纹千分尺的测量头做成和螺纹牙型相吻合的形状，即一个为 V

形测头，与螺纹牙型凸起部分相吻合；另一个为圆锥形测头，与螺纹牙型沟槽相吻合，如图 A-33（c）所示。

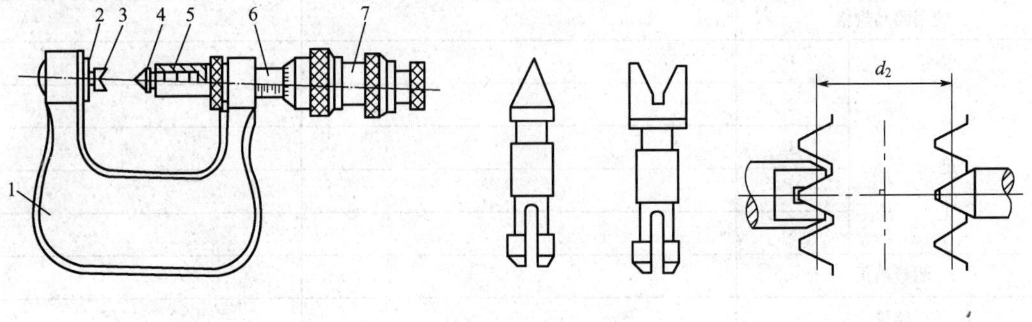

（a）螺纹千分尺外形　　（b）测头　　（c）测量示意图

1—弓架；2—架砧；3—V 形测头；4—圆锥形测头；5—测杆；6—内套筒；7—外套筒

图 A-33　螺纹千分尺测量示意

螺纹千分尺有一套可换测量头，每对测量头可适用不同螺距螺纹测量，如图 A-34 所示。螺纹千分尺的测量范围有 0～25mm、25～50mm、50～75mm、75～100mm、100～125mm、125～150mm、150～175mm、175～200mm。

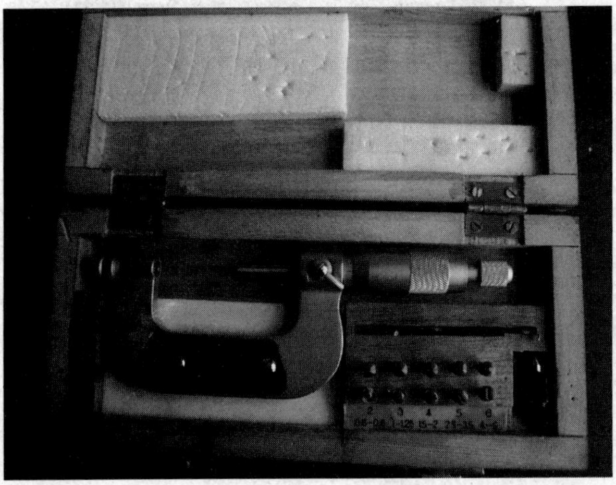

图 A-34　螺纹千分尺

用螺纹千分尺测量螺纹中径的实际尺寸，不包括螺距误差和牙型半角误差在中径上的当量值。螺纹千分尺的测量头是根据牙型角和螺距的标准尺寸制造的，所以测出的螺纹中径的实际尺寸误差比较大，一般误差在 0.05～0.20mm 左右，因此螺纹千分尺只能用于工序间测量或对粗糙级的螺纹工件测量。

2. 三针量法测量梯形螺纹中径

三针量法测量螺纹中径是将三根直径相同的量针，放在螺纹牙型沟槽中间，如图 A-35 和图 A-36 所示。用接触式量仪或测微量具（现用公法线千分尺）测出三根量针外母线之间的跨距 M，根据公式计算出中径 d_2。

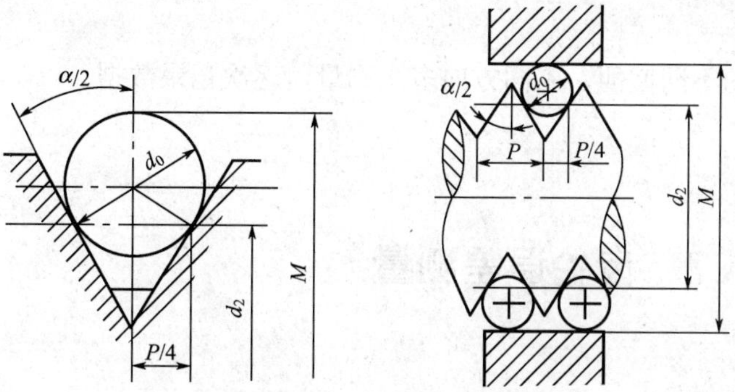

图 A-35 三针测量法

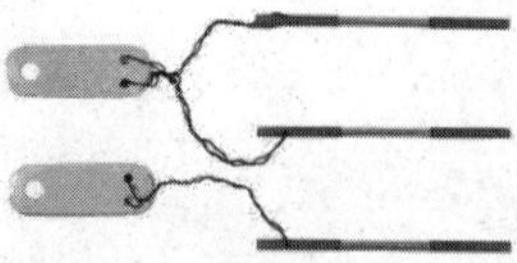

图 A-36 三针

$$d_2 = M - d_0\left[1+\frac{1}{\sin\left(\frac{\alpha}{2}\right)}\right]+\frac{P}{2\tan\left(\frac{\alpha}{2}\right)}$$

式中 d_0——三针直径；

d_2——螺纹单一中径。

对于梯形螺纹α=30°，则

$$M= d_2 +4.864\, d_0 -1.866P$$

当 d_0=3.106mm 时有

$$M=48.912\text{mm}$$

三针量法的测量精度除与所选量仪的示值误差和量针本身的误差有关外，还与被检螺纹的螺距误差和牙型半角误差有关。为了消除牙型半角误差对测量结果的影响，应选最佳量针$d_{0(最佳)}$，使它与螺纹牙型侧面的接触点恰好在中径线上，即

$$d_{0(最佳)} = \frac{P}{2\cos\frac{\alpha}{2}}$$

A.6.3 测量步骤

1. 螺纹千分尺测量普通外螺纹中径的测量步骤

（1）根据图 6-1 中普通螺纹公称直径，选择合适规格的螺纹千分尺。

（2）测量时，根据被测螺纹螺距大小按图 A-33（b）螺纹千分尺选择 V 形测头、圆锥形测头的测头型号,依图 A-33（a）所示的方式装入螺纹千分尺，并读取零位值。

（3）测量时，应从不同截面、不同方向多次测量螺纹中径，其值从螺纹千分尺中读取后减去零位的代数值，并记录。

（4）查出被测螺纹中径的极限值，判断其中径的合格性。

（5）完成零件测量报告。

2. 利用三针量法测量梯形螺纹中径的步骤

（1）根据图 6-1 中梯形螺纹的 M 值，选择合适规格的公法线千分尺。

（2）擦净零件的被测表面和量具的测量面，按图 A-35 将三针放入螺旋槽中，用公法线千分尺测量值并记录读数。

（3）重复步骤（2），在螺纹的不同截面、不同方向多次测量，逐次记录数据。

（4）判断零件的合格性。

（5）完成零件测量报告。

A.7 齿轮误差测量

A.7.1 测量仪器

1. 公法线千分尺

图 A-37 公法线千分尺

公法线千分尺是在普通外径千分尺测头上安装两个大平面测头，其读数方法与普通千分尺相同，如图 A-37 所示。

2. 齿圈径向跳动检查仪

如图 A-38 所示为齿圈径向跳动检查仪外形图。芯轴 11 装入被测齿轮后，安装在左右顶针 5 之间，两顶针架在滑板 1 上。转动手轮 2 可使滑板 1 及其上之承载物一起左右移动。在底座后方螺旋立柱 6 上有一表架，指示表 10 装在表架前弹性夹头中。拨动抬升器 9 可使指示表测头 12 放入齿槽或退出齿槽。齿圈径向跳动检查仪还附有不同直径的测头，用于测量各种模数的齿轮。附有各种杠杆，用于测量锥齿轮和内齿轮的齿圈跳动。

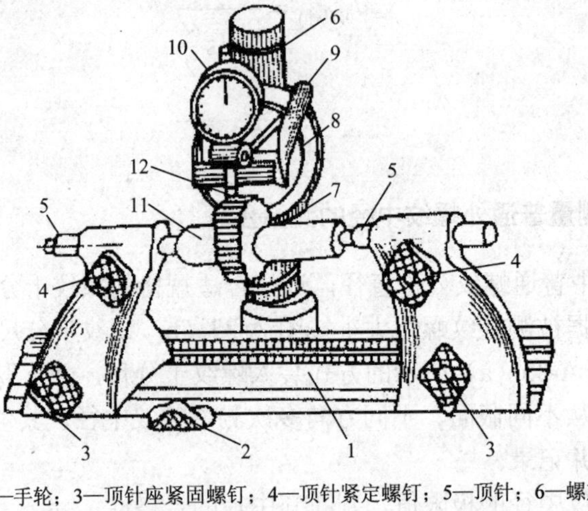

1—滑板；2—手轮；3—顶针座紧固螺钉；4—顶针紧定螺钉；5—顶针；6—螺旋立柱；
7—调节螺母；8—指示表架；9—抬升器；10—指示表；11—芯轴；12—指示表测头

图 A-38 齿圈径向跳动检查仪

3. 齿厚游标卡尺

如图 A-39 所示为测量齿厚的游标卡尺。它由两套相互垂直的游标卡尺组成，垂直游标尺用于控制被测齿轮的弦齿高，水平游标尺则用于测量实际弦齿厚。其读数方法和普通游标卡尺的方法一样。

（1）结构：测量范围一般有 M1～18、M1～26（模数）等，其结构主要由水平主尺、微动螺母、游标、游框、活动量爪、高度尺、固定量爪、紧固螺钉、垂直主尺几部分组成。

（2）齿厚游标卡尺用于测量直齿和斜齿圆柱齿轮的固定弦齿厚和分度圆弦齿厚。

（3）齿厚游标卡尺的使用注意事项。

① 使用前，先检查零位和各部分的作用是否准确和灵活可靠。

② 使用时，先按分度圆弦齿高的公式计算出齿高的理论值，调整垂直主尺的读数，使高度尺的端面按垂直方向轻轻地与齿轮的齿顶圆接触。在测量齿厚时，应注意使活动量爪和固定量爪按垂直方向与齿面接触，无间隙后，进行读数，同时还应注意测量压力不能太大，以免影响测量精度。

③ 测量时，可在每隔 120° 的齿圈上测量一个齿，取其偏差最大值作为该齿轮的齿厚实际尺寸，测得的齿厚实际尺寸与按固定弦或分度圆弦齿厚公式计算出的理论值之差即为齿厚偏差。

4. 周节仪

如图 A-40 所示，用周节仪测量齿距，定位头 4、5、8 以齿顶圆作为定位基准。测量前，调整好定位头的相对位置，使测头 2、3 在分度圆附近与齿面接触。按被测齿轮模数调整固定测头 2 的位置，将活动测头 3 与指示表 7 相连，测量齿距时，齿距误差通过测头 3 的杠杆传给指示表 7。

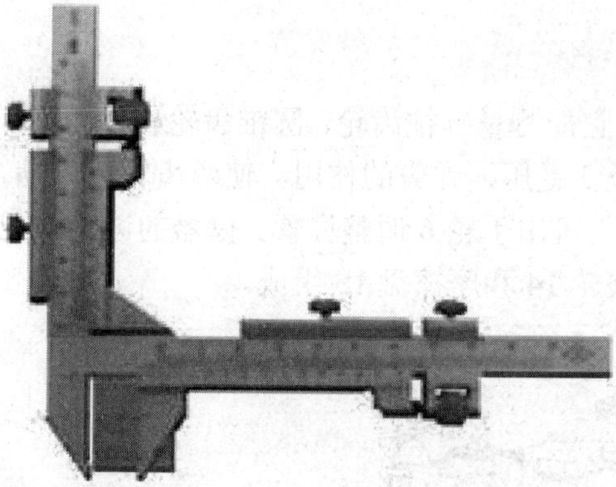

图 A-39 齿厚游标卡尺

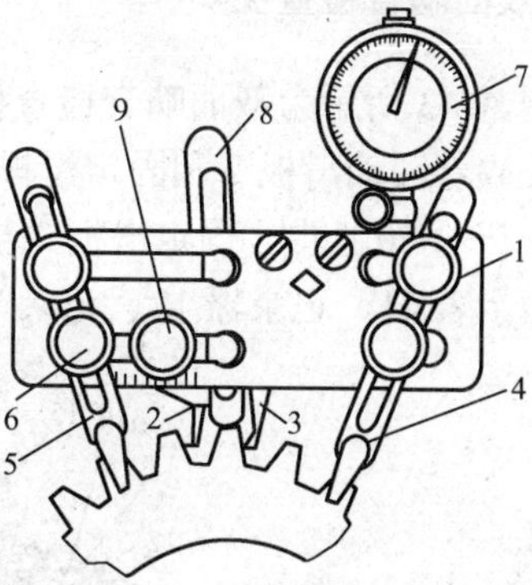

1、6—定位头紧定螺钉；2—固定测头；3—活动测头；
4、5、8—定位头；7—指示表；9—螺钉

图 A-40 周节仪

5. 万能测齿仪

万能测齿仪是应用比较广泛的齿轮测量仪器，除测量圆柱齿轮的齿距、基节、齿圈径向跳动和齿厚外，还可以测量圆锥齿轮和蜗轮，其测量基准是齿轮的内孔。

万能测齿仪的外形如图 A-41 所示。仪器的弧形支架 7 可绕基座 1 的垂直轴心线旋转，将被测齿轮的芯轴安装在弧形架的顶尖上，支架 2 可以在水平面内做纵向和横向移动，支架 2

上装有工作台，工作台上装有能做径向移动的滑板 4，借锁紧装置 3 可以将滑板 4 固定在任意位置上，当松开锁紧装置 3，在弹簧的作用下，滑板 4 能匀速地移到测量位置，这样就能进行逐齿测量。测量装置 5 上有指示表 6，其分度值为 0.001mm。在测量时，其测量力由安装在齿轮芯轴上的重锤来保证，如图 A-42 所示。

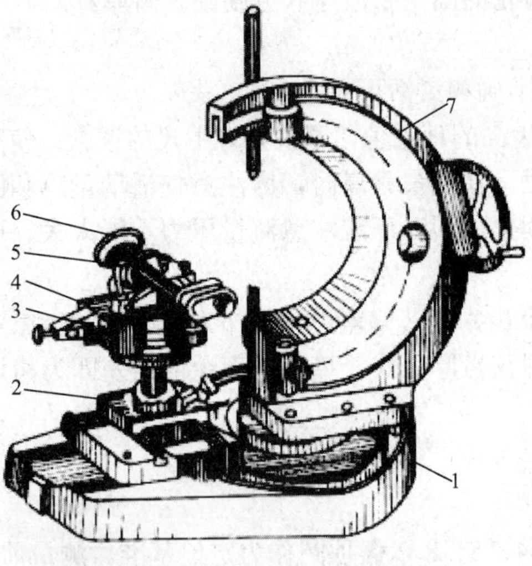

1—基座；2—支架；3—锁紧装置；4—滑板；
5—测量装置；6—指示表；7—弧形支架

图 A-41　万能测齿仪

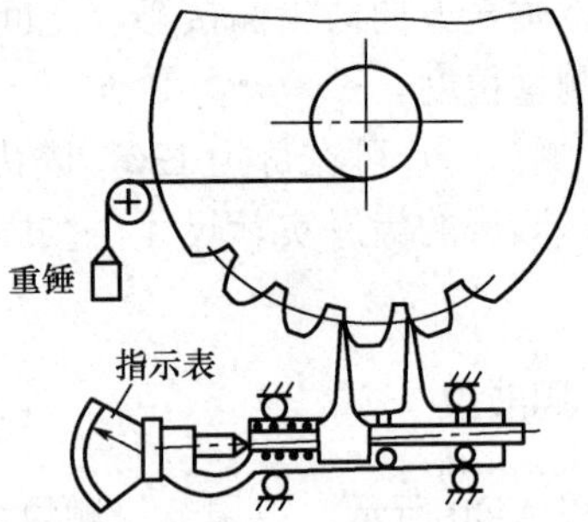

图 A-42　万能测齿仪测量原理

6. 双面啮合检查仪

如图 A-43 所示为双面啮合检查仪的外形图，它能测量圆柱齿轮、圆锥齿轮和蜗轮副。底座 1 上安放着浮动滑板 2 和固定滑板 3。浮动滑板 2 受压缩弹簧的作用，使两齿轮紧密啮合，其位置由凸轮 10 控制，固定滑板 3 与标尺 4 连接，可用手轮 6 调整位置。仪器的读数与记录装置由指示表 11、记录器 12、记录笔 13、记录滚轮 14 和摩擦盘 15 组成。

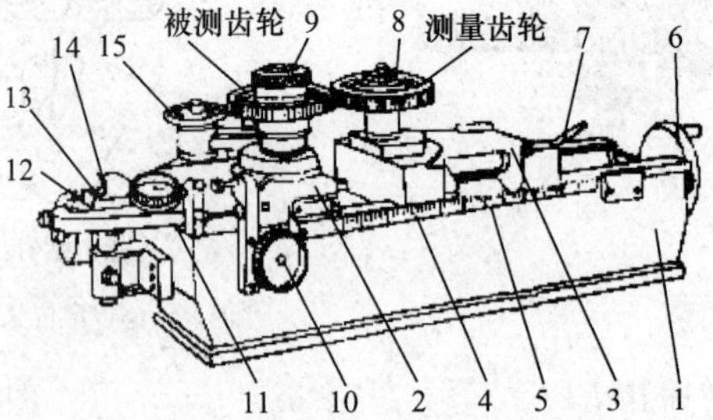

1—底座；2—浮动滑板；3—固定滑板；4—标尺；5—游标尺；6—手轮；7—手柄；
8、9—心轴；10—凸轮；11—指示表；12—记录器；13—记录笔；14—记录滚轮；15—摩擦盘

图 A-43　双面啮合检查仪

测量时，径向误差直接由指示表 11 读出。被测齿轮安装在浮动滑板 2 的心轴 9 上，标准（理想精确）齿轮安装在固定滑板 3 的心轴 8 上。由于被测齿轮存在各种误差（如基节偏差、周节偏差、齿圈径向跳动误差和齿形误差等），当两个齿轮啮合转动时，这些误差通过浮动滑

板上的一套装置反映在指示表上。

A.7.2 测量步骤

1. 齿轮公法线长度测量

（1）根据被测齿轮参数，计算（或查表）公法线公称值 W 和跨齿数 n。

$$W = m[1.476(2n-1)+0.014z]$$

$$n = 0.111z + 0.5$$

（2）校对公法线千分尺零位值。

（3）根据图 A-44 所示的形式，依次测量齿轮公法线长度值（测量全齿圈），记下读数。

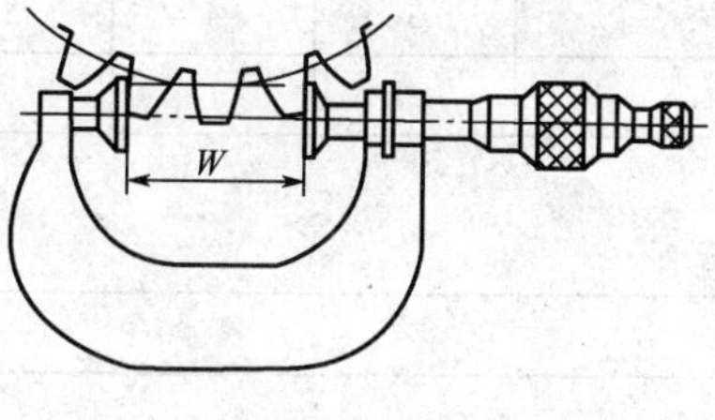

图 A-44 公法线长度测量

（4）求出公法线长度的平均值及平均值与公称值之差，即公法线平均长度偏差 ΔE_{wm}。

（5）根据被测齿轮的图纸要求，查出公法线长度变动公差 F_W、齿圈径向跳动公差 F_r、齿厚上偏差 E_{ss} 和下偏差 E_{si} 值。

（6）求出记录的公法线长度最大值与最小值之差，即为公法线长度的变动值。

（7）判断零件的合格性，写出齿轮公法线长度测量报告，见表 A-11。

2. 齿圈径向跳动误差 ΔF_r 测量

（1）如图 A-38 所示，根据被测齿轮的模数选取合适的指示表测头 12，并将指示表测量头 12 装在指示表测杆的下端。

（2）将被测齿轮套在芯轴 11 上（零间隙），并装在齿圈跳动检查仪两顶针 5 之间，松紧合适（无轴向窜动，又能转动自如），锁紧顶针紧定螺钉 4。

（3）转动手轮 2，移动滑板 1，使被测齿轮齿宽中间处于指示表测量头的位置，锁紧顶针座紧固螺钉 3。压下抬升器 9，然后转动调节螺母 7，调节表架高度，但勿让表架转位，放下抬升器 9，使测量头与齿槽双面接触，并压表 0.2～0.3mm，然后将表调至零位。

（4）压下抬升器 9，使指示表测量头离开齿槽，然后将被测齿轮转过一齿，放下抬升器 9，读出指示表的数值并记录。

（5）重复步骤（4），逐齿测量并记录。

（6）将数据中的最大值减去最小值即为齿圈径向跳动误差 ΔF_r。

（7）写出齿轮齿圈径向跳动测量报告，见表 A-12。

3. 齿轮弦齿厚 ΔE_s 的测量

（1）用外径千分尺或游标卡尺测量齿顶圆直径，并记录。

表 A-11　圆柱齿轮公法线长度测量报告

被测齿轮参数								
模数 m	齿数 z	压力角 α	齿轮精度等级			公法线长度变动公差 F_r		
跨齿数								
公法线公称长度								
公法线平均长度上偏差 E_{ws}			$E_{ws}=E_{ss}\times\cos\alpha-0.72F_r\times\sin\alpha=$					
公法线平均长度下偏差 E_{wi}			$E_{wi}=E_{si}\times\cos\alpha+0.72F_r\times\sin\alpha=$					
测量数据及结果								
测量序号	1	2	3	4	5	6	7	8
公法线实际长度								
公法线长度变动 $\Delta F_w=W_{max}-W_{min}$								
公法线平均长度								
公法线平均长度偏差 $\Delta E_{wm}=W_{平均}-W$								
结论								

表 A-12　齿轮齿圈径向跳动测量报告

被测齿轮参数					
模数 m	齿数 z	压力角 α	齿轮精度等级	齿圈径向跳动公差 F_r	
测量数据及结果					
序号	读数/mm	序号	读数/mm	序号	读数/mm
1		11		21	
2		12		22	
3		13		23	
4		14		24	
5		15		25	
6		16		26	
7		17		27	
8		18		28	
9		19		29	
10		20		30	
齿圈径向跳动误差 ΔF_r					
结论					

（2）计算分度圆实际弦齿高，即 $h=\overline{h_{a}}+\dfrac{\Delta E_{d}}{2}$。

式中 $\overline{h_{a}}$——标准弦齿高，可以查机械设计手册或按下式计算：

$$\overline{h_{a}}=\overline{h}=h_{a}+\frac{mz}{2}-\frac{mz\cdot\cos\left(\dfrac{\pi}{2z}\right)}{2}$$

式中 h_{a}——标准齿顶高。

（3）按 h 值调整齿厚卡尺的垂直游标。

（4）按图 A-45 的形式，将齿厚卡尺置于被测齿轮上，使垂直游标尺的定位尺和齿顶接触。然后移动水平游标尺的卡脚，使卡脚紧靠齿廓（注：游标卡尺测量脚及定位块与齿廓及齿顶的接触良好，即三个面需同时接触），从水平游标尺上读出实际弦齿厚。

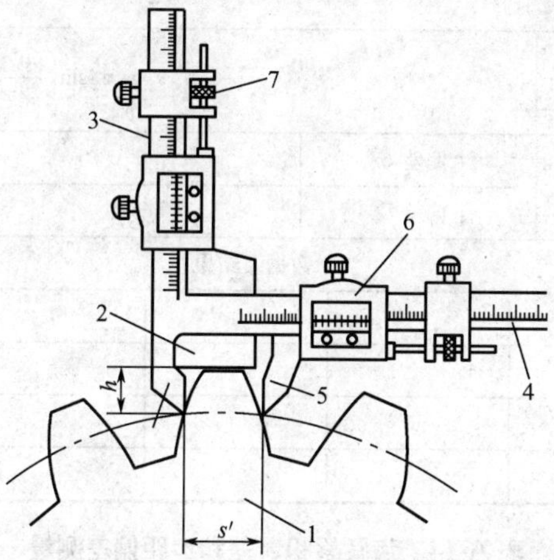

1—固定测头；2—定位板；3—竖直游标主尺；4—水平游标主尺；5—活动测头；6—水平游标；7—竖直游标

图 A-45 齿厚卡尺测量弦齿厚

（5）沿齿轮外圆，重复步骤（4），均匀测量 6～8 点，记录数据。

（6）完成齿轮分度圆齿厚测量报告，见表 A-13。

4. 齿距累积误差 ΔF_{p} 和齿距偏差 Δf_{pt}

（1）如图 A-40 所示，按被测齿轮的模数调节周节仪的活动测头 3，使其上刻线与被测齿轮的模数值对齐，拧紧螺钉 9。

（2）调整定位头 4、5、8 与被测齿轮的齿顶接触，并使两测头 2、3 与两相邻同侧齿廓接触，且处于齿高中部的同一圆周上（两个触点到齿顶距离基本相等），拧紧螺钉 1、6。调节指示表 7 的位置，使指针预转半圈，拧紧指示表 7 的紧定螺钉。

（3）一手拿着周节仪，另一手拿住齿轮，相互推紧，保持定位头 4、5、8 与齿轮齿顶同时接触，再相互拉开少许又重新接触，如此重复多次，若指示表示值基本一致，则说明测量稳定，可以开始读数。此时，将指示表指针调到零。

（4）逐齿测量各个齿距，记录读数。

（5）完成齿距累积误差和齿距偏差测量报告，见表 A-14。

表 A-13　齿轮分度圆齿厚测量报告

<table>
<tr><td colspan="6">被测齿轮参数</td></tr>
<tr><td colspan="2">模数 m</td><td>齿数 z</td><td>压力角 α</td><td colspan="2">齿轮精度等级</td></tr>
<tr><td colspan="2"></td><td></td><td></td><td colspan="2"></td></tr>
<tr><td colspan="2">齿顶圆实际直径</td><td colspan="2">齿顶圆公称直径</td><td colspan="2">齿顶圆实际偏差</td></tr>
<tr><td colspan="2"></td><td colspan="2"></td><td colspan="2"></td></tr>
<tr><td colspan="6">分度圆标准弦齿高 $\overline{h}=h_a+\dfrac{mz}{2}-\dfrac{mz\cdot\cos\left(\dfrac{\pi}{2z}\right)}{2}=$</td></tr>
<tr><td colspan="6">分度圆实际弦齿高 $h=\overline{h_a}+\dfrac{\Delta E_d}{2}=$</td></tr>
<tr><td colspan="2">分度圆标准弦齿厚</td><td colspan="4">$\overline{s}=mz\cdot\sin\left(\dfrac{90^\circ}{Z}\right)=$</td></tr>
<tr><td colspan="2" rowspan="2">齿厚极限偏差</td><td>上偏差 E_{ss}</td><td colspan="3"></td></tr>
<tr><td>下偏差 E_{si}</td><td colspan="3"></td></tr>
<tr><td colspan="6">测量数据及结果</td></tr>
</table>

序号	1	2	3	4	5	6
弦齿厚实际值						
弦齿厚实际偏差						
结论						

表 A-14　齿距累积误差和齿距偏差测量

<table>
<tr><td colspan="6">被测齿轮</td></tr>
<tr><td colspan="2">模数 m</td><td>齿数 z</td><td>压力角 α</td><td colspan="2">齿轮精度等级</td></tr>
<tr><td colspan="2"></td><td></td><td></td><td></td><td></td></tr>
<tr><td colspan="2">齿距极限偏差　$\pm f_{pt}$</td><td></td><td colspan="2">齿距累积公差 F_p</td><td></td></tr>
<tr><td colspan="6">测量数据及结果</td></tr>
</table>

一	二	三	四	五
齿序	齿距相对偏差（读数）	相对齿距累积误差	齿距偏差	齿距累积误差
n	$\Delta f_{pt相对}$	$\sum\Delta f_{pt相对}$	$\Delta f_{pt相对}-k$	ΔF_p
1				
2				
3				
4				
5				
6				
7				
8				
9				

续表

测量数据及结果				
10				
11				
12				
13				
14				
15				
16				
17				
18				
19				
20				
21				
22				

A.8　三坐标测量

A.8.1　测量方法

1. 开机与初始化

先给电控柜及计算机系统加电。机床使用的是经过改进的意大利 DEA 公司的 TUTOR 系统软件。该软件包括 EMEAS 测量系统、设置程序和应用软件包。EMEAS 系统使用的是 SOI（Standard Operator Interface）界面。单击 EMEAS 进入测量系统，然后分别单击"电源"及"初始化"进行初始化之后，就可以进入测量流程。在按 EMEAS 软件 POWER 按钮之前，一定要保证电控柜处于正常加电状态，否则将会出现通信错误的提示。

2. 测头管理

本台三坐标测量机所使用的测头为 PH9/10 测头，PH9/10 系列测头包括测尖、TP2 发信装置、测头体和安装座及控制盒。PH9/10 测头体含两个转台和三个电动机，转台分别用于测头的俯仰和旋转运动。三个电动机分别用于两个方向的驱动和锁紧。俯仰和旋转角分别以 *A* 角（PITCH）和 *B* 角（ROLL）表示，角度间隔 7.5°。转动时角度是 7.5 的倍数。*A* 角范围为 0～105°，*B* 角范围为-180°～+180°。

采用自动标定，调用 PH9.TEC 文件（PH9 是 PH9/PH10 系列测头自动标定和校正程序），实现界面如图 A-46 所示。接着执行该程序，对标准球进行自动标定，如图 A-47 所示。

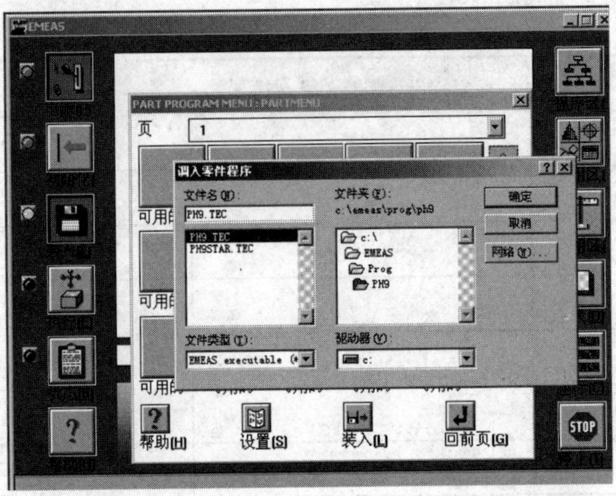

图 A-46 调用 PH9.TEC 程序

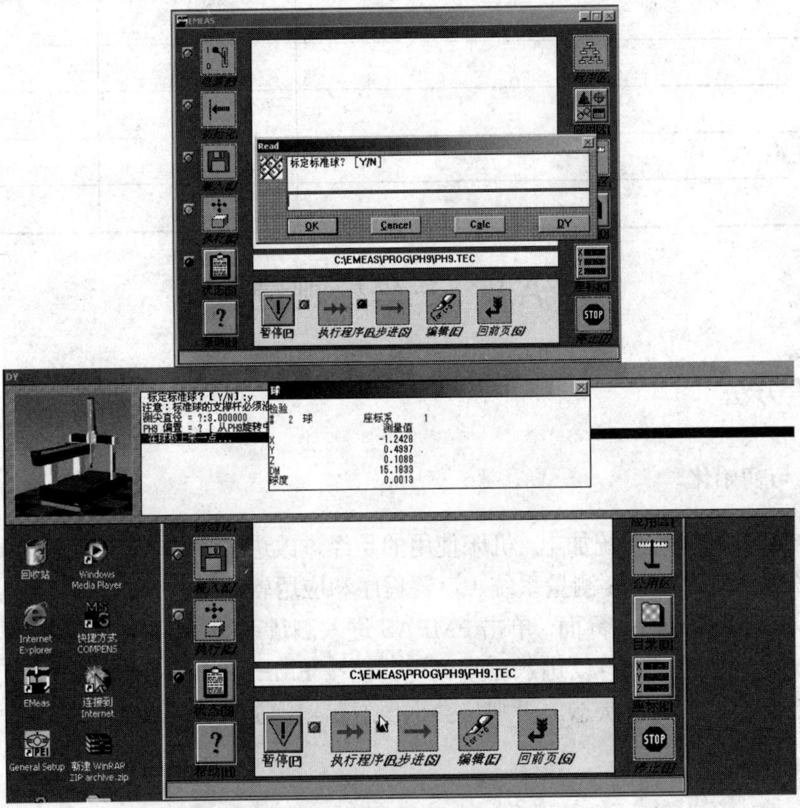

图 A-47 执行自动标定程序和标定结果

3. 坐标系管理

测量机本身在初始化的时候已经建立了一个机床坐标系，其原点设置在机床零位，三个坐标轴分别平行于 X、Y、Z 光栅。测量点的 X、Y 坐标为正，Z 坐标为负。在一个零件测量程序中，最多可以有 11 个坐标系，编号为 0～10，其建立过程要指定 5 个要素。

建立坐标系的屏幕界面，如图 A-48 所示。它包括 15 项内容，其中第一行 4 个，第二行 4 个，和第三行的坐标旋转（理论旋转）共 9 个过程，称作宏过程。第三行的后三个称作自由过程。最后是三个辅助操作：存储、调用、删除。

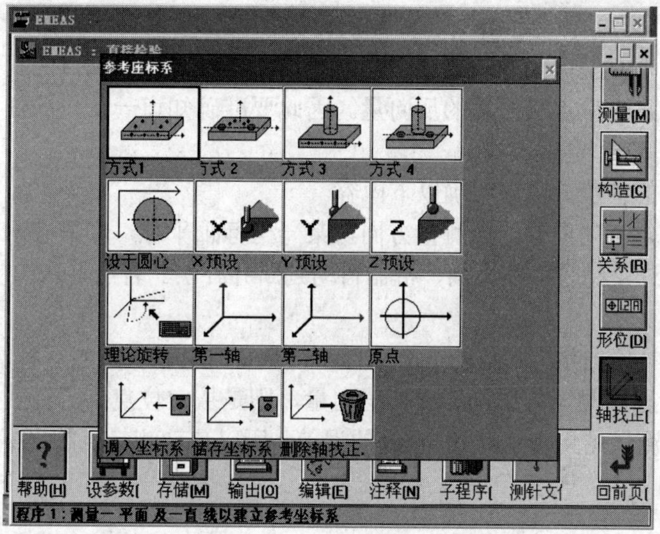

图 A-48　坐标系屏幕界面

A.8.2　元素测量与构造测量

基本元素测量是使用测量机的一个基础。在本系统中，测量元素如表 A-15 所示。

表 A-15　测量元素

元素	采点方法	获得要素	备注
点	1 点	坐标 X，Y，Z；PR，PA，DS	注意补偿方向
线	3 点	贴合点 X，Y，Z；CX，CY，CZ	注意补偿方向
面	4 点	贴合点 X，Y，Z；法矢量 CX，CY，CZ	
圆	4 点	圆心 X，Y，Z；DM；CX，CY，CZ	二维元素，需要正确投影面
球	5 点	球心 X，Y，Z 及 DM	
圆柱	8 点（4+4）	贴合点 X，Y，Z，CX，CY，CZ，DM	轴线方向的应用
圆锥	7 点（3+4）	锥顶 X，Y，Z，CX，CY，CZ，ANG	轴线方向的应用
二阶柱	8 点（4+4）	X，Y，Z，DM，DM2，CX，CY，CZ	
圆槽	6 点（顺序）	中心 X，Y，Z，CX，CY，CZ，DM，DM2	二维元素，注意测量点顺序
方槽	8 点（顺序）	中心 X，Y，Z，CX，CY，CZ，DM，DM2	二维元素，注意测量点顺序
三阶面	3 点	贴合点 X，Y，Z，法矢量 CX，CY，CZ	输入距离与测点顺序的对应
空间圆	8 点（4+4）	特征点 X，Y，Z 及 CX，CY，CZ，DM	先测投影平面
椭圆	6 点（顺序）	中心 X，Y，Z 及 DM，DM2，CX，CY，CZ	二维元素，需要正确投影面
抛物面	7 点（3+4）	焦点 X，Y，Z 和 DS=F 及 CX，CY，CZ	测两个截面
圆环	12 点（4+4+4）	中心 X，Y，Z 和 CX，CY，CZ，DM，DM2	注意测量采点的两种方法

1. 点的测量

测点一般用于建坐标系，或测量沿某个轴线方向的长度。其点位所处的平面一般垂直于某一个坐标轴。手动采点后的补偿方向一般是沿着与采点方向最接近的坐标轴的方向进行的。

这是隐含的补偿方向，当没有给定补偿方向的时候，机器采用自动补偿。

当点位处于不垂直坐标轴方向的斜平面上或曲面上时，要得到点的真正位置，就要用补偿向量。补偿向量是测量点法矢量的反向量。因此要准确知道一个点的位置，其位置上的法矢量必须预先知道。

关于点的测量的补偿，应该明确以下内容。

（1）如果未设定补偿向量，而测量方向与某一坐标轴平行，则只有沿采样方向的坐标能够得以正确补偿。这是隐含补偿方向，机器自动判断并补偿。若沿着+*X*方向测量，则补偿向量为{1，0，0}。

（2）如果给出补偿向量，则点的三个坐标都得到正确补偿。当然这种情况台肩是倾斜的。

（3）自动执行程序时，如果未给出补偿向量，则是按定位点到测量点的连线方向进行补偿，这样经常导致测量结果有 0.1～0.3mm 的误差。所以自动测量点的坐标时，更应注意给定补偿向量。

2. 线的测量

测线一般用于建坐标轴。在测量直线时有两种补偿方法，一般情况下用投影面进行补偿。在测量屏幕上选出测量线所在的平面，如 *XY* 平面等，测量之后系统会沿着平面法线方向进行补偿。这种方法称作选投影面法（selpl 模式），主要用于垂直于坐标轴的平面内的线的补偿。补偿方法是与所选投影平面平行且与直线本身垂直的方向，并与最后一个采样点的接近方向一致。

当线处于斜平面内的时候，其补偿要用补偿向量（should 模式）。补偿向量的方向是平面法矢量的反矢量。要补偿一条线，其斜面法矢必须预先设定。

3. 与坐标轴有关元素的测量

在测量圆、椭圆、圆槽、方槽时，由于这些元素属于平面元素，其测量需在其投影平面内进行才能得到正确尺寸。其测量结果 CX、CY、CZ 是沿轴线的，尺寸计算也是沿着垂直轴线方向进行的。如果轴线与其投影面法线偏斜，必然导致形状误差加大，测量结果不准确。所以，测量这些元素要首先确定第一轴，其方向垂直于元素的投影面。测量三阶平面时，要输入距离，其正负判断方法：点到平面的方向与测量方向一致时为正，反之为负。

4. 其他元素的测量

除了点、线、圆、椭圆、圆槽、方槽之外的其他元素都是空间基本几何元素，在测量时不必人为地去考虑补偿方向的问题，系统在计算其相关几何参数时将自动补偿。

1）元素级的概念

引入元素级的概念，是为了建立坐标系和构造时使用，主要是点级元素和线级元素的使用。

（1）点级元素：含有一个固定点坐标的元素，如点、圆、椭圆、圆槽、方槽、球、抛物体、圆环等，都有一个反应特征的点，并不随测量取点位置的变化而变化。

（2）线级元素：含有方向的元素，如线、平面、圆柱、圆锥、台阶柱、三阶平面等，都有一个空间的轴线或法矢方向。

2）构造及其与几何构造概念的区别

EMEAS 里的构造（Construction）主要是想完成一些间接测量，即没有办法进行直接测量的元素，主要依靠计算机完成。这里讲的构造都是以点级元素进行的，这些点分布在所构造元素的表面上，如同测量里的测量点一样。构造主界面如图 A-49 所示。

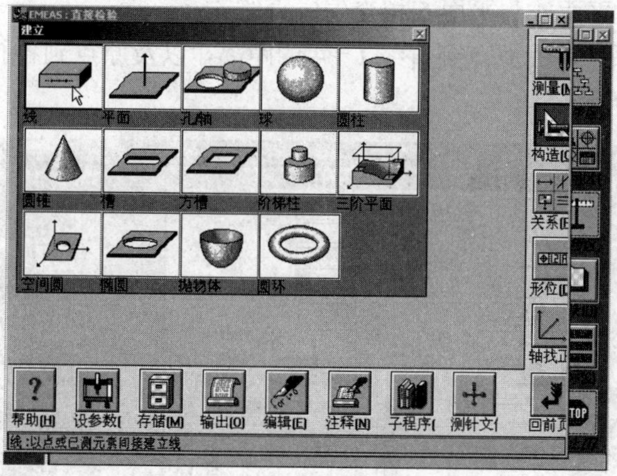

图 A-49　构造主界面

A.8.3　测量步骤

1. 相关关系测量

针对测量任务，相关关系元素如图 A-50 所示。

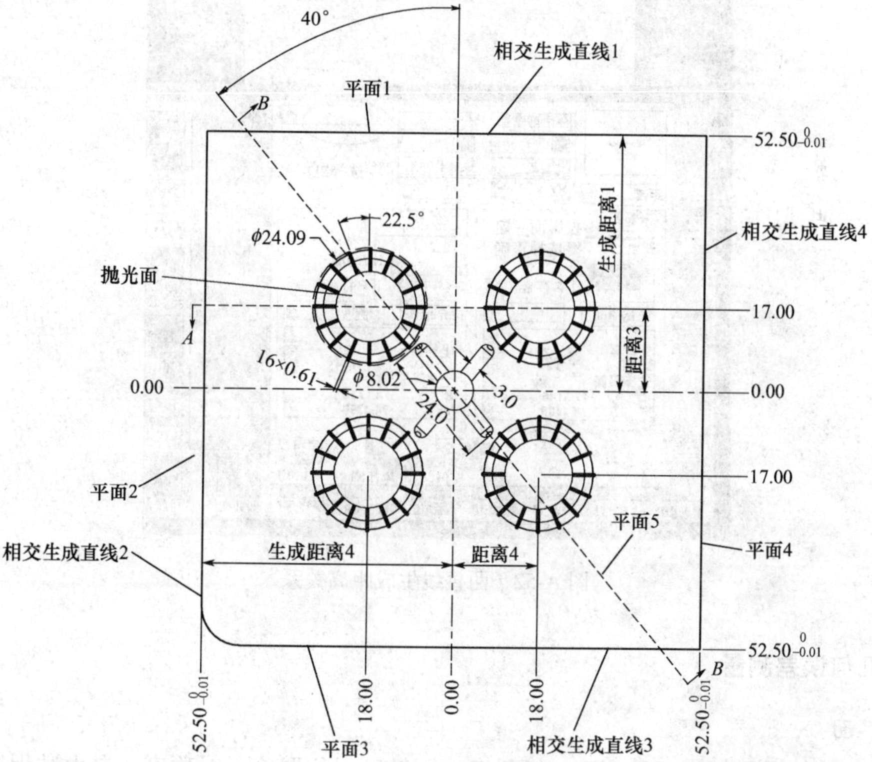

图 A-50　相关关系元素图

【操作步骤】

（1）利用平面 1 和平面 5 相交生成直线 1，平面 2 与平面 5 相交生成直线 2，平面 3 与平面 5 相交生成直线 3，平面 4 与平面 5 相交生成直线 4。

（2）利用距离关系，完成原点到直线 1～4 的距离，以及原点到各孔心的距离。实现界面如图 A-51 和图 A-52 所示。

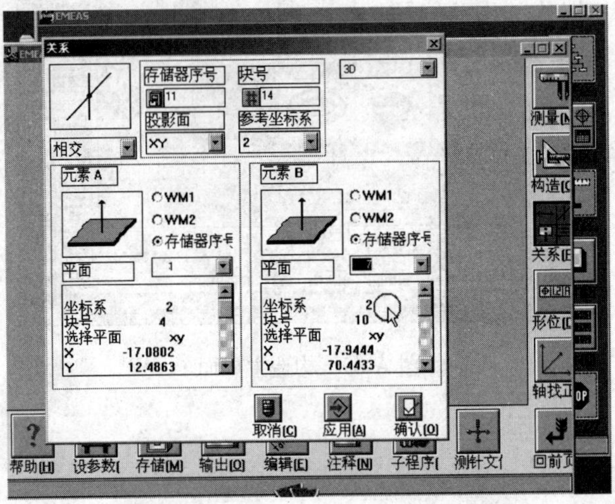

图 A-51　两平面相交生成直线关系

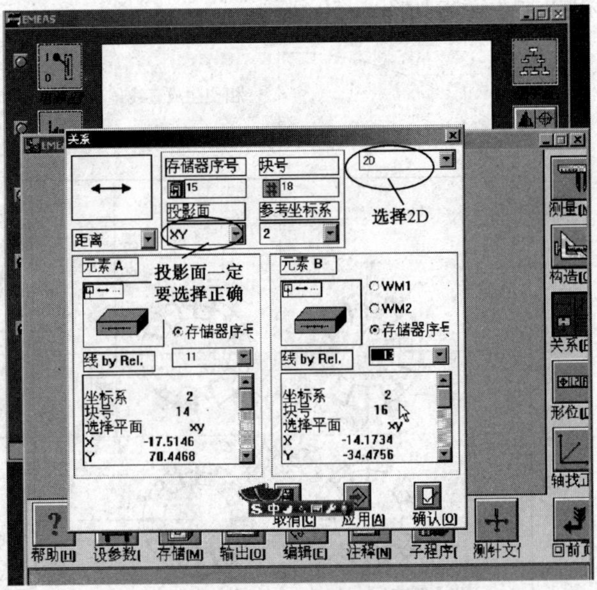

图 A-52　两直线生成距离关系

2. 几何误差测量

1）界面

几何误差包括平行度、垂直度、倾斜度、同轴度、位置度、对称度（自由过程），界面如图 A-53 所示。

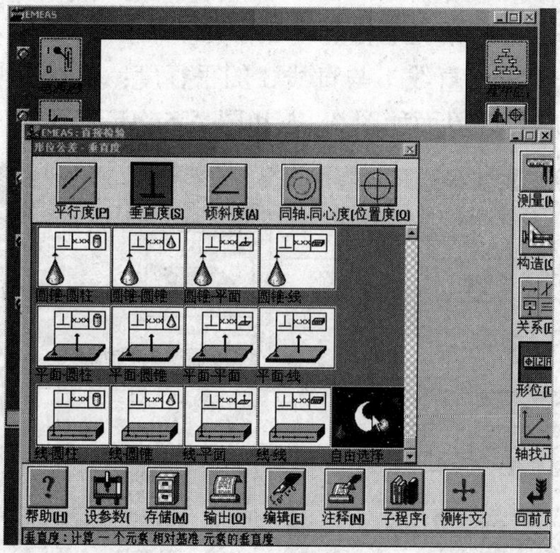

图 A-53　几何误差测量操作主界面

平行度、垂直度、倾斜度三个几何公差均有 16 个宏过程，分别是：被测元素是圆柱、圆锥、平面、直线和基准分别是圆柱、圆锥、平面、直线时的组合。同轴同心度有 6 个宏过程，分别是 4 个同轴度，即圆柱和圆锥各作被测元素和基准时的组合，及 2 个同心度，即圆同心和点同心。位置度有 5 个宏过程：一个圆时 3 个，包括 RFS、MMC、LMC；两个圆时 2 个，为 MMC、LMC。测量时依要求选用具体的宏过程。对称度公差由自由过程进入。

2）具体测量步骤

针对几何误差测量任务，相关几何公差元素如图 A-54 所示。

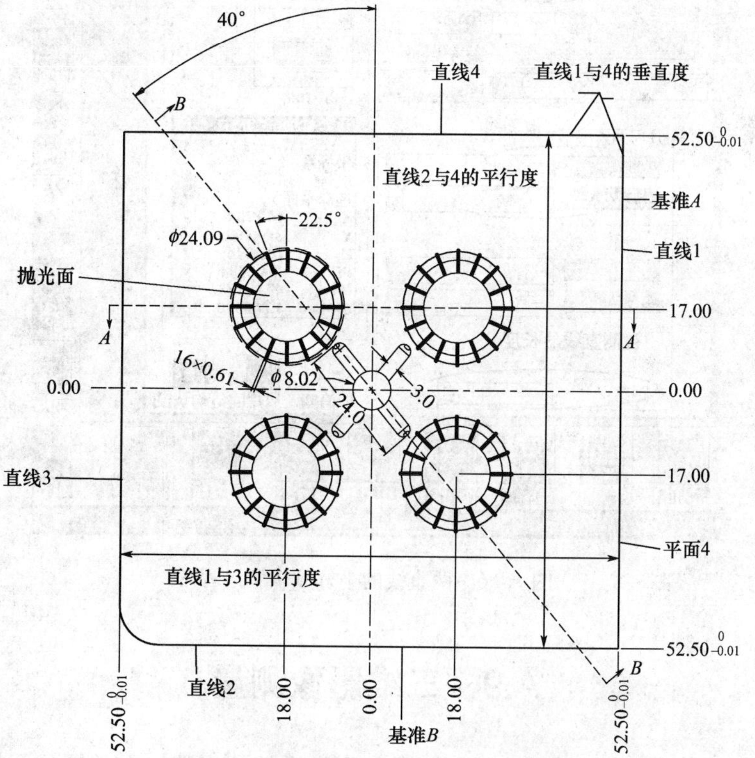

图 A-54　相关几何公差元素

（1）将直线 1 作为基准 A；相应地将直线 2 作为基准 B。

（2）基准确定后，分别求出直线 1 与直线 3 的平行度；直线 2 与直线 4 的平行度；直线 1 和直线 4 的垂直度。程序实现界面如图 A-55 和图 A-56 所示。

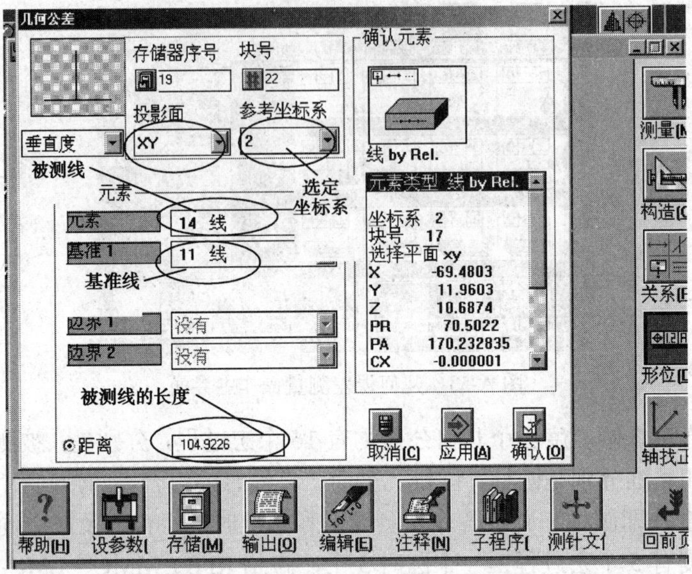

图 A-55　两直线的垂直度求解过程

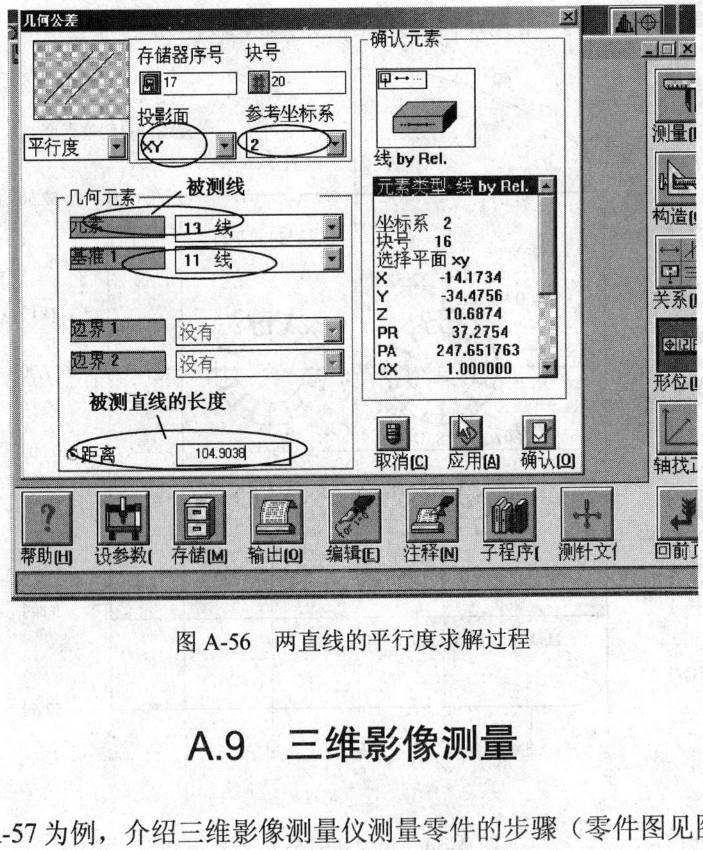

图 A-56　两直线的平行度求解过程

A.9　三维影像测量

下面以图 A-57 为例，介绍三维影像测量仪测量零件的步骤（零件图见图 9-1）。

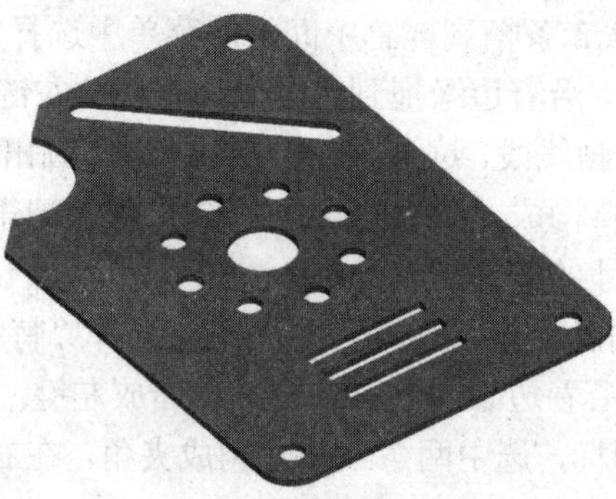

图 A-57 被测零件三维图

（1）打开 Measure-XTM 测量程序，等待机器启动成功后，旋转操纵杆将三维影像测量仪调整到适合高度，再将工件放置在测量平台上。

（2）移动平台使左下角圆孔出现在屏幕中间，使用变焦滑动或操纵杆将放大倍数调至最大。

（3）调节背光强度大约为 56%，旋转操纵杆上的聚焦按钮使孔的边缘得到最好的聚集。

（4）在测量运行程序之前，必须做工件定点。单击下的图标，然后对准产品左下角圆孔上任意明显特征，在 DRO 窗口上设置 *X*、*Y*、*Z* 为零，定义该点为机器坐标原点；再将工件移至右边的圆孔用对准产品上的另一特征，在 DRO 窗口上按绿色按钮，定义为 *X* 轴方向。

（5）单击“Tools”标签并选择“Focus 工具” →。

（6）通过调整自动聚焦设置在控制窗口中的宽度滑块来改变工具大小。

（7）将光标移动到图像窗口并单击鼠标左键，将自动对焦并在聚焦框显示一个绿色“十”字，在 DRO 窗口中查看 *Z* 值并记录为+001613，这表示对自动对焦与手动对焦工具进行对焦的差别。

（8）移动平台到左下角圆孔到屏幕的中间，从菜单中选择“特征寻找器”，然后单击图像屏幕中的三点来构成圆，在右边测量窗口中查看所测量第 1 尺寸的结果直径为ϕ0.098 88 并确认。

（9）移动平台至工件底边缘到屏幕的中间，从菜单中选择“特征寻找器”，再单击图像屏幕中要测量的线，按住左键沿着边缘拖到另一点，再释放左键；将平台向右移动一段距离，单击“再一次”按钮，继续构画线段，这样重复多次；最后选择下的图标。把以上所画线段选中再单击“确定”按钮后，在屏幕中显示已构成的一条直线。

（10）选择下的图标，选中最后构成的直线和圆孔，在右边测量窗口中查看所测量第 2 尺寸的结果为 0.111 52 并确认。

（11）移动平台到左边第一条槽下边缘至屏幕中间，单击“特征寻找器”，再单击图像屏幕中要测量的线，按住左键沿着边缘拖到另一点，再释放左键。

（12）选择下的图标，再选中刚画上的线段与原点位置，在右边测量窗口中查看所测第 3 尺寸的结果为 0.498 84 并确认。

（13）移动平台到工件上边缘到屏幕中间，操作步骤同第（9）步。

（14）选择下的图标，用鼠标选中工件上、下两边缘，在右边测量窗口查看所测第 4 尺寸结果为 1.499 70 并确认。

（15）移动平台至工件第 2 条槽到屏幕中间，从菜单中选择“特征寻找器”，再单击图像屏幕中要测量的线，按住左键沿着边缘拖到另一点，再释放左键，向 *Y*-方向移动一段距离，单击“再一次”按钮，继续构画线段，这样重复一次或多次；画出第二条槽的两边；再选择图标，把第二条槽的两边各自构成一条直线，然后单击，把第二条槽的两边选中，在右边测量窗口中查看所测第 5 尺寸的结果为 0.048 76 并确认。

（16）移动平台至工件右边到屏幕中间，从菜单中选择“特征寻找器”，再单击图像屏幕中要测量的斜线，按住左键沿着边缘拖到另一点，再释放左键，最后单击“确认”按钮。

（17）选择下的图标，选中两条线使之构成夹角，在右边测量窗口查看所测第 6 尺寸结果为 44.883 00 并确认。

（18）选择下的图标，选中上一步的交点与左边边缘，在右边测量窗口查看所测第 7 尺寸的结果为 4.23 cm 并确认。

（19）移动平台至工件右边缘到屏幕中间，从菜单中选择“特征寻找器”，再单击图像屏幕中要测量的线，按住左键沿着边缘拖到另一点，再释放左键，向 *Y*-方向移动一段距离，单击“再一次”按钮，继续构画线段，这样重复多次，最后选择中的图标，把以上所画线段选中再单击“确定”按钮，最后构成一条直线；再用图标选中外形轮廓左右两边缘，在右边窗口中查看所测第 8 尺寸的结果为 2.249 52 并确认。

（20）移动平台至工件右下边圆孔到屏幕中间，从菜单中选择“特征寻找器”，再单击图像屏幕中要测圆的三点来构成整圆，在右边窗口中查看 *X* 方向所测第 9 尺寸的结果为 1.999 70 并确认。

（21）在中的图标，选中左边的外轮廓和基准圆，在右边窗口中查看所测第 10 尺寸的结果为 0.123 74 并确认。

（22）移动平台至工件第一条槽左侧到屏幕中间，从菜单中选择“特征寻找器”，再单击图像屏幕中要测量的线，按住左键沿着边缘拖到另一点，再释放左键，向 *Y*-方向移动一段距离，单击“再一次”按钮，继续构画线段，这样重复多次，最后选择下的图标，把以上所画线段选中再单击“确定”按钮，最后构成一条直线；再选中直线与基准圆，在右边窗口中查看所测第 11 尺寸的结果为 0.098 64 并确认。

（23）选择下的图标，选中第二条槽左边的一直线与基准圆孔，在右边窗口中查看所测第 12 尺寸的结果为 0.223 04 并确认。

（24）移动平台至工件第三条槽左侧到屏幕中间，从菜单中选择“特征寻找器”，再单击图像屏幕中要测量的线，按住左键沿着边缘拖到另一点，再释放左键，向 *Y*-方向移动一段距离，单击“再一次”按钮，继续构画线段，这样重复多次，最后选择的，把以上所画线段选中再单击“确定”按钮，最后构成一条直线。

（25）选择下的图标，选中最后构成的直线和基准圆孔，在右边窗口中查看所测第 13 尺寸的结果为 0.350 65 并确认。

（26）完成所有要求的尺寸测量，保存并打印测量数据。

根据以上测量步骤，完成图 A-57 所示零件的测量项目，将实测数据填入表 A-16，并判断被测项目的合格性。

需要注意的是，图 9-1 中未注公差要求为保留 3 位小数的公差为±0.005mm；保留 2 位小数的公差为±0.01mm。

表 A-16　零件测量报告

单位：mm

序　号	被测项目	实测数据	结　论
1	0.125		
2	0.375		
3	0.500		
4	1.5±0.01		
5	3×0.05		
6	45°		
7	1.665±0.010		
8	2.25±0.01		
9	2±0.0025		
10	0.125		
11	0.100		
12	0.225		
13	0.350		

参考文献

[1] 南秀蓉. 公差配合与测量技术[M]. 北京：北京大学出版社，2007.
[2] 余键等. 公差与测量技术[M]. 北京：北京大学出版社，2011.
[3] 徐茂功. 公差配合与技术测量[M]. 北京：机械工业出版社，2008.
[4] 周文玲. 互换性与测量技术[M]. 北京：机械工业出版社，2006.
[5] 吕永智. 公差配合与技术测量[M]. 北京：机械工业出版社，2006.
[6] 陈于萍. 互换性与测量技术基础[M]. 北京：机械工业出版社，2002.
[7] 才家刚. 图解常用量具的使用方法和测量实例[M]. 北京：机械工业出版社，2007.
[8] 乔元信. 公差配合与技术测量[M]. 北京：中国劳动社会保障出版社，2006.